ユーザーリサーチのすべて

菅原 大介 著

All About User Research

● **サポートサイトについて**

本書の補足情報、訂正情報などを掲載しています。

https://book.mynavi.jp/supportsite/detail/9784839985554.html

● 本書は2024年8月段階での情報に基づいて執筆されています。
  本書に登場するサイトのURL、画面、サービス内容などの情報は、すべてその原稿執筆時点でのものです。執筆以降に変更されている可能性がありますので、ご了承ください。
● 本書に記載された内容は、情報の提供のみを目的としております。 したがって、本書を用いての運用はすべてお客様自身の責任と判断において行ってください。
● 本書の制作にあたっては正確な記述につとめましたが、著者や出版社のいずれも、本書の内容に関してなんらかの保証をするものではなく、内容に関するいかなる運用結果についてもいっさいの責任を負いません。あらかじめご了承ください。
● 本書中の会社名や商品名は、該当する各社の商標または登録商標です。

● 本書では ™ マークおよび ® マークは省略させていただいております。

はじめに

　本書はウェブサービスやデジタルプロダクト（サイト・アプリ）運営におけるユーザー調査のマニュアルとなる書籍です。組織機能の立ち上げにはじまり、企画・募集・実査・分析・報告という調査の一連のプロセスに沿って、リサーチプロジェクトの担当者が自力で業務を実行して成果を上げる過程を支えます。

　筆者はマーケティングリサーチ最大手の調査会社マクロミルで定量調査のディレクター業務を経験し、現在は国内有数規模のECサービスの運営会社でプロダクト戦略・リサーチ全般を担当しています。また、個人でBtoC・BtoBそれぞれの企業にリサーチのメンター活動（内製化支援・プロジェクト監修）を行っています。

　このような経験をもとに、2021年から株式会社ヴァリューズが運営する「まなべるみんなのデータマーケティング・マガジン『マナミナ』」にて、「現場のユーザーリサーチ全集」の連載を続けてきました。本書はこの内容を大幅加筆して、リサーチ実務で使用するドキュメントやフレームワークを多数解説しています。

対象読者

　本書の読者はビジネスパーソン一般を対象としつつ、企画・制作・開発など何らかの主業務に付帯するリサーチプロジェクトのディレクターとして立ち回る上で必要な知識と技能を身につけようとしている方を想定しています。具体的には以下のような職種と業務シーンを想定して構成しています。

職種
- デザイナーとしてUXリサーチや軽度なサーベイを行う
- マーケターとしてマーケティングリサーチやデータ分析を行う
- プロダクトマネージャー・事業開発としてプロダクトリサーチ全般を行う

業務シーン
- ユーザーインタビュー・アンケートをやることになった
- 組織内の定性・定量リサーチ担当者と上手く連携したい
- リサーチ支援会社の担当リサーチャーと上手く接したい

- マネジメントとしてリサーチの業務を理解しておきたい
- 有志メンバーでリサーチテーマの社内勉強会を行いたい
- 定性調査または定量調査ができるスタッフを採用したい

本書の特徴 ①　企画・募集・実査・分析・報告まで網羅

　組織内でリサーチを推進するには、必然的に1人で調査の全工程に対応していくことになります。ところが、リサーチ分野で専門的な知見を持つ同僚・上司や、組織内での過去実績は一般的に少なく、研修の機会もほぼ無いのが実情です。

　私が個人でリサーチのメンター依頼を受ける時にも、「基本的な調査業務の実行は自分たちで行うので、リサーチャーの観点から設計や分析をチェックして欲しい（重要プロジェクトに一通り立ち会って欲しい）」という依頼が多いです。

　そこで本書では、組織立ち上げから企画・募集・実査・分析・報告まで全工程を扱うようにしました。1～6章を通じて業務マニュアルのように一つ一つの業務工程を掘り下げているので、トータルのディレクション能力を高められます。

　例えば、2章では「調査目的」を1つの項目として紹介しており、続く「調査概要」「課題・仮説リスト」と合わせて「調査企画書」の要点を形成しています。同じ要領で、後続の章では調査レポートや報告会への理解も深められます。

　リサーチの成果は計画した以上のものになることは基本的にありません。そのため、分析や報告から逆算して企画を立てることが重要です。初心者の人は質問を書き出すことに集中しがちですが、本書で仕事の全体像をつかみましょう。

本書の特徴 ②　業務や課題から調査の手順を逆引き可能

　リサーチの重要概念やプロセスを学習するための情報はかなり出ています。仮説が大事、インサイトが大事、プロトタイピングが大事―こうした啓発をよく見かけますが、具体的にどのようなリサーチをしたら効果的なのかは不明瞭です。

　それゆえに、「インタビューやアンケートの流れはウェブの記事やオンラインセミナーを見たりしてだいたいわかる。でもいざ業務を実行しようとなると作成方法や判断基準のところで手が止まってしまう」という相談をよくもらいます。

　そこで本書では、業務や課題からリサーチの手順を逆引きできるようにしました。大半の項目は、組織活動における「よくある課題」と「作り方・使い方」という対応関係でページを構成しており、事典感覚で読み進めることができます。

　例えば、リサーチの成果物で求められることが多い「ペルソナ」の項では、作成したものの納得感を得られない、実務で活用されないなどの課題に対して、どのようなデータアイテ

ムを集めて構成すれば理解が進むのかを説明しています。

　プロのリサーチャーは調査テーマや分析手法をプロジェクト特性に応じて毎回選び取っています。リサーチの仕事で最も力量の差が出るこの設計や活用の部分を、本書ではごく身近な先輩に教わっている感覚で追体験することができます。

本書の特徴 ③　調査のドキュメントサンプルを多数収録

　リサーチの業務は一般的には定性調査・定量調査の手法ごとに触れていくことになります。事業会社だけでなく支援会社でもどちらか一方を受け持つのが自然な分担体制であり、組織の業務分掌や個人の目標管理により規定されています。

　しかし専任制や分業制には弊害もあります。同じ調査業務でも、デザインリサーチとマーケティングリサーチ（あるいは定性調査と定量調査）は分断されがちで、組織として最適なナレッジ共有や担当者の能力開発が起きづらくなります。

　そこで本書では、インタビューやアンケートで使う調査票や報告書のサンプルを多数収録しました。プロダクト運営のシーンに合わせ、調査票は質問文・選択肢レベルの細かさで、報告書は図表と分析コメントの例示まで掲載しています。

　例えば、アイデアを検証する際に用いる「コンセプトテスト」の項では、定量調査と定性調査両方のレポート見本があります。これを見ると、調査での質問方法とデータのまとめ方はもちろん、各手法の使いどころがわかることでしょう。

　これによって、読者の担当領域や経験年数、また定性や定量の既成概念にとらわれることなく、アウトプットの完成形イメージを念頭に置いて、調査内容的にも一定の品質を保った状態で新しいプロジェクトにトライすることができます。

筆者について

　このパートの最後に、本書に出てくるノウハウの背景ともなる自己紹介をさせてください。

　前述の通り、筆者はマーケティングリサーチ最大手の調査会社マクロミルで定量調査のディレクター業務を経験したのち、現在は国内有数規模のECサービスの運営会社でプロダクト戦略・リサーチ全般を担当しています（支援会社と事業会社での調査業務経験、マーケティングリサーチとUXリサーチの実務経験）。

　スタートアップ期に入社して大企業グループに至る事業会社での10年間では、経営企画・マーケティング・プロダクトデザインの各部門に在籍し、いずれの立場でも統合的・横断的なリサーチプロジェクトを手がけてきました（各部門当事者としての調査業務経験、スター

トアップ〜大企業での実務経験）。

　また、個人で副業として企業向けに行っているリサーチのメンター活動では、BtoC・BtoBそれぞれのビジネスモデルに対応し、リサーチ担当者によるセルフリサーチの運営から調査会社とのコミュニケーションまでをサポートしています（BtoC・BtoBそれぞれの対応実績、内製型・発注型の支援実績）。

　なお筆者はリサーチ文化が整った環境よりも、リサーチにおけるいわゆるアンチパターン（制約や分断）が多く発生する現場を経験しており、本書の内容も「個の力」で現実的に変えていける進め方を中心に扱っています。

　リサーチ全体では「全員でコラボレーションする」時代ですが、組織にその文化が無いとそもそも成り立ちません。そのため、1人目のリサーチ担当者が良い意味で属人性（個性）を発揮して道を切り拓く時の指南書になっていれば幸いです。

補足事項

● 説明対象とするビジネス

　本書で標準的に説明対象とするプロダクトは「BtoCのアプリ（ウェブ）サービス」をメインにしており、具体的には以下のようなビジネスモデルのサービスを想定しています。

解説対象となるビジネスモデル（BtoC）
- SaaS（サブスク、フリーツール）
- メディア（ポータル、予約サイト）
- EC（D2C、モール）

　筆者自身はBtoBのアプリ（ウェブ）サービスのリサーチプロジェクトも手がけているのですが、プロダクト関連の書籍ではBtoCモデルの例が少ないことに鑑みて設定しています。

　なお便宜上リサーチの対象を「プロダクト」に設定していますが、立場によって「サービス」「ブランド」と読み替えてください（本書のノウハウには普遍性があります）。

● 調査手法間の質問法の共通性

　本書には調査票の見本を数多く収録しており、多くはアンケート調査の形式で紹介しています。これはアンケートの方が内容を構造化する関係上、設計の難易度が高いためです。ただ同じ質問法はインタビュー調査でも有効なので、ぜひ使ってみてください。

● 質問・分析サンプルの有効性

　本書に収録しているインタビュー・アンケートの質問票とその分析方法は、業種や事業に依拠せずできるだけ汎用的なシーンを想定して作成しています。ですが、実際には個別の事案に応じて最適化していく必要があることをあらかじめご了承ください。

● 図表内で取り扱う例示の代表性

　本書に収録するフレームワークやドキュメントには、各項目を理解するうえで最適な例示を入れています。例示にはリアリティを持たせるために、筆者の知見や情報収集に基づきテーマ設定や調査データをできる限り細かく描写しています。

　ただしこれは特定プロダクトにおける実例とは異なります。数値や発話などの仮データは概要を示すところまでを目的としており、テーマ案件における正しい状態を吟味したものではありません。あくまで補助的な資料としてご覧ください。

目 次

はじめに   iii

第1章 立ち上げ   001

組織開発・能力開発
01 リサーチの組織モデル   002
02 リサーチのスキルセット   011

プロジェクトマネジメントのドキュメント
03 ステークホルダーマップ   018
04 リサーチポートフォリオ   026
05 リサーチバックログ   032
06 リサーチプロセス   038
07 調査会社の比較表   045

第2章 企画   053

調査企画の思考法
01 仮説思考   054

調査企画書のドキュメント
02 調査目的   061
03 調査概要（プレビュー）   067
04 課題・仮説リスト   075

インタビュー運営のドキュメント
05 リサーチワークフロー（定性調査）   083
06 インタビューガイド（プレビュー）   090
07 インタビュー実施要項   098
08 インタビュー対象者一覧表   104

アンケート運営のドキュメント
09 リサーチワークフロー（定量調査）   110
10 アンケート調査票（質問リスト）   112

第3章 募集

117

スクリーニング調査

01 リクルーティングの基本	118
02 調査対象者の特性理解	122
03 スクリーニング調査の実施方法	128

第4章 実査

139

01 インタビュー調査	140
02 UI/UX調査	146
03 アンケート調査	152
04 購買データ・行動データ分析	158
05 顧客の声分析	164
06 エスノグラフィ	170
07 デスクリサーチ	176

第5章 分析

181

市場理解のアウトプット

01 ファネル分析	182
02 ユーザーゲイン	187
03 ユーザーペイン	191

顧客理解のアウトプット

04 ユーザープロファイル	195
05 ペルソナ	200
06 価値マップ	208

体験設計のアウトプット

07 バリュープロポジションキャンバス	214
08 カスタマージャーニーマップ	222
09 ストーリーボード	230

目次

10 ユーザーストーリーマップ	236

環境分析のアウトプット

11 3C分析	242
12 リーンキャンバス	247
13 競合調査	259

アイデア探索のアウトプット

14 カテゴリーエントリーポイント	265
15 コンセプトテスト	271
16 探求マップ	278

第6章 報告・共有 — 285

調査報告書のドキュメント

01 定量調査のまとめページ（グラフ・チャート）	286
02 定性調査のまとめページ（インタビュー個票）	294
03 調査報告書（トップラインレポート）	302

調査報告会の運営ドキュメント

04 報告会アジェンダ	308
05 報告会参加者アンケート	313

リサーチのデータベース

06 リサーチリポジトリ	320
07 調査結果ページ（LP）	325

付録 Appendix

Appendix A 有識者・実践者によるコラム集	330

Appendix B リサーチドキュメントの図録集

01 スクリーニング調査のユースケース（調査票）	372
02 ウェブ制作・アプリ開発のリサーチ（調査票）	380
03 マーケティング施策のリサーチ（調査票）	386
おわりに	400
索引	402
著者プロフィール	405

第1章 立ち上げ

All About User Research

本章では、組織に向けてはステージ別に、個人に向けては職種別に、それぞれリサーチの始め方を解説します。これからリサーチ業務をリードしようとしている方はガイダンス代わりに、現在推進中の方は業務の目標や効率をより充実させていく観点からお役立てください。また後半ではプロジェクトマネジメントのドキュメント（全5点）を紹介します。

第1章 立ち上げ

01 組織開発・能力開発
リサーチの組織モデル

　組織人としてリサーチ業務を始めるには、リサーチの実行計画とセットで組織の立ち上げを考える必要があります。ここで言う組織の立ち上げとは必ずしも部門の設立を指してはおらず、リサーチの機能を保つためのものになります。

　というのも、リサーチ業務は組織都合の変化を非常に受けやすく、期待役割や業務設計に鈍感だとすぐに「不要なもの」とみなされてしまうからです。具体的には、以下のような組織環境に左右されやすい宿命があります。

〈リサーチ業務が影響を受ける組織の環境要因〉

> 企業や事業の成長ステージに応じて期待役割が頻繁に変わる
> 管掌部門や管掌役員の調査の知識・経験の影響を強く受ける
> 1人のリサーチ担当者の異動や退職による影響を強く受ける

　そこで本項では、リサーチを行う組織のモデルパターンをご覧いただきます。リサーチ組織の有り様は事業特性や企業文化によって様々ですが、大きくは草創期に「兼務型」を経て、「集権型」と「分権型」とに分かれていきます。

　なお、すべての組織がこの通りに変遷していくわけではありません。事業成長・組織拡大をしても草創期とあまり変わらない体制のこともあり得ます。私自身も、すべてのフェーズを経験しつつ、複合的な環境で働いていたりします。

　そのため、以下の本文では、各モデルの特性をメリット・デメリットという形で論じることにします。モデルパターンを参考にしていただきつつ、皆さんには担当者としての振る舞いを考えるきっかけにしていただけたら嬉しいです。

※図表は草創期・成長期・成熟期のモデルパターンを例示で作成しました。担当業務、運営予算、業務成果などの観点からまとめていますので、本文で特性を理解した後は皆さんの組織に当てはめて考えてみてください。

草創期（兼務型）

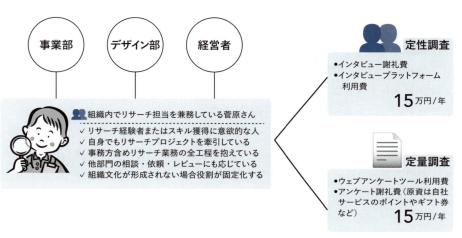

組織内でリサーチ担当を兼務している菅原さん
- リサーチ経験者またはスキル獲得に意欲的な人
- 自身でもリサーチプロジェクトを牽引している
- 事務方含めリサーチ業務の全工程を抱えている
- 他部門の相談・依頼・レビューにも応じている
- 組織文化が形成されない場合役割が固定化する

定性調査
- インタビュー謝礼費
- インタビュープラットフォーム利用費

15万円/年

定量調査
- ウェブアンケートツール利用費
- アンケート謝礼費（原資は自社サービスのポイントやギフト券など）

15万円/年

※定性・定量いずれかに偏重していてどちらかの経費は抑制的なことが多い。

実行体制	・管掌部門 事業部/デザイン部/経営者（経験者または適任者による兼務） ・基本的には部門または意思決定者のために行われるため横の連動は無い
プロジェクト	・キャンペーン運営、媒体資料・広告資料作成 ・UI改善、顧客理解、PMF(スタートアップで経営者主導の場合など)
調査テーマ	・評価型 満足度調査、キャンペーン効果測定、コンセプトテスト ・定期型 ユーザープロファイル分析、重要フローUI/UX改善
調査手法	・デプスインタビュー、ユーザビリティテスト、ユーザーアンケート ・売上分析、会員分析、行動分析、A/Bテスト、VOC、ユーザーフィードバック
調査対象者	・自社パネル 自社ユーザー、競合併用ユーザー ・機縁法 従業員の家族・友人
調査規模	・定性調査 4ss〜6ss程度/1回 ・定量調査 200ss〜800ss程度/1回
実施頻度	・定性調査 1回/四半期 ・定量調査 1回/四半期〜半期
業務KPI	・定量指標 満足度、UI改善数（改善効果）、NSM/プロダクトKPI達成率 ・定性指標 キャンペーンやリニューアルでの企画立案・効果検証、顧客理解促進
対応予算	・インタビュー謝礼費 15万円/年 ・ウェブアンケートツール利用費 15万円/年＋謝礼ギフト券発行
調査会社	・インタビュープラットフォーム提供会社P ・ウェブアンケートツール提供会社Q

第1章 立ち上げ

リサーチの組織モデル　003

組織全体の草創期にはリサーチは兼務型で行われます。事業部においてはユーザーデータを取り扱っている事業企画・マーケター・広報が担当します。デザイン部においては意欲的な人が外部で学習してきてその人がそのまま担当します。

　スタートアップ企業の場合は経営者が外部情報（顧客満足度経営、デザイン経営、PMFなどのリサーチが重視されている経営上の概念）に触れて必要性に気づくことも多いので、前出のような職種のメンバーと共に行うケースもあります。

　スタッフが主体となって取り組むプロジェクトでは、大型キャンペーンの効果測定、満足度調査、コンセプトテストなど、散発的ながらも差し迫って組織内で必要性が十分に認識されているテーマについてユーザー調査が行われます。

　実施環境面では、利用するセルフリサーチツールの標準プランを年間利用できる状態が1つの到達点となり、調査の規模、業務の品質、妥当な費用のバランスを模索していくことになります。内部の業務フローも同時に整備していきます。

メリット

① リサーチ活動が評価されやすい

　兼務型はプロジェクトとの同期性が高く、周りからも「よくやってくれた」と感謝されたり歓迎されることになります。データがそもそも無いことからリサーチが業務そのものとして評価されやすいのは実は草創期ならではの現象です。

② マネジメントコストがかからない

　草創期は複雑な調査技法は不要であり、高度な報告品質を目指すわけでもないので、担当部門は業務管理だけできればよいことになります。目的志向なので担当者の能力開発もほぼ不要で、総じてマネジメントコストがかかりません。

③ 組織内で依頼・相談がしやすい

　組織全体がそれほど大きくないがゆえに組織内で依頼・相談がしやすいのも草創期の特徴です。依頼フローが整っていない分、相談するハードルは無いに等しく、体制が不完全だからこそ個人間のコミュニケーションは活性化されます。

デメリット

① 全体最適につながらない

　リサーチ業務はやりたいと手を挙げた部門の活動のために行われるのですが、それゆえに調査目的やデータ構成が狭くて他部門では役立てづらかったり、内容の秘匿性が高すぎて社内公開されないデータが出てきたりしがちです。

② 担当者の能力開発が起きづらい

　担当者はプロジェクトに合わせて場当たり的に調査を行うため、体系的なリサーチの能力は開発されづらい状況にあります。また、組織が狭小なステージでこの担当者が異動・退職したりするとリサーチ体制はゼロリセットされます。

③ データの再活用が起きづらい

　草創期は調査の実行で手一杯なので実施後のデータファイルはそのままの状態で放置されます。この状況を改善しても大きな評価対象にはならないことから止むなしなのですが、データの再活用は非常に起きづらい環境にあります。

成長期（集権型）

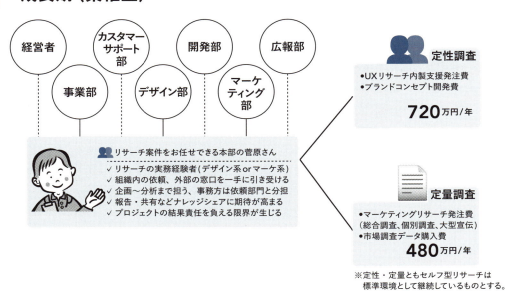

実行体制	・管掌部門 デザイン部／マーケティング部（機能組織の専任担当者への集権） ・組織全体の機能分化に伴いデザイン軸またはマーケ軸でデータ活用を推進する
プロジェクト	・周年キャンペーン／大型宣伝、新サービス開発、CS向上委員会、調査PR、中計策定 ・サイトリニューアル、オンボーディング改善、UI/UX刷新、アクセシビリティ対応
調査テーマ	・評価型 キャンペーン企画・検証、コンセプトテスト、競合調査 ・定期型 NPS、認知度調査、ブランドアセスメント調査、サイト内遷移率調査
調査手法	・デプス／グループインタビュー、ユーザビリティテスト、ユーザーアンケート ・売上分析、会員分析、行動分析、VOC、市場調査
調査対象者	・外部パネル カテゴリーユーザー、ノンユーザー、エクストリームユーザー ・自社パネル 自社ユーザー、競合併用ユーザー、グループサービスユーザー
調査規模	・定性調査 4ss〜6ss程度／1回 ・定量調査 600ss〜1200ss程度／1回
実施頻度	・定性調査 1回／毎月〜隔月 ・定量調査 1回／四半期
業務KPI	・定量指標 運用件数、レビュー相談対応件数、NPS/VOC実績の推移との連動成果 ・定性指標 提供価値開発、ResearchOps／ナレッジマネジメントの確立、中計貢献
対応予算	・UXリサーチ内製支援発注費、ブランドコンセプト開発費 720万円／年 ・マーケティングリサーチ発注費 480万円／年
調査会社	・UXデザイン支援会社R ・マーケティングリサーチ支援会社S

組織全体の成長期にはリサーチは集権型になります。メインのプロダクト（事業やサービス）が2〜3個くらいに増えるタイミングで次々と機能組織が編成され、リサーチ担当者も経験者1〜2名から成るリサーチチームに昇格します。

　この頃には領域的にも業務的にもまとまったリサーチニーズが発生しており、リサーチ担当者は専任またはかなりその業務比率が高い状態で取り組むことができます。イメージとしては組織におけるミニ調査会社のような存在です。

　主管としてリサーチ業務をリードしていくのはデザイン部門かマーケティング部門で、人材とデータを管理する観点では統合できるとベストではありますが、実際には技能・文化・キャリアの観点から分離されるケースが多いです。

　いずれにしてもリサーチを核にデータの横断的・統合的な活用を期待される存在となり、総合調査の結果を経営者へ報告する機会も増えます。基本のレポートラインも役員や本部長クラスとなり意思決定シーンでの存在感が増します。

メリット

① 分析や報告の品質が上がる

　集権型ではリサーチ担当者は様々なリサーチプロジェクトに取り組むため、調査手法への習熟度が上がり（種類、規模、工程など）、分析・報告の品質が向上します。外部への発注が実質的な担当者教育の機会になるのも特徴です。

② データベースの構築が進む

　集権型では担当者の目標設定にナレッジマネジメントが含まれるのが通例なので、データベースの構築も進みます。事業区分や調査手法を超えて様々なデータを専任担当者が一手に取り扱うからこそ分類法も洗練されていきます。

③ キャリア開発しやすくなる

　集権型では組織化により担当者のキャリアを開発しやすくなります。予算を集中的に扱うことの効果で、大規模な調査を実施できたり、専門性の高い調査を企画できたり、そうした環境が成長につながることもリサーチの特性です。

第1章

立ち上げ

リサーチの組織モデル

デメリット

① 最大公約数のテーマが優先される

　いわゆる本部志向の集権型では、調査の実行件数に限りがあるため、誰が見ても必要性を感じられる最大公約数的なテーマが優先されます。バックログ上で開発優先度が中下位の項目群は無視され、事業部との距離が遠くなります。

② 実施時期が集中しやすい

　集権型では調査の実施時期が集中しやすくなります。これは依頼を行うどの部門でも、上期は議論に費やして下期に一気に探索・検証をしようとするからです。繁忙期に要員を増やすなどの対応は難しく、作業計画は大いに苦慮します。

③ 結果責任を果たしづらくなる

　リサーチ業務は常にプロジェクトの結果責任と共にあります。しかし分析・提案の出来が良くても、「開発計画が中止された」「基本方針が転換された」など、プロジェクトの不出来の煽りを受けて成果が認められないことがあります。

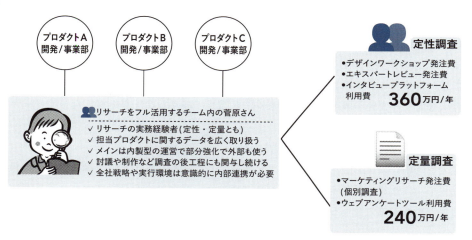

実行体制	・管掌部門 プロダクト開発部/事業部(サービス専属のリサーチ担当者への分権) ・プロダクト付リサーチャーとして事業ドメインの知識・技能の習熟度を高める
プロジェクト	・新機能/新施策ディスカバリー〜デリバリー、上位プラン開発、バックログ棚卸 ・ユーザープロファイル分析、ユーザーコミュニティ運営、調査PR
調査テーマ	・探索型 N1分析、ユーザーインサイト調査、カテゴリーエントリーポイント調査 ・定期型 重要フローUI/UX改善、ペイン優先度付け調査、カテゴリートレンド分析
調査手法	・デプスインタビュー、ユーザビリティテスト、ユーザーアンケート、座談会 ・売上分析、会員分析、行動分析、A/Bテスト、VOC、ユーザーフィードバック
調査対象者	・自社パネル 自社ユーザー、競合併用ユーザー ・外部パネル カテゴリーユーザー、ノンユーザー、エクストリームユーザー
調査規模	・定性調査 4ss〜8ss程度/1回 ・定量調査 200ss〜800ss程度/1回
実施頻度	・定性調査 1回/毎月〜隔月 ・定量調査 1回/四半期〜半期
業務KPI	・定量指標 運用件数、NSM/プロダクトKPI達成率、UI/UX重点項目改善率 ・定性指標 顧客理解促進、バックログ整理、開発要件定義、イベント貢献
対応予算	・デザインワークショップ発注費、エキスパートレビュー発注費 360万円/年 ・マーケティングリサーチ発注費 240万円/年
調査会社	・UXデザイン支援会社R ・マーケティングリサーチ支援会社S

　組織全体の成熟期にはリサーチは分権型になります。ここでは集権型の限界を踏まえて、事業部や開発部の中でプロダクト付きのリサーチ担当として編入され、事業ドメインに合わせた知識・技能を習得・発揮していくことになります。

　集権型では難しかった開発フェーズをまたいだ対応が可能となり、プロダクトのディスカバリーからデリバリーまで全工程に並走し、リサーチ実務に閉じることなく調査データを具体的な施策や機能に展開するところまで担っていきます。

　分権型はプロダクトについて権限委譲されているプロダクトマネージャーと二人三脚で仕事を進めやすく、例えばリサーチデータでまとめたユーザーペインをバックログに接続するなどアジャイル開発に馴染む体制でもあります。

　全体的にいいことづくめのように見えますが、組織としての試行錯誤無しにいきなりここには行き着かないことと、分散組織が一般的に抱える、能力・予算・情報が薄まることの難点とは組織として長く向き合っていくことになります。

メリット

① 仕事の達成感を得やすい

　分権型では担当プロダクトに集中しているので、リサーチ担当者は仕事の達成感を得やすいメリットがあります。事業目標、能力開発、工数管理、ユーザーとの距離感など、様々な面において集中による充実を感じることができます。

② リサーチスキルのバランスが良くなる

　分権型では探索型・検証型とも扱う機会が増え、定性・定量のバランスが良くなります。また、スコープ（調査範囲）が絞れていることで新しい調査手法を試しやすいこともメリットです（例えば、CEP調査・N1分析・座談会など）。

③ プロダクトの知識が身につく

　プロダクトのリサーチ業務はリサーチスキルと同等にプロダクトへの理解を必要とします。分権型では自然とデザイン・開発・マーケティングなどのメンバーと協業する環境にあるので周辺知識を実地的に身につける機会になります。

デメリット

① 定性と定量の両方を扱える人材が少ない

　分権型は担当者が定性も定量もある程度、一人立ちできる前提に成り立つ組織モデルですが、そもそも両方を扱える人材は少なく、一般的に経験値や志向性はどちらかに偏っているものです（だからこそ専門性があるとも言えます）。

② 機能戦略を考える本部役割は別途必要

　分権型ではリサーチを組織全体観点で見る人が基本的にいません。そのため、コーポレートブランドを誰が見るのか、調査内容に重複が起きていないか、などの事項を意識的に担当者間でコミュニケーションすることが求められます。

③ 工数と予算に柔軟性が無くなる

　分権型ではリサーチの工数と予算をプロダクト（サービス・ブランド）ごとに管理するため、要員と予算の融通が効かなくなります。大規模な調査も行いづらくなるので、そのあたりも本部的なフォローが望まれる部分になります。

第1章　立ち上げ

02 組織開発・能力開発
リサーチのスキルセット

　皆さんは日ごろどのような立場からリサーチに関わっていますか？　組織は様々な部門で構成されておりリサーチは驚くほど多くの部門で実行機会があります。それぞれが担当の領域や技能において実行の余地を持っており、活用されていたり、そうではなかったりします。

　逆に言うと単一部門ではそれぞれの目標設計・予算編成との兼ね合いからリサーチの活動を行うには自ずと限界があり、いかに各部の環境が開発されているかが組織全体のリサーチ力になって現れてきます。

　本項では、まずは自身の職種に応じて身につけるリサーチのスキルセット（調査手法）を知り、そのうえで他部門のリサーチ業務特性への理解を深め、徐々にリサーチの輪を広めていくコツをお伝えします。

〈リサーチのスキルセット〉（職種別）

		PM・PO	デザイナー	マーケター	カスタマーサクセス	経営企画・広報
Discovery/探索型	デプスインタビュー	●	●	●	●	
Discovery/探索型	グループインタビュー			●		
Discovery/探索型	座談会				●	
Discovery/探索型	ユーザビリティテスト	●	●			
Evaluative/検証型	コンシェルジュ型インタビュー	●	●			
Evaluative/検証型	エキスパートレビュー		●			
Evaluative/検証型	ユーザーアンケート	●		●	●	●
Evaluative/検証型	MROC			●	●	
Continuous/定期型	ユーザーフィードバック	●	●		●	
Continuous/定期型	SAF/POSデータ分析	●		●	●	

		PM・PO	デザイナー	マーケター	カスタマーサクセス	経営企画・広報
Continuous/定期型	アクセス解析	●	●	●	●	
Evaluative/検証型	A/Bテスト		●	●		
Continuous/定期型	VOC	●			●	
すべて	ソーシャルリスニング			●	●	
Continuous/定期型	アプリレビュー	●	●		●	
Discovery/探索型	日記調査		●			
Discovery/探索型	訪問調査		●	●		
Discovery/探索型	店頭調査			●		
すべて	市場調査	●				●
Discovery/探索型	専門家インタビュー					●
Discovery/探索型	フィールドワーク		●	●		

＊調査手法を目的や特性に応じて以下の3種類に分類している。
　・Discovery research methods/ 探索型調査
　・Evaluative research methods/ 検証型調査
　・Continuous research methods/ 定期型調査
※役割は固定的ではなく、状況によって複数の要素を兼ねる。

プロダクトマネージャー

　プロダクトマネージャー（プロダクトオーナーを含む）にとってのリサーチは、特にプロダクト戦略・運営のすべてに関わるもので、自社・競合・市場のすべてをスコープに入れていることから、自ずとリサーチも探索型・検証型・定期型を使いこなすことになります。

　プロダクト戦略の立案においては、プロダクトビジョン・UX戦略・ロードマップ・打ち手を示すうえでユーザー理解・ビジネス理解を必要とします。またプロダクト運営の推進においては、要求整理・要件定義・バックログ管理・マーケティング活動で必要とします。

　以降で説明する他の職種ではリサーチがキャリアや能力開発に深く関わっているのに対して、プロダクトマネージャーはあまりそうした枠に囚われず、目的志向（PMF・NSMに必要なものを希求する）で手法を学習したり駆使したりするスタイルが適しています。

よく使う調査手法

　プロダクトマネージャーはRPGにおける「勇者」のような存在であり、定性調査も定量調査も代表的な調査手法はひと通り使えるようになっている必要があります。

　よって、図表の中で印を付けた項目は、プロダクトマネージャーに限らず「組織内で1人担当でリサーチを行う場合に押さえておくべきスキル構成」でもあります。

　自身ですべて担当したり高度な分析ができる必要は必ずしもありませんが、調査計画について意見したり成果物の品質を吟味できる技量は身につけておきましょう。その中でも、プロダクトマネージャーに求められている役割には次のようなものがあります。

- 大型の調査は自身がリードとなって主導する（市場の大局観を掴むような調査は各部門のエアポケットになりやすい）
- セルフ型ツールや支援会社との橋渡しをする（率先して情報共有を行う立場柄、積極的に外部とのつなぎこみを行う）

業務の拡張性

　プロダクトマネージャーがリサーチ業務を拡張するには次のようなポイントを押さえます。

- サービスデザインの手法でドキュメントを洗練する（経営とのディスカッションに向けてフレームで語れるよう準備する）
- ResearchOpsの体制作りを推進する（人的リソース配分や他部門折衝を行う立場にあるため特に主導しやすい立場にある）

リサーチのスキルセット

デザイナー

デザイナーにとってのリサーチは、アプリ・ウェブのUI/UXに関わる事物のすべてが対象となり、ページの構成要素単位のUI（表層）からコンセプトメイク（戦略）まで幅広く関わります。その意味では他の職種が行うリサーチ活動よりも幅広い領域に携わる余地があり、企画機能を担っている場合はディスカバリーフェーズのユーザー調査を多く実施できることも特徴です。

また、デザイン経営のアイデアを量産・共有する文化からワークショップの実施とそれに伴うファシリテーションなど、やはり他職種では難しい独自のスキルを磨き込むことができます。

よく使う調査手法

デザイナーがよく使う調査手法（分析手法）には次のようなものがあります。

- ユーザビリティテスト
- デザインパターンテスト
- ユーザーモデリング法（ペルソナ・価値マップなど）
- エキスパートレビュー

業務の拡張性

デザイナーがリサーチ業務を拡張するには次のようなポイントを押さえます。

- 調査結果データをサービスデザインの制作物の中に反映する
- ワークショップの企画・運営により意思決定の過程に携わる
- エスノグラフィの手法を取り入れて価値探索の精度を上げる
- サーベイのやり方を覚えてブランド構築・戦略構築に携わる

マーケター

　マーケターにとってのリサーチは、キャンペーン運営、顧客分析、認知活動などの業務で行うものがメインになります。主な分析対象として商品・会員・競合の観点を持っており、これらは事業部との一体性が強いのが特徴です。

　マーケティング部における定常活動の花形と言えばキャンペーン運営ですが、サイト訪問以前のフェーズに対する打ち手もまた花形であり、大型宣伝などの機会に際してリサーチを活用すると大きな成果を上げることができます。

　メインの調査手法であるマーケティングリサーチはドメイン知識（商品知識・業務知識）の習得に有効であり、リサーチデータを情報コンテンツとして組織内に展開すると貴重なナレッジシェアとして歓迎され信頼を得られます。

よく使う調査手法

　マーケターがよく使う調査手法（分析手法）には次のようなものがあります。

- マーケティングリサーチ（アンケート・グループインタビューなど）
- アクセス解析
- A/Bテスト
- SFA・POSデータ分析
- 売上分析、会員分析、広告分析、エリアマーケティング
- ユーザーモデリング法（ペルソナ・カスタマージャーニーなど）

業務の拡張性

　マーケターがリサーチ業務を拡張するには次のようなポイントを押さえます。

- 定量調査の実績を元手に定性調査にも取り組む（探索型・エスノグラフィなど）
- 認知活動においてリサーチを活用した大きな成果を上げる（部門独自の付加価値）
- 中期計画の策定を市場データの分析面からリードする（経営活動への貢献）
- デザイン部門と共通の成果物を見つける（ユーザーモデリング法など）

リサーチのスキルセット

カスタマーサクセス

　カスタマーサクセス（本項ではややカスタマーサポート寄りのイメージで記載します）にとってのリサーチは、部門で管理しているVOCやNPSをインプットデータとして、事業部と開発部につなぎ込む活動がメインになります。

　保持しているデータの特性として基礎的な改善活動（ペイン解消）を志向しているため、意識的にソーシャルリスニングなど生成的・探索的なデータに幅を広げないと企画のケイパビリティが低い部門と見なされてしまいます。

　もともとユーザー対応を第一とする部門の成り立ち上、秘匿性・独立性が高い情報を取り扱っているため孤立しやすい傾向があります。アセットを活かしてユーザーと直接関わるイベントを企画するのもリサーチの良い手です。

よく使う調査手法

　カスタマーサクセスがよく使う調査手法（分析手法）には次のようなものがあります。

- 顧客の声データ分析（コールログ・問合せログ・アプリレビューなど）
- 経営指標の定期調査（NPS、満足度、継続意向など）
- ペインマスタの構築、バックログとの接続

※全体的に、大規模なサーベイや集計能力に長けている

業務の拡張性

　カスタマーサクセスがリサーチ業務を拡張するには次のようなポイントを押さえます。

- ソーシャルリスニングの実施により探索型での貢献余地を作る
- 座談会の企画・運営により探索型での貢献余地を作る
- MROC（コミュニティ内でのリサーチ）により探索型での貢献余地を作る
- ResearchOpsの役割を積極的に引き受ける（カスタマー対応の一環として他部門よりも事務仕事が業務評価につながりやすい）

経営企画・広報

　経営企画・広報にとってのリサーチは、新規事業、中期計画、調査PRのような主業務のほか、オウンドメディアで使用するコンテンツ制作や展示会出展に伴う営業資料・動画といったマテリアル制作のシーンで活用度が高まります。

　もともと対外発信を意識した組織なので戦略のフレームワークとドキュメンテーションに強く、上記のようなブランド戦略をアウトプットに変換していく業務の中でデザイナー・マーケターとの連携が成果品質を押し上げます。

よく使う調査手法

　経営企画・広報がよく使う調査手法（分析手法）には次のようなものがあります。

- 市場調査（業界研究、競合研究、3C分析、SWOT分析、PEST分析など）
- ケーススタディ
- 専門家インタビュー
- 従業員満足度調査

業務の拡張性

　経営企画・広報がリサーチ業務を拡張するには次のようなポイントを押さえます。

- KPIを総合管理する立場から、リサーチの活用成果が曖昧にならないように目標管理の観点からフィードバックを行う
- 費用計画・予算配分を総合管理する立場から、突発的・散発的なデータニーズをフォローする（市場データ購入など）
- 中期計画など戦略構築のシーンで、従業員満足度調査の結果からインナーブランドの傾向を事業部にインプットする

リサーチのスキルセット

第1章 立ち上げ

03 プロジェクトマネジメントのドキュメント
ステークホルダーマップ

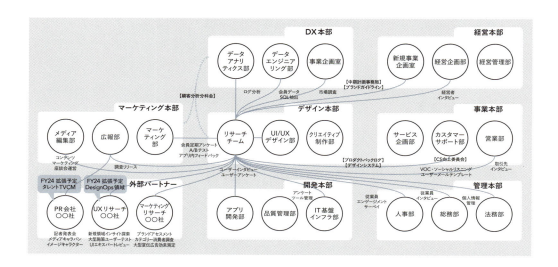

　ステークホルダーマップとは、組織が提供するサービスの開発や提供を取り巻くステークホルダー（利害関係者）の関係性を相関図で可視化したアウトプットです。本図を作成することにより、組織全体を広く見渡してリサーチの立ち位置や貢献度合いを可視化することができます。定常業務の活動実績ではアピールしにくいような当期の主要な功績や、今後に向けた論点を提示する機能に長けています。

　この機能性により、担当者が社内あるいは社外に対してリサーチ活動を説明する負荷を軽減することができます。機能がよく似た汎用的な資料の中に組織図やワークフロー図がありますが、上記のような双方向性のある用途には向いていません。

　なお、作図にあたっては組織の活動の全容が見えている必要があり、かつ、活用にあたっては組織に対する発言権が必要なので、この図を運用するのはマネージャー以上の職位のスタッフが適しています（クライアントワークでも同様）。

　ステークホルダーマップには、あまり定型のフォーマットが無いのが実情です。これは、そもそも作成している組織がそれほど多くないことや、組織の方針や体制によって最適なモデルが異なり類型化しにくいことが原因だと考えられます。ですが、大まかに、①顧客へのデ

リバリー体制を中心にサービスモデルを説明するモデル、②社内組織・パートナー企業を中心にプロジェクト体制を説明するモデルがあり、リサーチを軸に描く場合は後者のモデルの方がより適しています。

※概念上の重要度で言うと、前者の方に重みがありますが、顧客（ユーザーやクライアント）を中心にするアウトプットには他にもカスタマージャーニーやサービスブループリントがあり、それで運用する方が適していると私は考えています。

構成要素

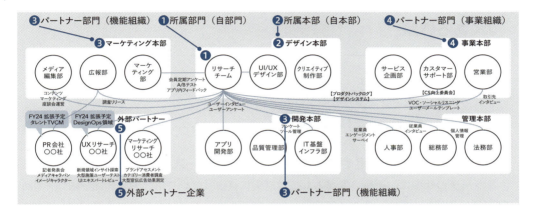

※繰り返しになりますが、以下はリサーチ業務を中心に考えた構成要素であり、組織や役割によって構成要素は大きく変わってくるため、一例としてご覧ください。

❶ 所属部門（自部門）

自身の所属組織（部門）。

❷ 所属本部（自本部）

自身の所属組織（本部）。

❸ パートナー部門（機能組織）

デザイン部門、開発部門、カスタマーサポート部門。

※上記はリサーチ管掌組織にとっての一般的なケース（カスタマーサポート部門は事業組織であることもある）

❹ **パートナー部門（事業組織）**

商品企画部門、マーケティング・セールス部門、事業企画部門。

※上記はリサーチ管掌組織にとっての一般的なケース（マーケティング部門は機能組織であることもある）

❺ **外部パートナー企業**

マーケティングリサーチ会社、UXリサーチ会社、マーケティング支援会社、広告代理店、PR会社、デザイン制作会社。

※上記はリサーチ管掌組織にとっての一般的なケース

よくある課題

> "
> 「リサーチの仕事はどのような役割設定になっているのか？」
> ⇒この質問に1枚で答えるためのアウトプット
> "

① リサーチの役割設定や貢献対象が曖昧なケース

リサーチの仕事は、組織の業務としては確実に存在していても、対応範囲や決裁体制が不明瞭なことがあります。この状況は、定常業務としての認識はあるものの発生ベースで対応している、という仕事の定義付けが甘い状態から生まれます。特に大きな組織ほど、組織名や業務名には「リサーチ」と入っていても、実際には誰がどのような調査をしているのか、字面からわからないもの。ましてリサーチ業務は分業体制で行われやすいため、非効率な動きが発生しやすい面があります。

こうした連携不足の部分は組織でもよく認識されていますが、それにより困るスタッフはごく少人数なので、残念ながらあまり気にされることもないのが実情です。そしてその状況を放置していてもリサーチの役割や成果は不明瞭なままです。

② リサーチの貢献対象プロジェクトがスケールできていないケース

リサーチの仕事は、リサーチ業務単体で動くことはあまりありません。多くの場合は、伴走する重要プロジェクトの企画立案・運営改善に貢献するミッションを担っています。事業会社でユーザーリサーチを行う場合はほとんどがそうです。

ところがこの母体となっているプロジェクトがスケールしないケースも珍しくありません。ステークホルダーが多くて先に進まない、プロジェクトオーナーがリーダーシップを取れな

い、仕事の完了の定義が変わり続けてしまう、などなど……。

　こうなると、プロジェクトの成果が上がっていない＝リサーチの成果が出ていない、という周りからの理解になり、業務の価値が認識されづらくなります。ですので、プロジェクト側の成果を普及させる動きと連動した展開も必要になります。

③　リサーチ業務のステークホルダーが多いケース

　リサーチの仕事では、業務を取り巻くステークホルダーが多すぎて、相反する要望や利害をリサーチ担当者がまとめている、ということがよくあります。企画部門と営業部門、経営層と現場層などは、確認や決裁の場面で対立が起きがちです。

　もちろん、調整業務もリサーチ担当者の仕事ですが、調査以前の話（ビジネススキームやターゲット設定など）をどうするかが設計段階で話し合われることも多く、担当者がこうした内容を一手にまとめるというのは負荷が高すぎます。

　また、リサーチ業務は付帯的な業務として見なされやすいため、「実施費用は下げて」「報告品質は上げて」のような無理な運営体制を求められることもあり、この観点からもリサーチ担当者にはエンパワーメントが必要です。

作り方

❶ 長方形と円形で部課を表現する

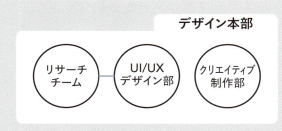

あらかじめ組織図や業務分掌表などを用意する。組織の単位を揃えておく（本部・部門・グループ・チームなど）。大きな組織単位（本部など）を長方形で、小さな組織単位（チームなど）を円形で作成する。

作図のヒント
- 全体レイアウトは縦3行・横3列にすると見やすさを保ちやすい
- 組織の図形を円にしておくと矢印で結ぶ際に角度をつけやすい
- 全体的に箱と線が多い図になるので下地は薄いグレー色にする

❷ 指示系統・業務工程を考慮して配置する

自部門は図の中心か起点となる場所に配置する。自部門の上下は指示系統を、左右は業務工程を考慮した配置にする。

配置のヒント
- 所属本部（自本部）は所属部門（自部門）の上に置く
- パートナー部門（機能組織）は所属部門（自部門）の左に置く
- パートナー部門（事業組織）は所属部門（自部門）の右に置く
- 外部パートナー企業は所属部門（自部門）の下に置く

※組織によって最適な配置が異なるため、この位置配置を考えるのがとても難しい。
　（試行錯誤しているとかなり時間を使うので、いったん上記を目安に進めると良い）

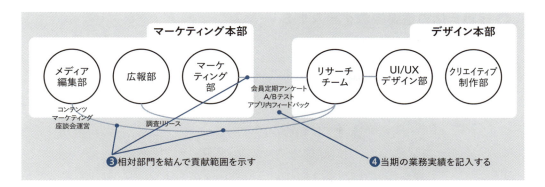

❸ 相対部門を結んで貢献範囲を示す

　リサーチ業務の依頼元・報告先となる相対先部門を線でつなぐ。通常業務は実線で、横断業務は破線で、それぞれ書き分けると認識しやすい。

❹ 当期の業務実績を記入する

　当期または記入時点の業務運営実績や組織貢献実績を記入する。業務名称の見出しに絵文字・記号を付けて業務種別を表現する。

見出しアイコンのヒント

　アンケート→メモ、インタビュー→マイク、データ分析→グラフ、デスクリサーチ→虫眼鏡、ツール→工具、セキュリティ→鍵

❺ 来期の改善事項を記入する

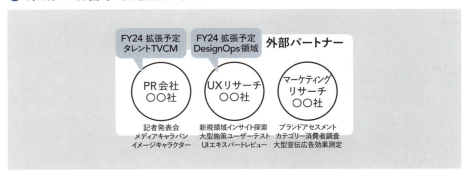

　来期の改善や変更を検討する項目は吹き出しを設けて記入する。担当者個人で言い出しづらい希望やコンフリクトも周知できる。

❻ 組織全体の重要概念を記入する

ブランドガイドライン
ブランドのストーリー・ポリシーを伝え、各種の事業活動における表現例や活用法をまとめたガイドページ

デザインシステム
アプリUI・アートディレクションで使用するデザイン構成要素のルールを定義し、素材も提供するシステム

　所属本部が組織全体に浸透させたい概念を左上に配置する。図をアップデートするたびに活用が奨励される機会を作る。

記入のヒント
- 戦略部門→ブランドガイドライン
- 企画部門→コンセプトブック
- デザイン部門→デザインシステム
- 人事部門→MVV（ミッション・ビジョン・バリュー）

使い方

① 所属部門におけるリサーチ業務のプレゼンス向上用に

　本図により、所属部門におけるリサーチの活動が全体に対してどのようにワークするのかを示すことができます。量的需要に応えているなら貢献部門の広さを、質的需要に応えているなら意思決定や資料作成への貢献を、それぞれ訴求できます。

　仮に現在が量と質のいずれでも認識・評価されていない場合もこの図は有効です。数ある組織活動の中でもリサーチはどこに照準を絞るべきか、という話が可能になるからです。組織都合で調査の下請け業務に振り回される状況を回避できます。

② ブランドやデザインに関するアウトプットの促進用に

　ブランド組織にとってのブランドガイドラインや、デザイン組織にとってのデザインガイドラインは、作った後にどう組織内に浸透させるか、という難題と向き合うことになります。重要性は認識されていても、日常業務とは断絶しがちです。

　ステークホルダーマップの中にこうしたブランド・デザインの重要概念を記載しておくと、リサーチの組織編制や実行体制を考えるたびに参照機会を設けることができます。これが、よく似た図である組織図や業務分掌表との違いになります。

③ 調査でのクライアントワーク時のインプット強化用に

　マーケティングやデザインの支援会社サイドでは、クライアントの事業の全体像や担当者の役割を正確に把握することができます。この図の要素がわかると組織理解がかなり進むので、ミッション等を尋ねるよりはるかに提案精度が上がります。

　ただし、図のもとになる情報のヒアリング負荷はかなり高いので、この役割を買って出るときは一定の覚悟が必要です。クライアントのビジネスモデルやブランド体系が複雑だったりすると理解に時間がかかるため主要顧客に限ると良いでしょう。

第1章

立ち上げ

ステークホルダーマップ

第1章 立ち上げ

04 プロジェクトマネジメントのドキュメント
リサーチポートフォリオ

No.	分類	業務名称	内製/発注	調査会社（使用ツール）	調査手法	調査対象者	アウトプット（役割設定）	実施頻度	予算部門	担当体制
1	定性	ユーザーインタビュー	内製	インタビュープラットフォーム	オンラインインタビュー・テスト	自社ユーザー	カスタマージャーニー等（骨格〜表層）	適時	デザイン部	デザイナー＋リサーチャー
2	定性	ユーザーテスト	内製/発注	UXリサーチ会社	オンラインインタビュー・テスト	自社ユーザー業界ユーザー	デザイン思考ツール各種（要件〜表層）	四半期	デザイン部	デザイナー
3	定性	エキスパートレビュー	発注	UXリサーチ会社	ヒューリスティック評価	（プロダクト）	ユーザビリティ/アクセシビリティ（構造〜表層）	半期（定点）	デザイン部	デザイナー
4	定量	ユーザーアンケート	内製	セルフアンケートツール	ウェブアンケート	自社ユーザー	コンセプトテスト・個別満足度（要件〜表層）	適時	マーケティング部	マーケター＋デザイナー
5	定量	ユーザーフィードバック	内製	ウェブ接客ツール	アプリ内メッセージダイアログ	自社ユーザー	継続利用志向・機能改善評価（骨格〜表層）	適時	マーケティング部	マーケター＋デザイナー
6	定量	マーケティングリサーチ	発注	マーケティングリサーチ会社	ウェブアンケート	自社ユーザー業界ユーザー	ブランドアセスメント・ユーザープロファイル・強化カテゴリー調査（戦略〜要件）	四半期	マーケティング部	PO＋リサーチャー
7	定量	調査リリース	内製	セルフアンケートツール	ウェブアンケート	自社ユーザー消費者・生活者	強化領域の生活者・生活者意識データ/実態データ	毎月	広報部	広報＋リサーチャー
8	定量	市場調査	内製/発注	シンクタンクほか（市場レポート）	デスクリサーチ	消費者・生活者	業界別マクロ市場データ 家計調査ほか政府統計等	適時	経営企画部	経営企画
9	定量	顧客満足度調査	内製	セルフアンケートツール＋SFA	ウェブアンケート	取引先	顧客満足度	年次（定点）FY24〜	営業部	営業＋リサーチャー
10	定量	従業員エンゲージメントサーベイ	発注	エンゲージメントサーベイツール	ウェブアンケート	従業員	従業員満足度ブランド認知度・理解度	毎月（定点）	人事部	人事＋リサーチャー

　リサーチポートフォリオとは、組織全体で行っているユーザーリサーチ・各種調査の定常業務を一覧化したアウトプットです（※この名称は私独自の呼び方です）。

　本図を作成することにより、部門ごとに行われているリサーチ業務を把握し、組織全体で見た時に手薄になっている領域や、調査対象や調査手法が重複する動きを可視化して、当期の最適なリサーチ実行体制を討議・構築することができます。

　この機能性により、各部門や担当者は相互の活動を意識するようになり、自然とリサーチから生まれるアウトプットを参照・共有するようになります。図の意味合いは業務分掌表と同じですが、リサーチに特化することで情報が連結されます。

構成要素

① No.	② 分類	③ 業務名称	④ 内製/発注	⑤ 調査会社（使用ツール）	⑥ 調査手法	⑦ 調査対象者	⑧ アウトプット（役割設定）	⑨ 実施頻度	⑩ 予算部門	⑪ 担当体制
1	定性	ユーザーインタビュー	内製	インタビュープラットフォーム	オンラインインタビュー・テスト	自社ユーザー	カスタマージャーニー等（骨格〜表層）	適時	デザイン部	デザイナー＋リサーチャー
2	定性	ユーザーテスト	内製/発注	UXリサーチ会社	オンラインインタビュー・テスト	自社ユーザー 業界ユーザー	デザイン思考ツール各種（要件〜表層）	四半期	デザイン部	デザイナー
3	定性	エキスパートレビュー	発注	UXリサーチ会社	ヒューリスティック評価	（プロダクト）	ユーザビリティ/アクセシビリティ（構造〜表層）	半期（定点）	デザイン部	デザイナー

❶ No.

リスト上のナンバー。

❷ 分類

定性か定量か。

❸ 業務名称

各部で行うリサーチに関するアクションアイテム名（内部資料なので自社における通称業務名でもよい）。

記入のヒント

ユーザーインタビュー、ユーザーテスト、エキスパートレビュー、ユーザーアンケート、ユーザーフィードバック、マーケティングリサーチ（発注）、調査リリース、市場調査（デスクリサーチ）、顧客満足度調査、従業員エンゲージメント調査

※なお、同じリサーチでも私の場合はデータ分析領域を割愛しています。表のサイズが大きくなってしまうと集約することによる可視化メリットが薄くなってしまうので注意しましょう（組織の注力度合いによって独自にアレンジしてください）。

❹ 内製/発注

内製か発注か。内製ではグループ内での提携があればその旨も記載する。

❺ 調査会社（使用ツール）

発注先の調査会社名。サブスク型のリサーチサービスを使用する時はツール名。

※見本の図ではイメージしやすいよう業種や領域の名称を入れてあります。

❻ 調査手法

実査の手段。使用する手法がわかるようにできるだけ細かく記載する。

記入のヒント

- アンケート→ウェブアンケート
- インタビュー→オンラインインタビュー、ユーザーテスト、グループインタビューなど

❼ 調査対象者

調査協力者の分類、協力者が属する領域・分野をできるだけ細かく記載する

記入のヒント

自社ユーザー、業界ユーザー（カテゴリーユーザー）、消費者・生活者、取引先、従業員

❽ アウトプット（役割設定）

代表的な成果物名。この項目があることで業務イメージが認識されやすい（漠然とした調査目的があるよりもずっとわかりやすい）。

ウェブサービスを運営している組織では、UXの5段階モデルに対応した段階を記載すると、それぞれの調査でカバーする範囲がよりわかりやすくなる（※見本の図では骨格〜表層などで記載している箇所）。

❾ 実施頻度

毎週、毎月、四半期、半期、年次などの単位。実施は確実だが頻度が不明なものは「適時」とする。定点調査は（定点）のように補足で記載する。

❿ 予算部門

該当する調査方法の予算部門名（担当部門とは別に確認しておく）。予算と実行が適切な分掌になっているかを検討する。

⓫ 担当体制

実行者（担当者）名。ツールの管理者もここで把握する（大きな組織だと誰が管理・了承しているのかわかりづらいため）。

※見本の図ではイメージしやすいように職名を入れてあります。

よくある課題

> 「あなたの部門と向こうの部門で行うリサーチ業務はどう違うのか？」
> ⇒この質問に1枚で答えるためのアウトプット

① リサーチ業務が組織内で分散運用されているケース

　リサーチの仕事は、たいてい組織内で分散運用されており、各部に個別最適された管理になっています。この状況は、目的の違い・予算の違い・担当の違いから生まれるもので、部門機能を分化している体制上、ある程度致し方ないものです。ただ、組織（管理者の立場）としては、それぞれの活動の違いを一気通貫で把握する仕組みを持っておかないと、ひたすら個別案件の「○○調査」の行方を追うことになり、しかし追いかけきれずにリサーチ活動の実態を見失うことになります。

　この管理業務に対応する既存の仕組みには、業務分掌表や従業員名簿がありますが、いちいち資料を開いて担当体制を調べることになりますし、そもそもリサーチの結果データが独り歩きしていて出元の部署が不明なケースも多々あります。

② 発注のスケールメリットを活かせていないケース

　事業成長を通じて組織の分化が進むと、発注の同期を取るのが難しくなります。リサーチ業務はこの典型で、色々な部門から色々な会社へ相談・発注が行ってしまい、調査会社の情報を組織内で共有できずに進めてしまうことがあります。この現象は特にマーケティングリサーチ業務で多く見られます。理由は単純で、アンケートは様々な部署で行う機会が多い業務だからです（プロダクトに関するリサーチは開発部門かデザイン部門で行うことが多いため重複は起きにくい）。

　そしてこれは調査の委託業務に限らず、セルフアンケートツールの管理においても規模の効果を出せないことがあります。アカウントを部門相乗りの運用にしたことで、急なデータ消去・ツール解約などの事故が起きるトラブルが典型例です。

第1章

立ち上げ

リサーチポートフォリオ

作り方

定常業務を集めてリスト化する　領域や手法が近い項目を寄せる　対応範囲を段階で定義する

No.	分類	業務名称	内製/発注	調査会社（使用ツール）	調査手法	調査対象者	アウトプット（役割設定）	実施頻度	予算部門	担当体制
1	定性	ユーザーインタビュー	内製	インタビュープラットフォーム	オンラインインタビュー・テスト	自社ユーザー	カスタマージャーニー等（骨格〜表層）	適時	デザイン部	デザイナー＋リサーチャー
2	定性	ユーザーテスト	内製/発注	UXリサーチ会社	オンラインインタビュー・テスト	自社ユーザー業界ユーザー	デザイン思考ツール各種（要件〜表層）	四半期	デザイン部	デザイナー
3	定性	エキスパートレビュー	発注	UXリサーチ会社	ヒューリスティック評価	（プロダクト）	ユーザビリティ/アクセシビリティ（構造〜表層）	半期（定点）	デザイン部	デザイナー

項目に付番する　　定性・定量で全体の流れを作る

❶ 定常業務を集めてリスト化する

組織内のリサーチ定常業務をリスト化する（個別案件は別途業務ごとに管理する前提で）。

❷ 項目に付番する

各業務にナンバーを振って見出しをつける（説明や質問の時にすぐに案内できるように）。

❸ 定性・定量で全体の流れを作る

定性調査・定量調査のくくりで流れを作る。

※「探索」「検証」での分け方を好む人もいるので、くくり方は適宜アレンジする。

❹ 領域や手法が近い項目を寄せる

調査領域や調査手法が近い項目同士を近づける。

❺ 対応範囲を段階で定義する

各調査の役割設定をUXの5段階モデルの段階によって説明する。

使い方

① 本部や部門間での当期のリサーチ体制の共通理解用に

本図により、本部間・部門間で当期のリサーチ体制に共通理解を持つことができます。特にマネジメントのメンバーにとって意義が大きく、組織の全体像を見たうえでリサーチ業務を強化したり、リサーチを行う部課の適材適所を判断できます。

また、リサーチに関する連絡網的な機能があるので、毎年、「今期は各調査のことを組織の誰に聞いたらよいか」がアップデートされている状態を作り出すことができます。本図が無いと部門や個人単位で問合せを行うことになってしまいます。

② 調査会社対応及び社内レビュー可能な人材の特定用に

リサーチの実行体制を考える上でも重要なのが、発注が関連する調査業務の窓口体制です。発注業務は外部に預けられるので誰が担当しても良いように思えますが、実際には外部専門人材をディレクションできるだけの高度な技能が必要です。

そこで、本図を使って各調査手法に最も習熟しているメンバーを特定し、調査会社の窓口を担ってもらいます。併せて、内製で行う調査についても、各担当領域ごとの計画・報告レビューを受け持ってもらい、リサーチの品質を安定させます。

リサーチポートフォリオ

第1章　立ち上げ

05　プロジェクトマネジメントのドキュメント
リサーチバックログ

No.	起票者	要求内容	担当所感	タイトル	要件概要
1	○○	商品目当ての検索・広告流入に対してLPである商品ページの初期離脱が多い。流入〜比較検討に至る体験設定を最適化したい。	プロダクトバックログ及びコールセンターVOCに関連項目が点在する。関係者ヒアリングのうえ横断プロジェクト化を試みる。	SEO・検索流入ユーザー利用実態調査	ウェブ検索・広告のSEO外部施策を経由して商品ページにランディングする行動導線におけるペインを知るユーザーテスト。
2	○○	リブランディングのクリエイティブデザインがユーザーにどの程度受け入れられるかを確認したい。（FY24下期に実装予定）	調査実施タイミングを調整（企画時／検証時／両方）＋調査対象提示物を定義（ワイヤーフレーム／デザインカンプ／実機テストなど）	リブランディングクリエイティブテスト	新ブランドガイドラインを適用して作成するアプリ内のクリエイティブに対するユーザー評価を検証するインタビュー調査。
3	○○	××××××××××	×××××	×××××	×××××

トピックス	調査手法	調査対象者	アウトプット	関連KPI	調査時期	調査主体	担当体制
・検索流入の利用実態 ・広告流入の利用実態 ・SEO流入ユーザーのサイト内行動	ユーザビリティテスト	＊自社ユーザー（8名） ① ロイヤルユーザー（4名） ② 競合併用ユーザー（4名）	・ユーザーストーリーマップ（MVP定義） ・PRD（要件定義書雛形）	＊ウェブ行動データ分析 ・商品到達率 ・商品閲覧数	2024年6月	デザイン部＋分析部	○○（実行者） ○○（承認者） ○○（協力者）
・レイアウト ・色 ・イラスト ・タイポ・フォント ・メッセージ ・ボイス＆トーン	デプスインタビュー／コンセプトテスト	＊自社ユーザー（8名） ① 長期ユーザー（4名） ② 新規ユーザー（4名）	・デザイン評価シート	＊エキスパートレビュー ・業種としての明確さ ・トップの行動喚起力 ・アプリ体験の一貫性	2024年3Q	デザイン部	○○（実行者） ○○（承認者） ○○（協力者）
×××××	×××××	×××××	×××××	×××××	×××××	×××××	×××××

　リサーチバックログとは、各部門からの調査依頼をリストアップし、個々の調査の企画要件を期待効果や実施難度の観点から吟味し、全体での重要度や時期感を判断する案件管理用のアウトプットです（※開発業務の管理方法に倣っています）。

　主に調査を管轄する部門長＋リサーチャーで通期または半期の期首に取りまとめ、各部門のリサーチ要求の総量を把握しつつ、案件の優先度や実現性を吟味します。本表はその依頼や会議におけるコミュニケーションツールとして機能します。

　この表はリサーチ業務のデータベースやフォルダ階層とも同期を取ることで、リサーチ活動全体の項目や構造を規定していく役割を果たします。言い換えると、索引・看板として活用することができ、単なる依頼受付シートに留まりません。

構成要素

❶ No.	❷ 起票者	❸ 要求内容	❹ 担当所感	❺ タイトル	❻ 要件概要
1	○○	商品目当ての検索・広告流入に対してLPである商品ページの初期離脱が多い。流入〜比較検討に至る体験設定を最適化したい。	プロダクトバックログ及びコールセンターVOCに関連項目が点在する。関係者ヒアリングのうえ横断プロジェクト化を試みる。	SEO・検索流入ユーザー利用実態調査	ウェブ検索・広告のSEO外部施策を経由して商品ページにランディングする行動導線におけるペインを知るユーザーテスト。

❼ トピックス	❽ 調査手法	❾ 調査対象者	❿ アウトプット	⓫ 関連KPI	⓬ 調査時期	⓭ 調査主体	⓮ 担当体制
・検索流入の利用実態 ・広告流入の利用実態 ・SEO流入ユーザーのサイト内行動	ユーザビリティテスト	＊自社ユーザー（8名） ①ロイヤルユーザー（4名） ②競合併用ユーザー（4名）	・ユーザーストーリーマップ（MVP定義） ・PRD（要件定義書雛形）	＊ウェブ行動データ分析 ・商品到達率 ・商品閲覧数	2024年6月	デザイン部＋分析部	○○（実行者） ○○（承認者） ○○（協力者）

第1章 立ち上げ

❶ No.

リスト上の通し番号。起票受付後、一定期間を経てプロダクト/サービス/ブランド/部門などの単位で整列する。

❷ 起票者

調査案件の起票者名。リーダー以上の管理職による記入とし、部課単位で要求するルールを設ける。

❸ 要求内容

調査の範囲や調査の対象箇所となる機能・施策・情報など。企画や検証の論点や仮説なども箇条書きで記入してもらう。

❹ 担当所感

リサーチ責任者による所感。調査時のポイントや討議や準備が必要な事項を知らせる。

❺ タイトル

調査案件の名称。調査対象の機能or施策or情報＋調査領域/調査手法で構成するとよい。

記入例

○○利用実態調査、○○コンセプト受容性調査、○○企画・機能ニーズ調査

リサーチバックログ

⑥ 案件概要

調査案件の概要（調査対象となるプロダクト/サービス/ビジネスに関する情報＋調査内容で構成する）。

記入例

- ○○に対するユーザー評価を検証するインタビュー調査
- ○○に関する市場のニーズを把握するインタビュー調査

⑦ トピック

調査案件において目玉となる調査項目。

⑧ 調査手法

調査案件で使用する調査手法。

記入のヒント

定性調査の場合は種類が多いため以下を目安に書き分ける。
ユーザビリティテスト、ユースケース調査、デプスインタビュー、コンセプトテスト

⑨ 調査対象者

調査案件における調査対象者。

⑩ アウトプット

調査結果から得られる代表的な成果物。アウトプットの記載があることで成果の形がわかりやすくなる。

記入例

カスタマージャーニーマップ、ペルソナ、バリュープロポジションキャンバス、ユーザーストーリーマップ

⑪ 関連KPI

調査案件が伴走する個々のプロジェクトに紐づくKPI（全社KPI・部門KPI・業務KPIなど）。

⑫ **調査時期**

記入時点での実施予定時期（時期に幅がある場合は四半期単位での記入にする）。

⑬ **調査主体**

調査業務を実行する担当部門（発注する場合は調査会社名を、グループ企業に依頼する場合は子会社・親会社・関連会社の名称を記入する）。

⑭ **担当体制**

実行者・承認者・協力者の名前。

よくある課題

> 「今はどの調査案件を行っているのか？今期はまだ新規の依頼ができるのか？」
> ⇒ この質問に1枚で答えるためのアウトプット

① リサーチの要求に対して対応稼働が足りないケース

リサーチの対象となる物事は事業成長と共に増していきます。基本的に、展開領域に対応する機能・施策・情報の分だけ調査ニーズがあり、マルチカテゴリー・マルチブランド展開をしている事業者ではなおさら要求は細分化されていきます。

この状況に対して、リサーチ管掌部門では自部門の業務（デザイン部門ならデザイン領域）に集中できれば良いのですが、大抵はそうはいきません。決裁者や関係者からは、「ついでにこれも聞いておいて欲しい」と希望が寄せられるもの。もちろん担当者クラスでは対応キャパシティが足りません。また、そもそも同じ社内でもリサーチ業務レベルでは互いの調査計画は知らないものです。まず、どのような調査ニーズが組織内にあるのか要求の全量を把握する必要性があります。

② 調査の報告・共有資料が各所に点在しているケース

リサーチの仕事は社内にも社外にも多くの関係者が登場します。それゆえに、調査の案件タイトル1つ取っても、「○○項目が出てくる調査」「○○さんの調査」「○○会社の調査」「○○時期の調査」など、微妙な呼び方の違いが発生してきます。

当然、調査のファイル名・フォルダ名も不統一だったり、管理しているデータベース構造

も不規則になりがちです。下手をすると、リサーチ担当者自身の中でも一貫性を保てず、そうしたメンバーが組織に複数いる状況も珍しくありません。組織内にリサーチの長期従事者がいれば良いのですが、担当者の異動や退職が起きると、途端に後追いが難しくなります。もともと取り扱うデータの情報量や秘匿性が高いことも相まり、時間が経つと過去調査実績はわかりづらくなります。

作り方

❶優先度・難易度・コストの観点で吟味する　　❷フォルダ・ファイルも同じ案件名称を使う

No.	起票者	要求内容	❶ 担当所感	❷ タイトル	要件概要
1	○○	商品目当ての検索・広告流入に対してLPである商品ページの初期離脱が多い。流入〜比較検討に至る体験設定を最適化したい。	プロダクトバックログ及びコールセンターVOCに関連項目が点在する。関係者ヒアリングのうえ横断プロジェクト化を試みる。	SEO・検索流入ユーザー利用実態調査	ウェブ検索・広告のSEO外部施策を経由して商品ページにランディングする行動導線におけるペインを知るユーザーテスト。

❸ トピックス	調査手法	❹ 調査対象者	❺ アウトプット	❻ 関連KPI	調査時期	調査主体	担当体制
・検索流入の利用実態 ・広告流入の利用実態 ・SEO流入ユーザーのサイト内行動	ユーザビリティテスト	*自社ユーザー（8名） ①ロイヤルユーザー（4名） ②競合併用ユーザー（4名）	・ユーザーストーリーマップ（MVP定義） ・PRD（要件定義書雛形）	*ウェブ行動データ分析 ・商品到達率 ・商品閲覧数	2024年6月	デザイン部 ＋ 分析部	○○（実行者） ○○（承認者） ○○（協力者）

❸質問事項やテスト項目をハイライトで記す
❹リクルーティング要件により具体性を出す
❻KPIを案件の重要度を測るモノサシにする
❺成果物を記載して業務の実施価値を伝える

❶ 優先度・難易度・コストの観点で吟味する

大きすぎるサイズの要求は分割、比較的近いテーマの要求は結合を試みる。

❷ フォルダ・ファイルも同じ案件名称を使う

誰が見ても判別しやすいタイトルを付ける。

❸ 質問事項やテスト項目をハイライトで記す

依頼元の要求をヒアリングによって深める。

❹ リクルーティング要件により具体性を出す

調査対象者のグループや分析軸を記載する。

❺ 成果物を記載して業務の実施価値を伝える

調査の実施価値を担保する（「事業目標の達成」だと大味になる）。

❻ KPIを案件の重要度を測るモノサシにする

インパクトがある活動かどうか裏取りする。

使い方

① 当期の計画案件全体の優先度判断用に

調査活動では、期首に立てた年間計画のほか、期中に発生する事案にも対応します。バックログでは依頼の全量がリストで可視化されているので、案件間の相対的な重要度や緊急度に照らして対応範囲や対応時期を討議することができます。

個々の案件についても、いきなり内容や時期を詰めるのではなく、リサーチ担当者が企画の骨子をリファインメント（精査）した状態で話し合うので、具体的な実施や成果のポイントを参照しながら双方の関わり方を協議することができます。

依頼元の部門でも、軽くで構わない時（例：アイデア探索・最終テスト・実査のみ）、しっかりやりたい時（例：重要決裁に耐え得るデータが欲しい・特定の時期に間に合わせたい）など重みづけが異なるものなので、話し合いに便利です。

② 調査データの索引や表記規則参照用に

リサーチバックログは、そのまま事業年度ごとの調査の索引として機能します。よく実施後の課題となるように、フォルダタイトルと調査時期だけで案件を探し当てることがなく、どの案件を誰に問合せたらよいかもリスト内容から明快です。

本表では起票時点から案件名称・案件概要を整理しているので、バラバラになりがちな表記もこのリストを参照することで統一できます。個別案件ごとの管理ではなく、年次規模で組織全体の案件を管理しているからこそ最適化できるのです。

第1章 立ち上げ

06 プロジェクトマネジメントのドキュメント
リサーチプロセス

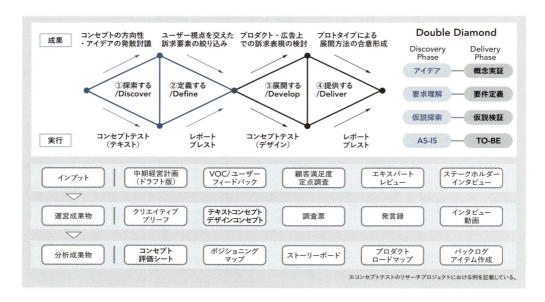

　リサーチプロセスとは、リサーチプロジェクトの進め方のアプローチ、及び生成する成果物の存在を可視化するアウトプットです。

　「プロセス」という名の通り、全体をダイヤモンドモデルにより大きくDiscoveryPhase/探索期とDeliveryPhase/検証期に分け、それぞれの段階におけるプロジェクトの実行内容と期待成果を示すことで、調査目的のアウトラインを示す仕様になっています。また同時に、インプット（データソース）とアウトプット（フレームワーク）を示すことで、伴走するプロジェクトにおける調査活動の貢献意義を具体的に共有することができます。

構成要素

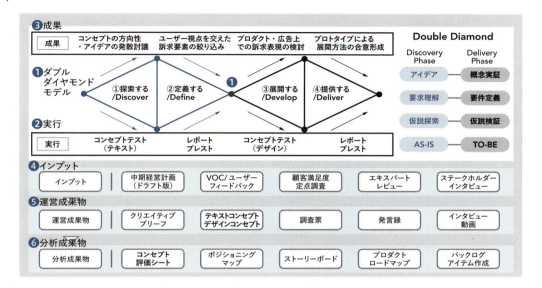

❶ ダブルダイヤモンドモデル

2004年に英国のデザインカウンシルにより発表された、問題の発見と解決を連続的に行うことを視覚的に示したデザイン思考の代表的なフレームワーク。

左右2つのダイヤモンドの図から成り、①探索する/Discover、②定義する/Define、③展開する/Develop、④提供する/Deliverという4つの工程で構成される。各ダイヤモンドを経て発散と収束を繰り返して議論を進めることを前提とした図の作りなので、リサーチのプロセスを包括的かつ視覚的に説明しやすい。

❷ 実行

リサーチプロジェクトの主だった実行内容。

❸ 成果

リサーチプロジェクトの主だった期待成果。

❹ インプット

企画や計画にあたり参照するデータソース。

❺ 運営成果物

プロジェクト運営による（中間）成果物。

❻ 分析成果物

ファインディングによる（最終）成果物。

よくある課題

> 「この調査はどのような目的で行おうとしているのか？」
> ⇒この質問に1枚で答えるためのアウトプット

① 調査目的が複合的かつ与件が曖昧なケース

リサーチが伴走するプロジェクトでは、関係者間で調べたいことや欲しいデータを絞りきれずに、「リサーチで今あがった意見をテストしつつ、新しいアイデアも集めつつ、競合も調べよう」のような都合の良い希望が出てきます。

このように調査目的が複合的かつ与件が曖昧な事案では、調査目的はやたら格調高いだけの文章となり、企画書の文字面からは何をやろうとしているのかよくわからない状態になります。その説明責任はリサーチ担当者が負います。

② 調査目的が検証段階に偏重しているケース

直線的に業務を進めるウォーターフォール型の組織では、リサーチの使途が出来上がったものを検証することに偏りがちです。何をどう作るかは前工程で既に決まっていて、リサーチは次々と検証を繰り返す役割を求められる状態です。

確かに検証業務は重要ですが、対応工程がそれに偏り過ぎると、開発や実装が済んだ時期（たいていは年度の後期）に異様に稼働が集中するいびつな調査体制になってしまいます。技能面のほか、稼働配分の観点で健全ではありません。

③ 調査目的が企画段階に偏重しているケース

全体のケースとしては少ないものの、調査目的が企画段階に偏重している組織も存在します（※そういう役割であれば別です）。このケースで課題となるのは、プロジェクトサイドが運営に手一杯で調査後の検証が行われないことです。

特に始末が悪いのは、初期の調査データが参照されないまま、「時期が古くなったので最新版が必要」や「新しく着任した上長の方針」などの理由で、定点調査でもないのに全く同じ内容でデータを取り直すケースが存在することです。

作り方

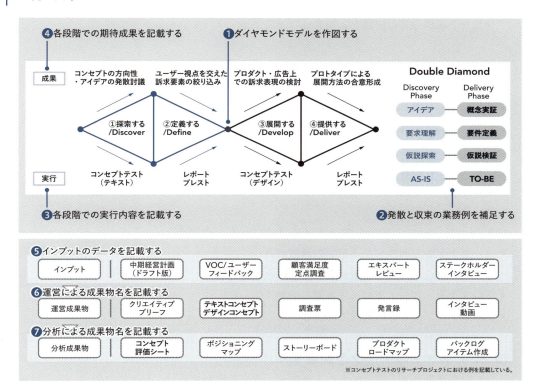

❶ ダイヤモンドモデルを作図する

連続したダイヤモンドの図を作り、発散と収束を表す矢印を沿わせる。左右のダイヤモンドを色分けする。

❷ 発散と収束の業務例を補足する

汎用的な業務の名称を仮で示す。
※実行と成果を記入しやすくする。

DiscoveryPhase/探索期の記入例
アイデア、要求理解、仮説探索、AS-IS

DeliveryPhase/検証期の記入例
概念実証、要件定義、仮説検証、TO-BE

❸ 各段階での実行内容を記載する
リサーチ業務の実行内容を記載する（調査手法、ワークショップ手法など）。

記入例：コンセプトテストのリサーチプロジェクトの場合
- コンセプトテスト（テキスト）
- コンセプトテスト（デザイン）
- レポート、ブレスト

❹ 各段階での期待成果を記載する
リサーチによる期待成果を記載する（伴走プロジェクトにおける貢献価値）。

記入例：コンセプトテストのリサーチプロジェクトの場合
- コンセプトの方向性・アイデアの発散討議
- ユーザー視点を交えた訴求要素の絞り込み
- プロダクト・広告上での訴求表現の検討
- プロトタイプによる展開方法の合意形成

❺ インプットのデータを記載する
リサーチ活動のインプットとなる既存データ名を記載する。

記入例：コンセプトテストのリサーチプロジェクトの場合
- 中期経営計画（ドラフト版）
- VOC/ユーザーフィードバック
- 顧客満足度定点調査
- エキスパートレビュー
- ステークホルダーインタビュー

❻ 運営による成果物名を記載する

リサーチプロジェクトの運営で得られる成果物名を記載する（案件でメインとなる成果物は太字の処置などで目立たせる）。

※運営上の成果物か分析上の成果物かは案件の特性で判断する。

記入例：コンセプトテストのリサーチプロジェクトの場合

- クリエイティブブリーフ
- テキストコンセプト
- デザインコンセプト
- 調査票
- 発言録
- インタビュー動画

❼ 分析による成果物名を記載する

リサーチプロジェクトの分析で得られる成果物名を記載する（案件でメインとなる成果物は太字の処置などで目立たせる）。

※運営上の成果物か分析上の成果物かは案件の特性で判断する。

記入例：コンセプトテストのリサーチプロジェクトの場合

- コンセプト評価シート
- ポジショニングマップ
- ストーリーボード
- プロダクトロードマップ
- バックログアイテム作成

使い方

① 調査の汎用型ワークモデルとして使う

　本図で探索型と検証型の存在や役割を可視化しておくと、両者を内混ぜにする希望意見を抑制することができます。交じり合う要素はもちろんありますが、プロセスと業務成果の一体性を認識させることで理解を取り付けられます。

　また、リサーチのワークモデルとして主要なステップや成果物イメージを提示することで、大方のやりたいことが伝わるので、仮に調査の企画に時間を必要とする時にも、本図があれば活動の「型」を先行して示すことができます。

② 調査で企画や戦略からの関わりを示す

　調査目的が検証段階に偏重してしまうケースでは、探索期のリサーチステップやアウトプット名称を使って、プロダクトの要件定義や現行のアセスメントにもリサーチ活動が寄与できることを自然と関係者に刷り込むことができます。

　探索の工程から調査ができると、ビジネススキームやプロダクトの仕様について、「最初からこうしておけば良かった」「リリース直後にもう改修が必要」という手戻り・後戻りが発生する確率が減り、運営効率が上がっていきます。

③ 改善活動に携わり事業成長に貢献する

　調査目的が企画段階に偏重しているケースでは、検証期のリサーチステップやアウトプットの図を使って、リリースやデリバリー後に改善を行いながら市場フィットを目指す姿こそ本来あるべき状態である、と確認することができます。

　リサーチ業務としても毎回初見のテーマに取り組むよりも既存テーマに取り組む方が習熟度が上がります。関係者との連携体制があればなおさらなので、リサーチプロセスを参照しながらぜひ後工程の調査機会も伺うようにしましょう。

第1章 立ち上げ

07 プロジェクトマネジメントのドキュメント
調査会社の比較表

	A社	B社	C社
得意分野	ユーザビリティテスト、サーベイ	デザインワークショップ、ブランディング	サービスデザイン、事業開発
スピード	○普通 （窓口〜分析まで一貫した専属担当制）	△長期 （プロジェクトの時間軸と逸れるリスク）	○普通 （内部で調節できるキャパシティあり）
コスト感	◎安い （相場より割安のスタートプランあり）	△高い （知名度相応の水準、取引持続性は無い）	○普通 （業界の中堅ポジション的な費用水準）
実査品質	○普通 （定量調査を含めた一括の依頼が可能）	◎高い （エスノグラフィのスペシャリストが対応）	○普通 （対象者特性を吟味した進行が可能）
分析品質	△低い （実査結果の集約レベル、分析は簡易）	◎高い （ワークはシニアファシリテーターが対応）	◎高い （ユーザー・ビジネス両面の考察が可能）
納品要件	◎柔軟 （当社仕様でのスライド納品対応が可）	△厳格 （デザインのアウトプットは使用制限あり）	○普通 （ホワイトボードツールの権限を要確認）
取引要件	◎柔軟 （請負契約で単発ベースの取引も可能）	△指定 （依頼が殺到のため時期や期間の指定あり）	○普通 （プロジェクトマネジメント込みの対応）
担当所感	・ユーザーテストを繰り返し行う個別調査では良い。 ・費用が割安であり対応もレベルを合わせてくれる。	・定性リサーチャーの技能と当該業界経験値が高い。 ・費用が高額のためインサイト案件に限ると良いか。	・戦略案件で必要な資料アウトプットレベルが高い。 ・制作と開発の受託も行っており連携拡張性がある。

　調査会社の比較表とは、リサーチ業務の発注先となる調査会社を選定する時の確認事項・判定要件をチェックリスト化したアウトプットです（※この名称は私独自の呼び方です）。

　本図を作成することにより、調査の稟議や決裁において担当者から決裁者に至るまでの論点をすり合わせ、組織と案件にとって最適な調査会社の選定・判定を行うことができます。

　この機能性により、リサーチを管掌する部門を中心に組織内のケイパビリティ（スキルセット）を意識して、調査の経費を使用して強化する領域や技能を見極めるようになります。

※なお、本項のメインテーマである「調査会社」という言葉は、ユーザーリサーチの調査サービスを提供している、マーケティングリサーチ会社、UXリサーチやUXデザインの支援会社を念頭に置いています。幅の広い表現ではありますが予めご承知おきください。

構成要素

		A社
❶	得意分野	ユーザビリティテスト、サーベイ
❷	スピード	○普通 （窓口～分析まで一貫した専属担当制）
❸	コスト感	◎安い （相場より割安のスタートプランあり）
❹	実査品質	○普通 （定量調査を含めた一括の依頼が可能）
❺	分析品質	△低い （実査結果の集約レベル、分析は簡易）
❻	納品要件	◎柔軟 （当社仕様でのスライド納品対応が可）
❼	取引要件	◎柔軟 （請負契約で単発ベースの取引も可能）
❽	担当所感	・ユーザーテストを繰り返し行う個別調査では良い。 ・費用が割安であり対応もレベルを合わせてくれる。

❶ 得意分野

調査会社の特徴や実績。

❷ スピード

調査会社のキャパシティや希望スケジュールとの合致。

❸ コスト感

調査会社の費用と当社の予算感。

❹ 実査品質

インタビューやアンケートの実施における計画・実行の精度。

❺ 分析品質

インタビューやアンケートの実施における分析・示唆の精度。

❻ 納品要件

成果物の形状や取り扱い方。

❼ 取引要件

契約形態や取引実績など。

❽ 担当所感

商談時の印象や総合的な案件適性など。

※実査品質・分析品質は実際に発注して仕事を共にしてみないとわからないことも多いため、事前にはできるだけ評判などを収集しておき、事後にはきちんと発注の成果を振り返ること。

よくある課題

> 「どの調査会社がこの案件に適しているのか？」
> ⇒この質問に1枚で答えるためのアウトプット

① 知名度と費用以外に選択の判断基準が無いケース

調査の発注先について、「知名度と費用以外の判断基準が無い」という状況は特に中小の事業会社に多いです。私も、「○○という会社の名前をよく聞きます。そこがいいですか？ 頼むといくらくらいですか？」という形でよく質問を受けます。

調査会社との商談を経てみても、「どのような調査ニーズにもお応えできます」という説明を受けて、結局、特徴がつかめず知名度と費用の話に戻ってしまうことも。一般的には発注機会がある程度限られる仕事なので実態がわかりません。

この例は直接的には新任の調査担当者における話ですが、実は「どの調査会社が良いのか？」という議論は組織としてずっと向き合うことになります。調査の発注を重ねていても、新しい調査領域やテーマのたびに見直す機会が訪れるからです。

② 発注趣旨が作業労働のアウトソースにあるケース

調査予算が計上されている会社では、プロジェクトの担当者がディレクターとして調査業務を発注して母体業務を推進する仕事スタイルも多く見られます。企画や実行が主務の仕事では専門工程をアウトソースするのは合理的な進め方です。

しかしこのケースで担当者が自身の作業労働の代替要員として発注をしていると（丸投げにしていると）、専門的な支援を受けているのに調査の技術や内容についてはよくわからない、という状況が起きます（特に実査や分析の工程で）。

調査会社の比較表

発注とは本来、依頼する業務の全容やコツがおおよそわかっていて初めてオリエンや検収業務が成り立つもの。仮に調査予算があって発注できる環境だとしても、定期的に振り返りや創意工夫をしていないと自身と組織の成長はありません。

作り方

❷ 真に期待できる領域かを見抜く
❸ 時期が計画と合うか吟味する
❹ 継続効果や拡張性も考慮する

❶ 評価軸を揃えて3社間比較する

	A社	B社	C社
❷ 得意分野	ユーザビリティテスト、サーベイ	デザインワークショップ、ブランディング	サービスデザイン、事業開発
❸ スピード	○普通 （窓口〜分析まで一貫した専属担当制）	△長期 （プロジェクトの時間軸と逸れるリスク）	○普通 （内部で調節できるキャパシティあり）
コスト感	◎安い （相場より割安のスタートプランあり）	△高い （知名度相応の水準、取引持続性は無い）	○普通 （業界の中堅ポジション的な費用水準）
❹ 実査品質	○普通 （定量調査を含めた一括の依頼が可能）	◎高い （エスノグラフィのスペシャリストが対応）	○普通 （対象者特性を吟味した進行が可能）
❺ 分析品質	△低い （実査結果の集約レベル、分析は簡易）	◎高い （ワークはシニアファシリテーターが対応）	◎高い （ユーザー・ビジネス両面の考察が可能）
❻ 納品要件	◎柔軟 （当社仕様でのスライド納品対応が可）	△厳格 （デザインのアウトプットは使用制限あり）	○普通 （ホワイトボードツールの権限を要確認）
❼ 取引要件	◎柔軟 （請負契約で単発ベースの取引も可能）	△指定 （依頼が殺到のため時期や期間の指定あり）	○普通 （プロジェクトマネジメント込みの対応）
❽ 担当所感	・ユーザーテストを繰り返し行う個別調査では良い。 ・費用が割安であり対応もレベルを合わせてくれる。	・定性リサーチャーの技能と当該業界経験値が高い。 ・費用が高額のためインサイト案件に限ると良いか。	・戦略案件で必要な資料アウトプットレベルが高い。 ・制作と開発の受託も行っており連携拡張性がある。

❺ 実査品質は実績や評判で判断
❻ 分析品質は成果物情報で判断
❼ 使途から納品形式を規定する
❽ 契約条件や各種実績等を吟味

❶ 評価軸を揃えて3社間比較する

　3社程度を目安にして情報収集をする。情報収集は、サービスサイト・商談・提案書・見積書・人づての評判などから行う。各項目の評価は、印（◎○△など）とコメント（良い・高いなど）を記入する。

❷ 真に期待できる領域を見抜く

　商談内容や代表実績から得意とする領域を特定する。発注はできるだけ得意領域に対して行うようにする。

検討のヒント

- 得意とする調査手法は何か（サービスメニュー・人材構成・研究実績などの情報から）
- 得意とする調査テーマは何か（サービスメニュー・人材構成・研究実績などの情報から）
- 得意とする調査サービスのシステムはあるか（集計ツール・データ管理など）
- 社内の人材ケイパビリティ（能力）とは補完関係があるか

❸ 時期が計画と合うか吟味する

　着手、報告までの対応期間が適切かを考える。発注先の基本的な対応キャパシティを把握する。

検討のヒント

- 案件の希望スケジュールと合うか
- 調査実施までは適切な期間か
- 連絡対応は速い（ちょうどよい）か
- 書類や提案の準備対応は速い（ちょうどよい）か
- 連絡手段にストレスは無いか（メール・電話・グループウェアなど）

第1章 立ち上げ

調査会社の比較表

❹ **継続効果や拡張性も考慮する**

継続発注による費用や情報のメリットを考える。事業や会社のスケールに合った発注先を考える。

検討のヒント

- 案件の予算と合っているか
- 相見積もりで他社よりも高いか低いか
- 予算に合わせた見積り項目の調整も可能か

❺ **実査品質は実績や評判で判断**

定量調査は回収目標・過去実績を、定性調査は業界理解・仕様理解を基準に考える。

検討のヒント

- 案件で希望する調査対象者を適切な条件と数で確保できるか（アンケートの希望回収数、インタビューの協力者数など）
- 調査票作成時の提案精度は高いか（案件特性に合った質問や選択肢の提示、時勢や状況に合った設計方法への意見など）
- アンケートの回答内容は信頼できるか（自由回答の内容など）
- モデレーターの進行技量は確かであるか（状況に合わせた深堀りができるかなど）

❻ **分析品質は成果物情報で判断**

事前段階は想定成果物イメージから読み取る。実施後の活用段階にどの程度関わってもらうかを考える。

検討のヒント

- 報告書や成果物の構成は希望イメージと合うか
- 市場理解や顧客理解は深いか
- 調査結果から示唆やアイデアまで提示してもらえるか（そこも求めるかどうか）
- 専門的な技法を用いる時に、自社の知識レベルに合わせて解説してもらえるか

❼ 使途から納品形式を規定する

ファイルの種類や容量の規定をすり合わせる。データの使用範囲の制限などを確認しておく。

検討のヒント

- 納品形式は希望と合うか（ファイルの種類・スライドの縦横比・データ容量など）
- 使用する範囲に制限はないか（データの編集権限・公開時のクレジット掲載など）

❽ 契約条件や各種実績等を吟味

業務委託における請負・準委任などの契約形態の適性を法務部と確認する。過去取引実績があればその時の評価も参照する。

検討のヒント

- 契約形態は希望と合うか（請負・準委任など）
- 知名度はあるか（社内で気にする場合）
- 上場しているか（客観的な期待品質の判断材料）
- 業界団体に加盟しているか（客観的な期待品質の判断材料）
- 代表的な取引実績（客観的な期待品質の判断材料）
- 自社での過去取引実績での評判はどうか

第1章 立ち上げ

調査会社の比較表

使い方

① 組織と案件に合った取引先選定の判断材料用に

　本図を使うと、発注の観点や論点が整理され、決裁時の議論が深まります。費用と予算が合うかという大原則のほか、大企業であれば細かい取引要件などが、スタートアップであればスピード感が、それぞれ特別な検討要因になるでしょう。

　実のところ、相手の力量は一度仕事を共にしてみないとわかりません。ただ、観点や基準が明らかであれば判断に後悔が残りません。どの程度の期待を込めて、その期待にどの程度のリスクを取るか、発注の蓋然性を高めることができます。

　調査会社側でも真に万能というケースは珍しく、どうしても得手不得手があります。それを考えると、発注とは相手の得意領域と当社の保有能力の組合わせであり、良い会社・悪い会社があるというより相性の話ということになります。

② 担当者と部門長が持つ業務経験値の結晶として

　調査業務を発注するメリットは、第一には専門的な分野について担当者の作業部分を軽減する効果がありますが、他にも、知識部分を意見交換できる効果もあります。実案件を通じて調査業務を理解していく実地研修のようなイメージです。

　特に、担当者は企画と分析の工程は自分でもできるだけ知恵を絞るようにします。そうして調査に対する見識や発注時に重要な観点を磨いていると、調査会社の提案や実務の技量レベルがわかるようになり、選定の精度も上がっていきます。

　自身の立場がリサーチを管掌する部門長クラスであれば、リサーチに関わるメンバーの苦手や不足を把握しつつ、上手に経費を使ってこのような教育効果を狙っていきます。自身がリサーチ畑の出身でない場合はなおさらおすすめします。

第**2**章　企画

All About User Research

本章では、冒頭で調査設計の根幹を成す考え方である仮説思考について触れたのち、メインはユーザーリサーチの企画・運営時の業務フローに対応したドキュメント（全9点）を紹介します。調査企画・実施準備の各ステップで必要になる運営資料を通じて、仕事の流れやコツを理解することができます。新人担当者はテンプレート代わりに、ベテラン担当者は仕事効率や調査品質を高めるための情報としてお役立てください。

第2章 企画

01 調査企画の思考法
仮説思考

調査の企画にあたって、仮説は最重要の概念です。本項では企画業務の具体的な項目に先駆け、仮説の説明を行います。

仮説とは、「現時点で確からしい答えの手がかり」のことを言います。プロダクトリサーチのシーンでは、「課題の真因となりそうな障害、またはそれを解消し得る筋書」と理解しておくと良いでしょう。一般的には後者の方が仮説らしい響きがありますが、課題の解決だけでなく問題の特定においても有効です。

もし事前情報が不足していて仮説レベルに至らない場合は、疑問点・着眼点のレベルで書き出してもOKです。ただ、「思いつき」や「思い込み」と異なり、仮説に至った根拠を提示できることや、検証できる内容であることが求められます。

実務の場面では仮説は影をひそめがちです。仮説を活かすには、誰もが理解できる・活用できるよう言語化する工夫が大事です。前出の「課題の真因となりそうな障害、またはそれを解消し得る筋書」を言い換えるならば、次のようになります。

〈仮説のフォーマット〉

> 「○○が××なのは△△が要因なのではないか」
> 「○○を××するには△△が重要なのではないか」

よくある課題

仮説については本書で強調するまでもなく大事な考え方としてよく認識されています。しかし、書籍や研修などを通じてその概念を学ぶ機会が多い割に、実務の世界では仮説について話し合われたり伝え聞くことが少ないのはなぜなのでしょうか?

ここで、デザイン領域・マーケティング領域ともリサーチの実施機会が多い「ブランディング」（ブランド構築、リブランディング、ミッション・ビジョン・バリューなど）テーマの企画会議を例に、仮説に関するよくある課題を見ていきましょう。

昨今のブランディングを考える場面では、かなりの確率で「SDGs」が候補に上がってきます。ワークショップ中も、「最近はSDGsが重要」という声は複数聞こえてくることでしょう（実際に企業の社会的責任において欠かせない概念と言えます）。

しかし、合意形成の段階になってくると議論が止まります。企業が行うSDGsの取り組みを模索していくと、「低負荷の原料調達」「資源系容器の回収」「配送ルートの集約」などになり、（ウェブの企業では）真似ができないことが多いのです。

結局、1つの概念では不安なので、他のアイデアを寄せ集めて何とかSDGsのテーマを成り立たせようとする展開もあるのですが、もともとは差別化・独自性を意識していたはずが、出口では同質化・一般性に向かってしまうのは皮肉なことです。

こうしたトレンドワードは、ぱっと見で否定のしようがなく、具体的な中身が詰まっていないまま企画が最後まで生き残りやすい性質があります。「SNSの活用」や「TV露出の獲得」などでも同様の傾向が見られます（いずれも重要ですが）。

議論や活動が停滞する要因は、アイデアは存在していても仮説（現時点で確からしい答えの手がかり）が存在しないことにあります。世の中の良さげなものをつまんでそれが正しいとするスタイルでは通用しません。

仮説思考と調査企画

では、前項のような課題はどのように乗り越えられるでしょうか。

ブランディングのような全体方針テーマを考えるにあたって、多くのメンバーからアイデアを募ることは大事な心がけであり、集中型のワークショップによる話し合いも良いでしょう。しかし、討議を尽くした"合意形成"後に上手くいかなくなるのはなぜなのか？

ここで大事なのが仮説を日常業務に取り入れる仮説思考と、それを調査企画にも反映していくスキルです。これが無いと、疑いもなく世の中のトレンドを受け入れたり、著しく少ないオプションの中から判断することになります。順にポイントを見ていきましょう。

① 仮説思考

まず、仮説を取り入れて仕事を進める仮説思考について説明します。

調査を行うにしても、仮説の解像度が低いまま実行段階に移るとすべてを調べることになります。そうするにはとても時間と費用がかかり非効率的です。あれもこれも尋ねていては、アンケートでは40問を超えたり、インタビューでは2時間を超えてしまいます。

ところが、組織で調査を実施するとなるとこれに近いような状況が起き得ます。全年代を、全競合他社を、全エリアを、というように、一見すると否定しようがない項目が次々と追加

されていきます。多くの組織にはこの状態をレビューする機能がありません。

そこで、調査を企画する際はあらかじめ調べる範囲を切り取る、「スコープ」（観点・視野）を設定する必要が出てきます。このスコープを皆がわかるように言語化していく時に必要なのが仮説です。仮説があると調べる範囲を適切に絞り込むことができます。

アイデアとはつまるところ、「自分たちにとって」有効となりそうな背景や文脈がわからないと、結局は実務で活かすことができません。そのため、「現時点で確からしい答えの手がかり」である仮説を立て、方向性を探したり、蓋然性を高めていくのです。

前出のSDGsの例では、目立つトレンドからは「資源エネルギーを抑制する活動」に見えますが、この方向性は直接的に自社が製造・物流の工程に関わっていなければなかなか難しく、それがダイレクトに組織内でSDGsの企画が進まない理由に直結します。ここで視点を変えて、「消費者に商品の到着を待ってもらえないか（物流観点）」「商品をできるだけ長く使ってもらえないか（原料観点）」というアイデアがあると、調査で調べる範囲も、「配送日数の受容性」や「修理・補償の経験」などに焦点を当てられます。

このように、仮説とは「テーマに対する主体的な関わり方」を示すものです。「世の中的に良さそう」と思うものを仮説というフィルターにかけ、「自分たちでできそう」と思えるものに変えていきます。調査はそのための大事な手段です。

② 調査企画

次に、仮説と調査企画の関係性についてもう少し詳しく説明します。

インタビューやアンケートなど、いわゆるアスキング型の調査では、「①誰に、②何を、③どのように尋ねるか」が調査の企画骨子になります。このことは調査目的の記述内容からも明らかです。プロダクトリサーチにおける調査目的の例文として次の1文をご覧ください。

> 本件調査では、プロダクトのターゲット戦略においてアーリーアダプターの最有力候補となっている、「子どものいない夫婦（DINKs世帯）」を対象に（①）、商品に対する品質感度やタッチポイント、生活における価値観などを（②）、デプスインタビュー形式で（③）聴取する。

調査目的が「①誰に、②何を、③どのように尋ねるか」を規定している内容であることがよくわかるでしょう。

〈調査の企画骨子〉

① 誰に（尋ねるか）
⇒【調査対象者】例：自社ユーザー、競合ユーザー、カテゴリーユーザー、従業員の家族・知人
② 何を（尋ねるか）
⇒【テーマ、トピック】例：利用実態、満足度、イメージ、ユーザーテスト
③ どのように（尋ねるか）
⇒【調査手法、質問法】例：インタビュー、アンケート、デスクリサーチ、市場調査

　この「誰に、何を、どのように尋ねるか」の3要素の中に仮説を反映していくようにします。そうすると、自分たちが調査を行う大義や意図がどこにあるかを確認することができます。

仮説の落とし込み方

　ここからは、インタビュー調査の設計で使用するインタビューガイド（調査票）を題材にして、調査（実査）の中に仮説を取り込むイメージを固めていきましょう。
　ここでのキーワードは、「弱い仮説」と「強い仮説」です。

フェーズ	生活実態		情報受容		購買体験	
課題/仮説	・1日の中で情報接点はいつ/どこに存在しているか ・ターゲットが暮らしの中で大事にすることは何か ⇒ターゲット世代の基本プロファイル	弱	・どのようなウェブサービスから情報を得ているか ・どのような内容や表現で訪問・購入に至るのか ・どのようなテーマとメディアでつながれるのか	弱	・ターゲット層のマストバイアイテムは（主な品目） ・商品と生活とのグレード関係は意識されているか ⇒年間を通じてどのような訴求が有効になりそうか	強
質問項目	生活スタイル	平日：1日の過ごし方 平日：情報接点 休日：1日の過ごし方 休日：情報接点	情報収集一般	ショッピングアプリ 趣味・生活系アプリ SNSアプリ 実店舗	年間購入商品	家族・友人間での話題シェア方法 家族・友人間で話題にした商品
	ライフゴール	仕事で頑張っていること 趣味で頑張っていること 生活で頑張っていること	商品情報収集	SNS メルマガ プッシュ メディア	価値観・志向性	ブランド選好の度合い 品質と価格のバランス
	▽ターゲットユーザーのタイムテーブル・タッチポイントなどの生活情報		▽制作物のクリエイティブや訴求ポイントの好みなどの意識情報		▽ターゲットユーザーの生活背景に照らした商品・サービスの選択基準	
	ファクト		ニーズ		インサイト	

仮説思考　　057

① 弱い仮説

インタビューガイドの図の上段をご覧ください。フェーズごとの課題/仮説が見えると思います。例示は探索目的のデプスインタビューを想定しており、ここでの仮説は、提案や開発のために知りたいこと、企画業務にあたっての論点・観点くらいのものです。

生活実態の欄では「1日の中で情報接点はいつ/どこに存在しているか」の1文が、続く情報受容の欄では「どのような内容や表現で訪問・購入に至るのか」の1文が、それぞれ記載されています。生活者理解のための調査ではこうした実態把握が基本となります。

例示の調査設計により得られる情報は、ターゲットユーザーの1日の過ごし方などの生活情報や、制作クリエイティブに関連した好みに関する意識情報が中心となり、前者は事実情報（ファクト）、後者は顕在化した要求（ニーズ）と分類することができます。

読者の皆さんもおそらく感じている通り、こうした情報は調査結果として必要だけれども、それが直接何かを変えるわけではない情報です。このような疑問点・着眼点レベルの質問は「弱い仮説」であり、そこから得られる情報はファクトやニーズ止まりです。

② 強い仮説

では、強い仮説とはどのようなものでしょうか。購買体験について尋ねる最後のトピックでは、「商品と生活とのグレード関係は意識されているか」と書いてあります。収入と消費の関係性には結びつきがありそうですし、実際にこのデータがわかると企画に活かせるので、これは「強い仮説」と言えそうです。

ターゲットユーザーの生活背景に照らした商品・サービスの選択基準がわかると、事業方針や活動展開に影響を与えることができます。分析者が洞察により発見する消費者の潜在的なニーズを「インサイト」と言い、強い仮説があるとインサイトまでたどり着けます。

ただしバランスが重要です。調査票内の仮説のすべてが強い仮説である必要はありません。その状態を実現するには準備の段階で多くの時間と議論が必要になります。調査の企画承認や稟議決裁に時間がかかる組織は、ここの精度を高めようとしすぎています。

完璧な調査は無いのと同時に完璧な仮説というのもありません。なぜなら仮説はあくまで仮説だからです。調査の実行によって適度にファクトやニーズがわかり、インサイトもまた適度にわかっている、くらいの状態が健全なプロジェクトの進み方と言えます。

仮説を立てるタイミング

ここまで、仮説の立て方・使い方を説明してきました。セミナーや研修で仮説思考について講義をしていると、「仮説はいつ立てるのがよいか」という質問をよくいただきます。最後に、仮説を立てるタイミングについても触れておきましょう。

仮説を立てるタイミングを知るうえで、プロダクトデザインでは最適なモデルが2つあります。いずれも実行プロセスの中に仮説を立てるタイミングを規定しており、個人のスキルや気づきに依存せず仕組み化されているところがポイントです。

① ダブルダイヤモンドモデル

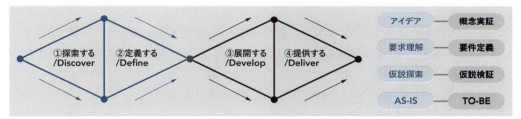

1つ目はダブルダイヤモンドモデルです。「リサーチプロセス」の項目（1章）でも取り上げているこのモデルは、2004年に英国のデザインカウンシルにより発表された、問題の発見と解決を連続的に行うためのフレームワークです。

仮説を立てるタイミングは2つのダイヤモンドによって、探索期と検証期とがあることが明らかです。議論の発散と収束を繰り返すこのモデルは、リサーチの実行プロセスとよく噛み合い、仮説を駆使するタイミングがよくわかります。

② HCDサイクル

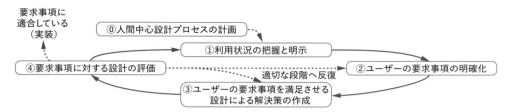

　2つ目はHCDサイクルです。特定非営利活動法人 人間中心設計推進機構（HCD-Net）の資料には、人間中心設計（Human-Centered Design）の規格を活かした、プロジェクトの中でユーザーリサーチや仮説を駆使するのに最適なモデルが紹介されています。

> HCDを実践する方法として、4つの主要な活動と1つの予備的な活動からなるHCDサイクルがあります。進め方の基本は、HCDサイクルを取り入れ、製品の構想段階から対象ユーザーとその要求を明確にして、要求に合ったものを設計し、満足度合いを評価することです。これをユーザーの要求や欲求が満たされるまで繰り返します。

※ HCD-Net 総合パンフレット（2023年8月改訂） | HCDのサイクル より引用
https://www.hcdnet.org/organization/news/hcd-1076.html

　こちらはプロダクトライフサイクルを意識して仮説の構築と検証を繰り返すことを想起させる、サイクル型のモデルが特徴的です。ビジネス部門が優勢の組織では企画段階でのリサーチは省略されるケースも多く、そうした進め方を見直す機会にもなります。

第2章 企画

02 調査企画書のドキュメント
調査目的

> 本件調査では、プロダクトのターゲット戦略においてアーリーアダプターの最有力候補となっている、「子どものいない夫婦（DINKs世帯）」を対象に、商品に対する品質感度やタッチポイント、生活における価値観などをデプスインタビュー形式で聴取する。
>
> 調査結果から、N1分析型のユーザーのプロファイルを生成し、当該ターゲット層のペルソナをモデリングするワークショップを行う。その結果をもとにユーザーコミュニケーション戦略の立案を行い、販促計画・開発計画の立ち上がりをリードする材料とする。

　調査目的とは、プロジェクトにおけるリサーチの実施背景を調査の実施スペックや分析のアプローチを交えて、リサーチのステークホルダー全体に向けて1枚で説明できるようにするアウトプットです。調査目的は、リサーチの実行主体である事業会社で企画の申請時にまず問われる項目であり、リサーチの提案を行う調査会社でもヒアリング時に真っ先に尋ねる、調査企画において欠かせない項目です。

　ところが、「重要だ」と言われている割に、調査概要のごく一部でしかなかったり、抽象的な通り一遍の内容になっていたり、企画以降は見返すことが無かったり、その存在感は薄いのが実情です。

　そこで本項では、リサーチの初心者でも内容を充実させることができる基本構文を用いた書き方をはじめ、調査結果の報告と連動させることも意識して、調査目的を正しく機能させる方法を紹介します。

構文

〈基本構文〉

本件調査では、○○（プロジェクト）の普及・推進を目的とする○○の企画にあたり、○○（調査対象者）を対象とするインタビュー/アンケートにより、○○（調査テーマ・トピックス）についてのデータを取得する。

調査結果から、○○（課題・仮説）に関するデータを○○（分析手法）で分析し、○○（アウトプット）の資料形式にまとめる。そこで得られた示唆から○○（制作・開発・販促）の活動をリサーチから推進する。

　この構文をもとにすると、例えばデプスインタビュー調査の場合、以下のようなアレンジになります。

本件調査では、プロダクトのターゲット戦略においてアーリーアダプターの最有力候補となっている、「子どものいない夫婦（DINKs世帯）」を対象に、商品に対する品質感度やタッチポイント、生活における価値観などをデプスインタビュー形式で聴取する。

調査結果から、N1分析型のユーザーのプロファイルを生成し、当該ターゲット層のペルソナをモデリングするワークショップを行う。その結果をもとにユーザーコミュニケーション戦略の立案を行い、販促計画・開発計画の立ち上がりをリードする材料とする。

構成要素

本件調査では、❶○○（プロジェクト）の普及・推進を目的とする○○の企画にあたり、❷○○（調査対象者）を対象とする❸インタビュー/アンケートにより、○○（調査テーマ・トピックス）についてのデータを取得する。

調査結果から、○○（課題・仮説）に関するデータを○○（分析手法）で分析し、○○（アウトプット）の資料形式にまとめる。そこで得られた示唆から❹○○（制作・開発・販促）の活動をリサーチから推進する。

❶ 調査背景

リサーチを含むプロジェクトの要件。

記入イメージ

「○○の計画にあたり」

❷ 調査対象

調査対象者の要件。

記入イメージ

「○○の人たちを対象に」

❸ 調査手法

調査のアプローチ。

記入イメージ

「○○の方法で○○の事柄を調査し」

❹ 出口戦略

調査データの活用方法。

記入イメージ

「○○の実務に活かす」

よくある課題

> 「どのような目的でこの調査を行うのか？」
> ⇒この質問に1枚で答えるためのアウトプット

① 何となく始まり何となく終わってしまう

　調査企画書をレビューしていると、調査目的の書き方が抽象的で漠然としていたり、承認を取るために置きに行った表現をよく目にします。「顧客理解のため」「目標達成のため」という表現が主になっているケースです。

　これらの表現はもちろん言葉として入っていて良いのですが、このひと言で片づけないようにしましょう。企画書の中で調査目的を書くスペースが小さいとこのような表現にもなりやすいのでレイアウトにも注意が必要です。

　リサーチのプロジェクトは何となく「調べておくか」ということで始まり、「こんなところか」ということで終わりがちなのですが、調査目的の書き方が文字通り曖昧だと調査結果の考察も概して曖昧になる傾向があります。

② 直接の関係者しか内容がよくわからない

　リサーチプロジェクトの企画決裁には多様なステークホルダーが登場します。プロジェクトの直接関係者以外にも、経営者・マネジメント（活動の承認）、法務（契約書の審査）、購買（稟議書の審査）が関わりを持ちます。

　調査企画書はできるだけこのような拡大関係者にも理解を得られるような書き方が望まれます。もちろん調査の専門的な内容をすべて理解してもらうのは無理があるため、テキストで簡潔にまとめる「調査目的」が重要です。

　またその調査目的も、毎回長かったり短かったりしても読みづらいので、穴埋め式のテンプレートを用意して担当者の作文負荷を下げつつ、監督者が多様なステークホルダーの閲覧に耐え得るよう調節できるのが理想です。

作り方

[1]本件調査では、[2]プロダクトのターゲット戦略においてアーリーアダプターの最有力候補となっている、[3]「子どものいない夫婦（DINKs世帯）」を対象に、[4]商品に対する品質感度やタッチポイント、生活における価値観などをデプスインタビュー形式で聴取する。

調査結果から、[5]N1分析型のユーザーのプロファイルを生成し、当該ターゲット層のペルソナをモデリングするワークショップを行う。その結果をもとにユーザーコミュニケーション戦略の立案を行い、販促計画・開発計画の立ち上がりをリードする材料とする。

❶ 調査目的のみの単独のページを作る

単独のページとして扱い、調査企画書の1ページ目に入れる。

❷ 事業方針・市場環境を記載する

調査と紐づいているプロジェクト、重点施策、事業方針、市場環境などを記載する。

❸ 調査対象者をひと言で記載する

調査対象者の要件や特性をひと言でまとめる。または調査でキーとなる分析軸を記載する。

❹ トピック・調査手法を記載する

調査を代表するトピック、調査手法・使用ツール・分析方法などを記載する。

❺ データの用途・接続方法を記載する

調査データの用途、調査に紐づく事業展開、経営方針との整合性などを記載する。

使い方

① 実施後：調査の目的と結果の言行一致を検証する

調査において企画書と報告書の関係は表裏一体であり、調査目的と調査結果もまた表裏一体の関係にあります。お題目としての調査目的では調査の結論は浅い内容に留まり、力技で結論だけを盛り上げても調査の実施価値は浸透しません。

特にNPS・満足度などの総合調査を主にリサーチを実行している場合は注意が必要です。観測そのものを目的とした調査の結論は、「より良いものが良い、それを目指そう」という具合になっていきます。これは調査目的が甘い証拠です。

どんな背景の下に何を対象にどう調べて何がわかったのか、そして、これから何をすべきなのか―調査目的で定めたテーマの情報収集を行い、調査結果で導いた示唆から適切な意思決定ができる―このような調査目的を描き切りましょう。

② 実施前：プロジェクト関係者の関心を集中させる

調査目的は調査企画書の一丁目一番地となる項目です。ステークホルダーがどのような関係性でもほぼ全員が目にすることを想定して、上記の要領でわかりやすく書くことはもちろん、ページ自体の注目度も上げておきましょう。

作成方法の項で解説している通り、「単独のページとして取り扱う」「調査企画書の1ページ目に入れる」、これを徹底することで誰もがすぐ実施概要や実施意義を理解することができます。

この資料構成は説明時にも便利です。多くのケースでは調査目的が調査概要ページ中の一要素として扱われています。しかしその状態だと他にもたくさんある説明項目の中に埋没したり、悪い意味で少ない情報量の書き方で済ませることができてしまいます。

第2章　企画

03　調査企画書のドキュメント
調査概要（プレビュー）

定量調査	タイトルｌ○○○○総合調査（定量調査） 調査手法ｌウェブアンケート（パネル調査） 調査規模ｌ1000ss 実施時期ｌ20XX年X月 調査会社ｌ株式会社○○○○ （○○○○市場上場企業　○○○○加盟社） 管掌部門ｌ○○本部○○部 調査対象者：○○○○○カテゴリーアプリユーザー ✓全国20代〜60代の男女 ✓○○○○○カテゴリーアプリユーザー（ブランドA/ブランドB/ ブランドC/ブランドD/ブランドE いずれか直近1年以内購入経験者）		

	質問項目	**アウトプット**
	カテゴリーアプリ 認知・購入状況	カテゴリー市場 ファネル分析
	カテゴリーアプリ 想起集合	カテゴリー市場 想起集合
	カテゴリーアプリ 購入カテゴリー	カテゴリー市場 ユーザーゲイン
	カテゴリーアプリ 重視点・満足点	カテゴリー市場 ユーザーペイン
	カテゴリーアプリ 不満足点	ユーザープロファイル
	ユーザープロファイル	セグメンテーションマップ

定性調査	タイトルｌ○○○○総合調査（定性調査） 調査手法ｌオンラインインタビュー 調査規模ｌ8ss 実施時期ｌ20XX年X月 調査会社ｌ株式会社○○○○ （○○○○会社 主要取引先：○○○○） 管掌部門ｌ○○本部○○部 調査対象者：自社ユーザー ✓自社ユーザー（事前調査時点で会員IDを保持している） ✓全国30代〜60代の男女 直近3か月以内の購入経験者 ①リピートユーザーグループ（4名）直近1年購入回数4回以上 ②オンボーディンググループ（4名）直近1年購入回数3回以下		

	質問項目	**アウトプット**
	○○○○ 利用習慣	ペルソナ
	○○○○ 購入商品	価値マップ
	○○○○ 評価事項	カスタマージャーニーマップ
	○○○○ 改善事項	ストーリーボード
	お気に入りのアプリ	バリュープロポジションキャンバス
	お金に対する価値観	イメージチャート

　調査概要（プレビュー）とは、リサーチの計画や実績を説明するために、実施概要・質問内容の要点をスライド1枚の中にパッケージ化したアウトプットです。本図を作成しておくと、調査担当者は計画中または実施後の調査の案件概要をこのスライド1枚で説明することができます。また、調査結果を参照したいメンバーも内容や用途をひと目で理解できます。

　この機能性により、調査データを他の重要資料に引用する時にも、案件概要情報を素早く転記することができます。データを引用する作業シーンでは、当然、引用後の作業が大事なので、情報が整っていることは組織にとって大きなアドバンテージになります。

　もしこのプレビューが無かったとしたら、企画書・調査票・報告書の各ファイルを行き来して調査の基本情報を突き合わせることになってしまいます。この状況は特にデータを参照したいメンバーにとってストレスのかかる作業となります。調査結果にどんなデータが入っているのか、自分の仕事で使いどころはあるのかを判断するのに相当の時間を費やしてしまうことでしょう。

構成要素

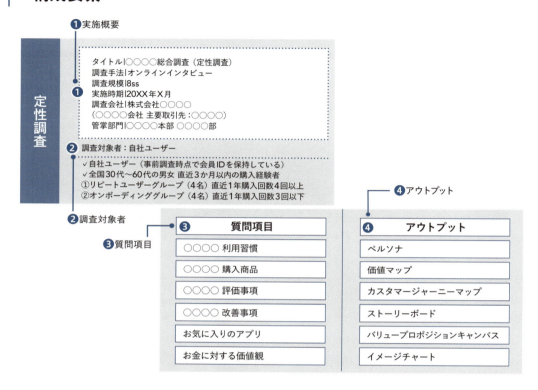

❶ 実施概要

タイトル、調査手法、調査規模、実施時期、調査会社、管掌部門。

定量調査の記入例

- タイトル｜○○○○総合調査（定量調査）
- 調査手法｜ウェブアンケート（パネル調査）
- 調査規模｜1000ss
- 実施時期｜20XX年X月
- 調査会社｜株式会社○○○○
  （○○○○市場上場企業　○○○○加盟社）
- 管掌部門｜○○本部 ○○部

定性調査の記入例
- タイトル｜○○○○総合調査（定性調査）
- 調査手法｜オンラインインタビュー
- 調査規模｜8ss
- 実施時期｜20XX年X月
- 調査会社｜株式会社○○○○

  （○○○○会社　主要取引先：○○○○）
- 管掌部門｜○○本部 ○○部

❷ 調査対象者
基本属性、登録ステータス、行動ステータス。

定量調査の記入例
「○○○○カテゴリーアプリユーザー」
- 全国20代〜60代の男女
- ○○○○カテゴリーアプリユーザー

（ブランドA/ブランドB/ブランドC/ブランドD/ブランドE いずれか直近1年以内購入経験者）

定性調査の記入例
「自社ユーザー」
- 自社ユーザー（事前調査時点で会員IDを保持している）
- 全国30代〜60代の男女　直近3か月以内の購入経験者
- リピートユーザーグループ（4名）直近1年購入回数4回以上
- オンボーディンググループ（4名）直近1年購入回数3回以下

❸ 質問項目
調査票の中でも主要なトピックとなる質問。

定量調査の記入例
- カテゴリーアプリ　認知・購入状況
- カテゴリーアプリ　想起集合
- カテゴリーアプリ　購入カテゴリー

- カテゴリーアプリ 重視点・満足点
- カテゴリーアプリ 不満足点
- ユーザープロファイル

定性調査の記入例
- ○○○○ 利用習慣
- ○○○○ 購入商品
- ○○○○ 評価事項
- ○○○○ 改善事項
- お気に入りのアプリ
- お金に対する価値観

❹ アウトプット
調査の成果物の中でも主要なアウトプット。

定量調査の記入例
- カテゴリー市場 ファネル分析
- カテゴリー市場 想起集合
- カテゴリー市場 ユーザーゲイン
- カテゴリー市場 ユーザーペイン
- ユーザープロファイル
- セグメンテーションマップ

定性調査の記入例
- ペルソナ
- 価値マップ
- カスタマージャーニーマップ
- ストーリーボード
- バリュープロポジションキャンバス
- イメージチャート

よくある課題

> このデータはどの調査に基づくエビデンスなのか？
> ⇒この質問に1枚で答えるためのアウトプット

① データの出典の記載を頻繁に求められるケース

　組織の規模が大きくなると、提出する資料に記載する調査データ・分析データに対して、時にデータの中身よりも、「どう調査対象者を選出したのか」「どの調査会社に発注したのか」というようなデータの信用性を気にかける人が現れます。このため、資料作成の担当者は各データの出典を調べて記録する作業が発生するのですが……。過去調査データには「実施概要」の記載があったりなかったり、また、その書き方も様々だったりして、資料作成を急いでいる時には負荷になります。

　さらに、調査データを参照・引用する機会が多い職種である事業開発や経営企画の業務では、社内外に点在する複数のデータを組み合わせたり、翌日など直近の期日までに情報を追加・修正しなければいけないというような負荷もかかります。

② 企画段階で調査内容をプレゼンして回るケース

　リサーチ担当者が企画段階で共有したい情報は、実施概要や質問項目をはじめ必須のものだけでもけっこうな分量になります。一方、報告や共有を受ける相手は、一通りの情報を得たいと思っているものの理解にかけられる時間は限られています。

　それゆえに、企画会議・活動報告・稟議承認などの場面では話の要約力が問われます。元の資料構成そのままに複数のページ・ファイルをまたいで説明していては時間がかかりますし、逆に実施要項1枚の企画書では簡素すぎて伝わりません。

　リサーチ業務のステークホルダーは直属の上司だけでなく、企画の決裁ルート上登場する上位役職者や調査知識が深くはない関係部門のメンバーなど、拡大関係者に向けた説明能力が問われます。これはリサーチの仕事特性と言えるでしょう。

第2章
企画

調査概要（プレビュー）　071

作り方

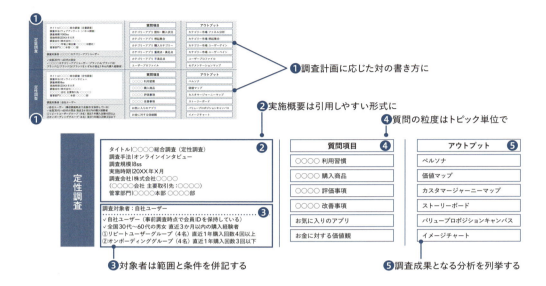

❶ 調査計画に応じた対の書き方に

プロジェクトで計画する調査の実施件数を見積もる。実施件数に応じてページの構成を固める（たいていは2種類あるいは2回で構成することが多い）。

構成のヒント
- 総合調査の場合―定量調査と定性調査を並べる（実施する調査手法ごと）
- 定量調査の場合―1回目と2回目を並べる（事前の探索と事後の検証など）
- 定性調査の場合―AグループとBグループを並べる（対象者のテーマごと）

※単一の調査手法のみで実施する場合も、実査と分析を並べる（実務の工程ごと）方法もあります（無理に2段使用する必要はありませんが）。

❷ 実施概要は引用しやすい形式に

実施要項や調査会社などの情報を端的にまとめ、そのまま他の資料や連絡に引用できる形式にする。

❸ 対象者は範囲と条件を併記する

配信範囲となる基本属性や登録ステータス、抽出条件となる行動条件や意識・関与要件を

記す。情報を併記することで参照・引用される時に対象者像が伝わりやすくする。

❹ 質問の粒度はトピック単位で

質問項目はトピック単位（複数の質問から成るテーマ単位）で構成する。
（例：利用習慣、ユーザープロファイル）
アウトプットの整形にあたり重要な質問は単独で記載してもOK。
（例：不満足点、お金に対する価値観）

❺ 調査成果となる分析を列挙する

報告書に収録する代表的なアウトプット名を記載し、質問項目がどのような資料価値を生み出すのか伝える。

使い方

① データの出典問合せ時のマスターラベルとして

「この過去調査結果はいつ・どれくらいの規模で実施したものか。」
このような問合せへの返答は、調査担当者の基本業務の1つです。しかし、問合せのたびに情報を整える作業をしていたのでは、少なからず業務の負担になっていきます。
そこで、調査概要プレビューを標準の成果物として全案件で作成しておきます。一般的に、実施した調査の概要情報をきちんと整えるのはメディアをはじめ外部公表機会がある時ですが、どの案件でもこのページを作成しておくと後々便利です。
データの問合せを行う側では、ページを丸ごと引用してデータの出典ページとして使用したり、テキストだけ転記してグラフデータの出元を記載することができます。もちろんリサーチ担当者自身も問合せ対応で参照するのに便利な資料です。

② 企画内容をパッケージ化した説明用資料として

この資料は営業・管理寄りのステークホルダーが多いプロジェクトで特に役立ちます。彼らは、時にインサイト情報よりも「今どのような調査が行われていて、調査結果のデータがいつどのような形で得られるか」への関心が高いからです。
調査概要プレビューは実施概要も質問内容も収録しているので、調査の企画内容を簡潔に説明することができます。この図を作っておけば、スライド内のページを頻繁に移動したり別のファイルを開いたりする進行を避けることができます。

調査の企画段階では承認会議や申請資料を通じて、「いつ、誰に、どのような質問内容で実施するのか」を何回も聞かれます。その際に、簡潔に説明できていないとプロジェクトの印象も「大丈夫か？」となってしまうので注意しましょう。

○サマリー版

タイトル	DINKs世帯インタビュー調査
調査目的	本件調査では、プロダクトのターゲット戦略においてアーリーアダプターの最有力候補となっている、「子どものいない夫婦（DINKs世帯）」を対象に、商品に対する品質感度やタッチポイント、生活における価値観などをデプスインタビュー形式で聴取する。 調査結果から、N1分析型のユーザーのプロファイルを生成し、当該ターゲット層のペルソナをモデリングするワークショップを行う。その結果をもとにユーザーコミュニケーション戦略の立案を行い、販促計画・開発計画の立ち上がりをリードする材料とする。
トピック	生活実態（生活スタイル、ライフゴール）、情報受容（情報収集一般、商品情報収集）、EC購買（購入商品、価値観・志向性）
調査手法	オンラインデプスインタビュー
調査対象者	ネットショッピングユーザー（4組・8名） ✓ 全国30代〜50代の夫婦、既婚・子なし世帯　✓ 食品・日用品購入経験者
募集方法	メルマガ会員からのリクルーティング
アウトプット	運営成果物：企画書、スクリーニング調査票、インタビューガイド、インタビュー個票、インタビューハイライト動画 分析成果物：ペルソナ、キーインサイト一覧表、生活カレンダー、ユーザーストーリーマップ
アウトカム	・事業本部：新マーケティングコミュニケーションモデルの立案 ・プロダクト本部：ペルソナの作成、バックログアイテムの作成
調査時期	2024年X月〜X月
担当体制	○○本部○○部　○○（実行者：企画・設計・実査・分析・報告）、○○（承認者）○○（協力者：ファシリテーション）、○○（協力者：データ分析）

※なお、企画決裁や稟議申請など組織内での承認を得るための手続き的な業務においては、内容面に焦点を当てた資料構成よりもオーソドックスな表組みの資料形式が好まれるケースも多々あるため、その場合の書き方の例は上記の図表をご参照ください。

第2章　企画

04 調査企画書のドキュメント
課題・仮説リスト

1	2	3
課題 **同じ広告が何度も表示される**	**課題** **関連が薄い広告が表示される**	**課題** **記事広告の直帰・離脱が多い**
起票根拠 「問合せフォーム」(過去多数意見) ・同一広告が何度も表示されて煩わしい 「エキスパートレビュー」(20XX年X月) ・類似サービス比で広告制御機能が劣後	**起票根拠** 「ユーザーインタビュー」(20XX年X月) ・検索結果に出てくる広告が期待と異なる 「エキスパートレビュー」(20XX年X月) ・カテゴリーでロジックの精度に偏りあり	**起票根拠** 「データ分析」(20XX年振り返り) ・非ログインユーザーの直帰率が高い ・記事広告のお気に入り登録率が低い
仮説 **広告の出し分けロジックが粗い** ・表示の優先判定が人の感覚と合ってない ・ブロックやスキップの機能も評価が低い	**仮説** **デモグラごとに期待感が異なる** ・複合的な利用ユーザーの課題指摘が多いか ・過去のテストは単一のデモグラ・カテゴリー	**仮説** **ノンユーザーへの訴求力が弱い** ・訴求記事内容が御用聞きで目新しさが無い ・オファーが現会員優遇施策に偏重している
調査範囲(貢献指標) ・動作完了画面(広告遷移率・経由購入率)	**調査範囲(貢献指標)** ・検索エンジン(検索CTR) ・絞り込み検索(広告商品ページへの遷移率)	**調査範囲(貢献指標)** ・検索結果画面(広告商品ページへの遷移率) ・記事広告画面(広告商品ページへの遷移率)
分析手法 ・プロブレム・マトリクス	**分析手法** ・ユーザーフィードバック(精度5段階評価) ・カテゴリー別 検索品目・検索クエリデータ	**分析手法** ・ヒートマップ、A/Bテスト ・ベンチマークメディアでのユーザーテスト

　課題・仮説リストとは、ユーザー調査の計画にあたり、現状の課題と、その課題の真因を突き止めたり解決したりすることが期待できる仮説を記載したアウトプットです。

　調査企画書の中にこのページがあることで、企画化に至るまでの情報が十分か、過去調査のデータから学んでいるか、仮説が無いなら無いなりに課題を認識できているか、などを点

検することができます。

　一般的に、課題の認識や仮説の設定は「重要だ、重要だ」と言われつつ、企画書の中では「調査背景の一部」として登場するくらいに留まります。課題や仮説の取り上げ方が浅い状態だと、調査の背景をあまり詳しく知らない決裁関係者や、逆に、データを有効活用していきたい実務関係者にとって、何がどのように重要なのか伝わりません。

　課題・仮説リストでは、まず調査対象となる物事における主要な課題を特定して、そのうえで仮説を提示していきます。仮説が整うと、「誰に、何を、どう聴くか」という調査のアプローチ（調査手法や分析手法）が必然的になります。

　この機能性により、調査の実行者である自分たちは調査企画に至るこの一連の思考プロセスを整理することができ、決裁者・関係者も資料1枚でその道筋を理解することができるので、調査の実施意義・期待成果への了解を取り付けやすくなります。

構成要素

1	2	3	
課題 **同じ広告が何度も表示される**	**課題** **関連が薄い広告が表示される**	**課題** **記事広告の直帰・離脱が多い**	❶課題
起票根拠 「問合せフォーム」（過去多数意見） ・同一広告が何度も表示されて煩わしい 「エキスパートレビュー」（20XX年X月） ・類似サービス比で広告制御機能が劣後	**起票根拠** 「ユーザーインタビュー」（20XX年X月） ・検索結果に出てくる広告が期待と異なる 「エキスパートレビュー」（20XX年X月） ・カテゴリーでロジックの精度に偏りあり	**起票根拠** 「データ分析」（20XX年振り返り） ・非ログインユーザーの直帰率が高い ・記事広告のお気に入り登録率が低い	❷起票根拠
仮説 **広告の出し分けロジックが粗い** ・表示の優先判定が人の感覚と合ってない ・ブロックやスキップの機能も評価が低い	**仮説** **デモグラごとに期待感が異なる** ・複合的な利用ユーザーの課題指摘が多いか ・過去のテストは単一のデモグラ・カテゴリー	**仮説** **ノンユーザーへの訴求力が弱い** ・訴求記事内容が御用聞きで目新しさが無い ・オファーが現会員優遇施策に偏重している	❸仮説
調査範囲（貢献指標） ・動作完了画面（広告遷移率・経由購入率）	**調査範囲（貢献指標）** ・検索エンジン（検索CTR） ・絞り込み検索（広告商品ページへの遷移率）	**調査範囲（貢献指標）** ・検索結果画面（広告商品ページへの遷移率） ・記事広告画面（広告商品ページへの遷移率）	❹調査範囲 （貢献指標）
分析手法 ・プロブレム・マトリクス	**分析手法** ・ユーザーフィードバック（精度5段階評価） ・カテゴリー別 検索品目・検索クエリデータ	**分析手法** ・ヒートマップ、A/Bテスト ・ベンチマークメディアでのユーザーテスト	❺分析手法

❶ 課題

調査テーマに関連する代表的な課題。

記入例

- 「○○ができない」
- 「○○になってしまう」
- 「○○しづらい」
- 「○○が多い」
- 「○○がそもそもわからない」

❷ 起票根拠

課題を認識するもとになっているデータソース。

代表的なデータソース

- 過去調査データ（アンケート・インタビュー）
- アナリティクスデータ（ウェブ行動ログ解析・POSデータベース）
- VOC/問合せデータ
- SNS/ソーシャルリスニングデータ
- エキスパートレビュー
- 依頼部門の企画書原案
- 従業員アンケート

❸ 仮説

課題の真因となりそうな障害、またはそれを解消し得る筋書。明確に仮説レベルにまとまっていない場合には、疑問点・着眼点などを記載する。仮説に至った状況や思考を補足する。

補足コメントを記入する時の考え方

「○○が××なのは△△が要因なのではないか」
「○○を××するには△△が重要なのではないか」

❹ 調査範囲（貢献指標）

調査対象となる領域または箇所（かっこ書きで仮説や課題と連動する指標・変数を書き添える）。

記入例

- 検索エンジン（検索CTR）
- 検索結果画面（商品詳細ページへの遷移率）

※マーケティングリサーチのアプローチでは下記の指標をユーザー調査でよく使用します。
- 認知度
- 理解度
- 利用度
- 満足度
- 利用意向度

❺ 分析手法

仮説や課題を証明するための調査手法（分析モデルやフレームワーク）。

記入例

- カスタマージャーニー
- ユーザーストーリーマップ
- プロブレム・マトリクス

よくある課題

> 「何のためにいまこの調査を行うのか？調査を行うとどんな効果があるのか？」
> ⇒この質問に1枚で答えるためのアウトプット

① 船頭が多いリサーチプロジェクトのケース

　調査案件は複数部門相乗りのプロジェクトとして実施されることが少なくありません。調査で取り扱う施策や機能は部門をまたいだ業務となるため、この体制は一見合理的に見えます。でも気をつけたいのは、調査内容に対して物を言う船頭が多い状態です。

　調査内容を合議制で進めていくと、強行と妥協の両方が起きやすくなります。すなわち、「〇〇さんがそう言っていた」「〇〇役員のご発案の案件」などの忖度や、アンケートの選択肢構成は全部門の意見を取り入れて35個になった、などの状態が起きます。

　それぞれの船頭による個別最適の議論で調査企画を満たしてしまうと、決裁が進むにつれて企画内容が上書きされていってしまい、全体としてどのような問題解決を担う調査なのかはわからない状況が訪れます。この状況は企画段階で是正しなければなりません。

② 稟議の審査プロセスが重厚な組織のケース

　稟議の審査プロセスが重厚な組織（大企業など）では、常日頃の調査活動が同期されているわけではなく、決裁者があくまで自身の管掌領域として調査機能と接していて、企画決裁の時だけ急に個別案件の中身を読み込まなくてはならない場面が発生します。

　ここで審査基準が自身の感覚に依拠した人が内容を判断すると、「前にも似たようなデータを見ている」「なぜこのテーマでやるのかわからない」と言われてしまい、担当者間では自明であるはずの実施意義を理解してもらうのが難しい状況に出くわします。

　調査の実施意義を説明する箇所には「調査目的」や「期待成果」の項目がありますが、「〇〇の達成」「〇〇の遂行」「〇〇の改善」「〇〇の理解」など抽象度が高い状態になっているので、具体的に実施意義を補足できる資料の作り方が求められます。

作り方

❶課題・仮説のカードを作成する

1	2
課題 同じ広告が何度も表示される	**課題** 関連が薄い広告が表示される
起票根拠 「問合せフォーム」(過去多数意見) ・同一広告が何度も表示されて煩わしい 「エキスパートレビュー」(20XX年X月) ・類似サービス比で広告制御機能が劣後	**起票根拠** 「ユーザーインタビュー」(20XX年X月) ・検索結果に出てくる広告が期待と異なる 「エキスパートレビュー」(20XX年X月) ・カテゴリーでロジックの精度に偏りあり
仮説 広告の出し分けロジックが粗い ・表示の優先判定が人の感覚と合ってない ・ブロックやスキップの機能も評価が低い	**仮説** デモグラごとに期待感が異なる ・複合的な利用ユーザーの課題指摘が多いか ・過去のテストは単一のデモグラ・カテゴリー
調査範囲(貢献指標) ・動作完了画面(広告遷移率・経由購入率)	**調査範囲(貢献指標)** ・検索エンジン(検索CTR) ・絞り込み検索(広告商品ページへの遷移率)
分析手法 ・プロブレム・マトリクス	**分析手法** ・ユーザーフィードバック(精度5段階評価) ・カテゴリー別 検索品目・検索クエリデータ

❷見出しの課題はひと言サイズに
❸根拠に基づくペインを列挙する
❹課題の真因や疑問点を明らかに
❺関連業務に貢献する姿勢を示す
❻課題解決の分析手法を提示する

❶ 課題・仮説のカードを作成する

代表的な課題・仮説の項目を3〜4個のカード形式で用意する。

　課題・仮説をリストアップする方法には、全量把握するバックログタイプの作り方もありますが、ページ数に限度がある調査企画書の中に根拠が弱いものまで含めてしまうと企画の焦点がブレやすくなります。実施する調査がアンケートであってもインタビューであっても、実査で確実に取り上げることができるトピックの数は3〜5件程度が限度になるため、課題・仮説の項目数は同数程度を目安として強いものを厳選するようにします。
　このアウトプットの作成は、オンラインホワイトボード上の付箋で作ってもOKですが、最終的に企画や報告のフォーマットと同一の形状で1枚で説明できる状態が望ましいです。こ

のあたりは、関係者・決裁者がMiroやFigmaなどのツールを使うかどうか、組織の環境設定に照らして判断するようにしましょう。

❷ 見出しの課題はひと言サイズに

1文が長くならないように、大きな文字サイズを保ち、視認性を確保する。記載時の表現はペインマスタに登録されているアイテムの粒度を参照する。

※ペインマスタ：顧客の声を収集して項目別に蓄積しているリスト（VOCやバックログなど）

❸ 根拠に基づくペインを列挙する

考えや意見のもとになっているデータソースを明記する。ユーザーや取引先から挙がっている具体的なペイン事象を書き連ねる。アイデア開発（探索）目的の調査ではペインに限らずカテゴリーユーザーの願望や関心を記載する。

❹ 課題の真因や疑問点を明らかに

課題の真因になっているであろう障害や、課題の現況に対する疑問点を書く。定めた課題と対応する「強い仮説」を選んで記載する。仮説の解像度が高いほど、誰に何をどう聞くかという調査のアプローチの解像度が高くなる。

❺ 関連業務に貢献する姿勢を示す

調査の領域や箇所に対応するKPIを貢献指標として記入することで、決裁者にとっての実施意義を伝える。調査範囲（領域・箇所）の記載までだと、関連業務の担当者にとっての実施メリットまでしか伝わらない。

❻ 課題解決の分析手法を提示する

貢献指標を検証するのにふさわしい分析手法を記載する。この箇所を一般的な調査手法（アンケート・インタビュー）の名称で済ませてしまうと計画した企画内容で実施する必然性を強調することができないので、分析手法まで記載しておくと良い。

使い方

① 立場ではなく論点ベースで実施意義を議論する

　課題・仮説リストを使うと、調査すべき物事を論理的に討議できるようになります。すなわち、「私たちの部門」「私」の関心事ではなく、「課題」「仮説」に対して優先的に調査すべき事柄は何なのか、皆が自然に考える方向性へとリードすることができます。

　課題のセクションでは、実施意義をAS-IS面（現状ベース）で理解することができます。誰かの「思いつき」や偉い人の「鶴の一声」ではなく、現状から目を背けずに、解決すべき事柄、探索すべき事象を同じテーブルの上に並べて討議することができます。

　仮説のセクションでは、実施意義をTO-BE面（未来ベース）で理解することができます。調査する領域または箇所、それと紐づく貢献指標、加えて、調査を行うアプローチに至るまでが明快なので、結果をどう消化・吸収するか具体的に想定することができます。

② 調査データを有効活用するロジックを知らせる

　課題・仮説を独立したページに切り出してスポットライトを当てると、否応にも企画書を見る関係者の目に留まりやすくなります。企画書内におけるページの配置も、調査目的・調査概要の次くらいに課題・仮説リストを配置することで注目度を上げられます。

　上記の工夫により、今できていないことの出発点（課題）、調査データが有効活用されるシーン（仮説）の情報を通じて、経費をかける調査活動がいかに全体に還元される構造になっているかが伝わるので、調査を実施する意義が誰の目にも明らかになります。

　また資料作成の付帯的なメリットとして、構成要素の中で紹介した「起票根拠」は過去調査結果を参照して作成することが多いので、データを有効に活用する文化を醸成することができます。その場での使い切りのデータだと経費効率は悪いと見なされます。

第2章　企画

05　インタビュー運営のドキュメント
リサーチワークフロー（定性調査）

No.	親タスク	子タスク	担当者/確認者	資料名/リンク
1	企画書作成	□調査概要作成	○○（○○）	調査概要
		□配信対象者決定 □調査対象者決定	○○（○○）	調査対象者
		□データ録画有無決定	○○（○○）	-
		□従業員向け希望日程・ 　時間帯のヒアリング	○○（○○）	-
		□スケジュール表作成	○○（○○）	スケジュール表
2	インタビュー依頼 メール作成	□インタビュー依頼メール作成	○○（○○）	依頼メール文
		□スクリーニング調査票作成(※)	○○（○○）	スクリーニング調査票
		□ウェブ画面スクリーニング 　調査票作成(※)	○○（○○）	ウェブ画面 スクリーニング調査票
3	インタビュー依頼 メール配信	□インタビュー依頼メール配信	○○（○○）	-
		□スクリーニング調査実施(※)	○○（○○）	-
		□スクリーニング調査結果集計(※)	○○（○○）	スクリーニング調査票 集計表
4	候補者リスト作成・ 対象者選定	□候補者リスト作成	○○（○○）	候補者リスト
		□対象者優先度設定	○○（○○）	-
5	日程調整 連絡・対象者確定	□対象者向け日程調整連絡	○○（○○）	-
		□従業員向け日程調整連絡	○○（○○）	-
		□対象者一覧表作成	○○（○○）	対象者一覧表
		□インタビュアー決定	○○（○○）	-
		□記録者・見学者決定	○○（○○）	-
		□従業員向けインタビュー 　実施要項作成・案内	○○（○○）	実施要項
		□対象者向けリマインド連絡	○○（○○）	-
6	インタビューガイド作成	□質問項目のリストアップ	○○（○○）	-
		□インタビューガイド作成	○○（○○）	インタビューガイド
		□関係者事前テスト	○○（○○）	-
7	実査	□インタビュー実査	○○（○○）	-
		□デブリーフィング	○○（○○）	-
8	謝礼送付	□謝礼送付メール作成	○○（○○）	謝礼送付メール文
		□謝礼送付対象者リスト作成	○○（○○）	謝礼送付対象者リスト
		□謝礼付与の設定・実行	○○（○○）	-
		□謝礼送付メール配信	○○（○○）	-
9	分析、報告書作成	□発言録作成	○○（○○）	発言録
		□発言録サマリ作成	○○（○○）	発言録サマリ
		□分析・ワークショップ実施	○○（○○）	ワークショップ
		□報告書作成	○○（○○）	報告書

10	報告	□関係者向け速報連絡	○○（○○）	-
		□従業員向け録画データ案内	○○（○○）	録画データ
		□報告会実施	○○（○○）	-
		□成果物データの格納・案内	○○（○○）	-

（※）スクリーニング調査ありの場合、スクリーニング調査票作成〜スクリーニング調査実施の工程が入る

　リサーチワークフロー（定性調査）とは、組織で行うユーザーリサーチにはどのような業務があり（業務工程）、どのような手順で行うのか（実行手順）を明記した、ワークフローとチェックリストを合体させたような案件管理用のアウトプットです。本図を作成することにより、リサーチの案件をディレクションする担当者は、組織におけるリサーチの業務工程を定義して、各業務の仕事量や全体スケジュールを正しく見積もることができます。

　特に、ユーザーリサーチにおける事務系統の資料作成業務は調査票などに比べると初めのうちはメンバーの意識外にありますが、そうしたドキュメントの存在も漏れなく認識することができます。

　この機能性により、複数部門が協力して行うユーザーリサーチ業務において、必要なだけの担当者アサインを行い、スケジュールの計画と実行の乖離を最小限に案件を運用することができます。

※本稿で紹介するワークフローは、判断や行動の分岐をツリー上に整理するものではなく、ユーザーリサーチ全体のおおよその流れを掴むためのものです。また、実際の各ステップは並行対応を基本としていることをあらかじめご了承ください。

構成要素

No.	親タスク	子タスク
1	企画書作成	□調査概要作成
		□配信対象者決定
		□調査対象者決定
		□データ録画有無決定
		□従業員向け希望日程・時間帯のヒアリング
		□スケジュール表作成
2	インタビュー依頼メール作成	□インタビュー依頼メール作成
		□スクリーニング調査票作成(※)
		□ウェブ画面スクリーニング調査票作成(※)
3	インタビュー依頼メール配信	□インタビュー依頼メール配信
		□スクリーニング調査実施(※)
		□スクリーニング調査結果集計(※)
4	候補者リスト作成・対象者選定	□候補者リスト作成
		□対象者優先度設定
5	日程調整連絡・対象者確定	□対象者向け日程調整連絡
		□従業員向け日程調整連絡
		□対象者一覧表作成
		□インタビュアー決定
		□記録者・見学者決定
		□従業員向けインタビュー実施要項作成・案内
		□対象者向けリマインド連絡

No.	親タスク	子タスク
6	インタビューガイド作成	□質問項目のリストアップ
		□インタビューガイド作成
		□関係者事前テスト
7	実査	□インタビュー実査
		□デブリーフィング
8	謝礼送付	□謝礼送付メール作成
		□謝礼送付対象者リスト作成
		□謝礼付与の設定・実行
		□謝礼送付メール配信
9	分析、報告書作成	□発言録作成
		□発言録サマリ作成
		□分析・ワークショップ実施
		□報告書作成
10	報告	□関係者向け速報連絡
		□従業員向け録画データ案内
		□報告会実施
		□成果物データの格納・案内

第2章 企画

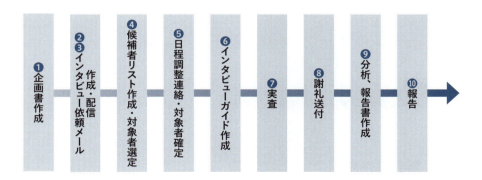

リサーチワークフロー（定性調査）

❶ 企画書作成

調査概要作成、配信対象者決定、調査対象者決定、データ録画有無決定、従業員向け希望日程・時間帯のヒアリング、スケジュール表作成。

❷ インタビュー依頼メール作成

インタビュー依頼メール作成。

❸ インタビュー依頼メール配信

インタビュー依頼メール配信。

❹ 候補者リスト作成・対象者選定

候補者リスト作成、対象者優先度設定。

❺ 日程調整連絡・対象者確定

対象者向け日程調整連絡、従業員向け日程調整連絡、対象者一覧表作成、インタビュアー決定、記録者・見学者決定、従業員向けインタビュー実施要項作成・案内、対象者向けリマインド連絡。

❻ インタビューガイド作成

質問項目のリストアップ、インタビューガイド作成、関係者事前テスト。

❼ 実査

インタビュー実査、デブリーフィング。

❽ 謝礼送付

謝礼送付メール作成、謝礼送付対象者リスト作成、謝礼付与の設定・実行、謝礼送付メール配信。

❾ 分析、報告書作成

発言録作成、発言録サマリー作成、分析・ワークショップ実施、報告書作成。

❿ 報告

関係者向け速報連絡、従業員向け録画データ案内、報告会実施、成果物データの格納・案

内。

※スクリーニング調査ありの場合、2〜3の間にスクリーニング調査票作成〜スクリーニング調査実施の工程が入る。（自社ユーザーに行う場合の配信リスト作成は、別途「定量調査」の項目を参照して欲しい）

よくある課題

"

「ユーザーリサーチはなぜそれほど時間がかかるのか？」
⇒この質問に1枚で答えるためのアウトプット

"

① 知識や経験が異なるメンバーで調査を行うケース

　ユーザーリサーチ業務は、自分のみ、あるいは固定メンバーで行っている時は阿吽の呼吸で進めることができます。ところが、チーム内にリサーチに携わる新任担当者を迎えたり、新しいプロジェクトで仕事をする時はそうはいきません。

　メンバーのリサーチに対する知識や経験は異なり、その関わり方も企画だけ・実行だけ・レビューだけなど様々です。関係者が増えてくると、リサーチ業務では特にクリティカルなミスである確認漏れ・実行遅延のリスクも高まります。

　事業会社では、実のところスケジュール表で業務管理しているケースが多く、スケジュール表には詳細なタスクまでは記載が無いので、管理者の立場からは「（納品や報告までに）なぜそれほど時間がかかるのか」という疑念が生じます。

② 特定のメンバーに事務リソースが集中するケース

　ユーザーリサーチは庶務の作業がとても多い仕事です。インタビューの日程調整、アンケートの配信管理、調査協力者への謝礼付与など、事前段階では後からどうにでもなると思っている事務仕事も、集めてみるとけっこうな量になります。

　たいていは質問作成に皆の意識が集中していて、実施の直前に前出の作業を気づいた人が埋めることになりとても大変な思いをします。また、準備が一定程度進んでからこうしたタスクが発生すると、心理的に割り振りもしづらくなります。

　それゆえにこうした事務作業は部門のアシスタントスタッフに割り当てられがちなのですが、その場合も完全なる作業なので、納得感や達成感は醸成されにくく、次第にユーザーリサーチ業務が「厄介ごと」として認識されるようになります。

リサーチワークフロー（定性調査）　　087

作り方

No.	❶ 親タスク	❷ 子タスク	❸ 担当者/確認者	❹ 資料名/リンク
1	企画書作成	□調査概要作成	○○（○○）	調査概要
		□配信対象者決定 □調査対象者決定	○○（○○）	調査対象者
		□データ録画有無決定	○○（○○）	-
		□従業員向け希望日程・ 　時間帯のヒアリング	○○（○○）	-
		□スケジュール表作成	○○（○○）	スケジュール表
2	インタビュー依頼 メール作成	□インタビュー依頼メール作成	○○（○○）	依頼メール文
		□スクリーニング調査票作成(※)	○○（○○）	スクリーニング調査票
		□ウェブ画面スクリーニング 　調査票作成(※)	○○（○○）	ウェブ画面 スクリーニング調査票

❶親タスクでステップを整理
❷子タスクで実作業を見積り
❸業務担当者/確認者を入れる
❹関連資料のリンクを設定する

❶ 親タスクでステップを整理する

主だった業務の工程を親タスクとして並べる（企画書やスケジュール表などに記載する粒度）。

❷ 子タスクで実作業を見積りする

実作業をリストアップしてアイテム化する（作業日報や進捗管理表などに登録する粒度）。

❸ 業務の担当者/確認者を割り振る

担当者欄には資料作成者や業務実行者を記載する。確認者欄には承認者やレビュワーを（かっこ書き）で記載する。

❹ 関連資料にはリンクを設定する

それぞれの業務に対応する資料の名称を記載する。資料のファイルパスをリンク設定する。

使い方

① 調査業務の役割分担のオリエンテーション用に

アンケートやインタビューの仕事は、実施が近づくにつれて関連する他部門との連携業務が出てきます。リサーチワークフローを使うと、これから取り組むことになる仕事を順を追ってメンバーと一緒に確認する機会を作ることができます。

特に新任のプロジェクトのメンバーとは、どのような業務があるのか？　仕事に見落としはないか？　を点検していきましょう。また拡大関係者にも自分が関わる部分だけでなく全容を知ってもらえている方が後々理解を得られやすくなります。

ワークフローは後半に行くほど当初想定していない、ユーザーデータへのアクセスやユーザーコミュニケーションの業務が出てきます。これらの仕事は担当が曖昧になりやすいので、あらかじめリストアップできていると後々スムーズです。

② 事務系統の中間成果物ドキュメントの管理用に

アンケートの告知やインタビューの募集など、ユーザーリサーチで必要になる事務系統のドキュメントは、元データが散らばりやすい傾向にあります。最終成果物としてのメールで発信されていたり、担当者が個人で文書を管理していたり……。

こうした中間成果物ドキュメントがリサーチの直接的な付加価値として認識されることはありません。しかし、もちろん作成や管理の稼働は発生していますし、管理ができていないとメールの誤送信などミスが起きやすい箇所でもあります。

リサーチワークフローは、事務系統のドキュメントの目次・看板ページとして、各成果物へのファイルパス（リンク）を設定して、前述のようなリスクを回避することができます（逆に、他にこの機能を果たすちょうど良い資料が他にはありません）。

第2章 企画

06 インタビュー運営のドキュメント
インタビューガイド（プレビュー）

○デプスインタビュー版

○ユーザーテスト版

インタビューガイド（プレビュー）とは、インタビューガイド（インタビューの調査票）の質問項目を見出しレベルでハイライト編集し、インタビュー内容のアウトラインをスライド1枚で確認できるようにするアウトプットです。

本図を作成することにより、限られたインタビュー時間の中で調査テーマに沿った質問を優先すべく質問数を意識したり、調査票のファイルを別途開いたりスクロールすることなく関係者と質問の流れを共有することができます。

※本項では実務で実施機会が多い、質問項目をある程度事前に決めておく「半構造化インタビュー」の形式を想定して書いています。インタビュー調査では構造化しないやり方もありますが、かなり高度なのでここでは割愛します。

インタビューガイドのパターン展開は複数あり、ここで私自身が使う2種類を紹介します。

① デプスインタビュー版

サービス企画のためのデプスインタビューなどの場合。

生活実態、情報受容、購買体験などのトピックで構成するのが一般的。

② ユーザーテスト版

アプリ操作性改善のためのユーザーテストなどの場合。

テスト対象画面ごとのトピックで構成するのが一般的。

構成要素

○デプスインタビュー版

	フェーズ	生活実態		情報受容		購買体験	
②	課題/仮説	・1日の中で情報接点はいつ/どこに存在しているか ・ターゲットが暮らしの中で大事にすることは何か ➡ターゲット世代の基本プロファイル		・どのようなウェブサービスから情報を得ているか ・どのような内容や表現で訪問・購入に至るのか ➡どのようなテーマとメディアでつながれるのか		・ターゲット層のマストバイアイテムは(主な品目) ・商品と生活とのグレード関係は意識されているか ➡年間を通じてどのような訴求が有効になりそうか	
		大トピック	小トピック	大トピック	小トピック	大トピック	小トピック
③	質問項目	生活スタイル	平日:1日の過ごし方	情報収集一般	ショッピングアプリ	年間購入商品	家族・友人間での話題シェア方法
			平日:情報接点		趣味・生活系アプリ		家族・友人間で話題にした商品
			休日:1日の過ごし方		SNSアプリ		
			休日:情報接点		実店舗		ブランド選好の度合い
		ライフゴール	仕事で頑張っていること	商品情報収集	SNS	価値観・志向性	品質と価格のバランス
			趣味で頑張っていること		メルマガ		
			生活で頑張っていること		プッシュ		
					メディア		
④	提示物	(image)	(image)	(image)	(image)	(image)	(image)

❶ フェーズ

ユーザーの利用経験の段階。

記入例

- 生活実態
- 情報受容
- 購買体験

❷ 課題/仮説

提案や開発のために知りたいことや企画業務にあたっての論点・観点。

記入例

- どのようなウェブサービスから情報を得ているか
- どのような内容や表現で訪問・購入に至るのか
  ⇒どのようなテーマとメディアでつながれるのか

❸ 質問項目

大トピック、小トピック。

記入例

大トピック：情報収集一般

小トピック：ショッピングアプリ、趣味・生活系アプリ、SNSアプリ、実店舗

❹ 提示物

調査対象ウェブ画面、提示コンセプト（テキスト・画像）プロトタイプ　など。

※実際には枠内にビジュアルイメージを画像で貼付する。

○ユーザーテスト版

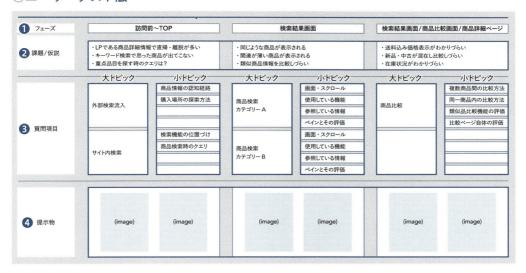

❶ フェーズ

調査対象とするウェブ画面。

記入例

- 訪問前〜TOP
- 検索結果画面
- 検索結果画面/商品比較画面/商品詳細ページ

インタビューガイド（プレビュー）

❷ 課題／仮説

認識している課題、ユーザーのペイン、テストしたい論点。

記入例

- 同じような商品が表示される
- 関連が薄い商品が表示される
- 類似商品情報を比較しづらい

❸ 質問項目

大トピック、小トピック。

記入例

大トピック：商品検索カテゴリーＡ

小トピック：画面・スクロール、使用している機能、参照している情報、ペインとその評価

❹ 提示物

調査対象ウェブ画面、提示コンセプト（テキスト・画像）、プロトタイプ　など。

※実際には枠内にビジュアルイメージを画像で貼付する。

よくある課題

> 「どのような質問内容でインタビューを実施するのか？」
> ⇒この質問に1枚で答えるためのアウトプット

① インタビュアーを複数人で務めるケース

インタビューの調査票は一見するとアンケートほど考えずに質問を入れることができます。そのため、インタビュアーを複数人で務める場合、個人的に尋ねたいことが優先されたり、経験の差により質問の深さが異なったりしてしまいます。

複数人でインタビューする体制は多様性確保の観点からは良いのですが、合議制の産物のようなインタビューガイドが出来上がると、インタビュー当日はツギハギ感のあるぎこちない進行になります（たいてい質問量の割に早く終了します）。

② 関係者のレビュー経験値が乏しいケース

インタビューガイドの内容に対して関係者にレビューを求める際、インタビュー文化が定着していない組織では、書いてある質問案をどう評価してよいかわからず、良いとも悪いとも言えないので反応が薄くなってしまうことがあります。

インタビューガイド上で見るといずれの質問項目も必要そうに見えるのでこれは致し方ありません。これは視点が個々の質問に集中しすぎていることが原因で、ハイレベル（概要レベル）で捉え直せるような資料上の助けを必要とします。

作り方

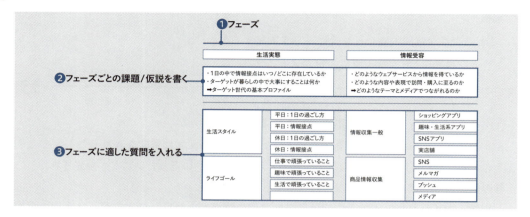

❶ フェーズで調査範囲を定義する

ユーザーの利用段階を大まかに3ステップで整理する、または調査対象のウェブ画面を3回の遷移で整理する。

❷ フェーズごとの課題/仮説を書く

利用段階または画面遷移ごとに課題/仮説をまとめる。

※先に課題/仮説リストを作成しておいて、要点を抜粋・転記できるとスムーズ。

❸ フェーズに適した質問を入れる

1つの大トピックに対して4つくらいの小トピックを立てる。小トピックがたくさんある場合には大トピックを連結する(実査の時間内に消化可能な現実的な項目枠数とするのがねらい)。

使い方

① 実行者間での質問項目の粒度を合わせる

　このアウトプットを使うと、インタビューガイドを作る前段階で質問項目の粒度をすり合わせやすくなります。特にこの表の最上部にあるフェーズ（利用段階または画面遷移）を意識することで質問範囲に制約をかけることができます。

　インタビューで実際に質問に使える時間は60分設定でも45分くらいしかないので、集中して取り組むべき箇所に絞って現実的な質問設計を討議することができます。

※もちろん質問を事前に構造化しない探索型の実施方法もあり得ます。

② 関係者に調査のねらいを端的に説明する

　このアウトプットでは、質問項目はもちろん、前提となる課題・仮説、実査時の提示物も含めインタビュー調査の主要な計画部分を1枚に集約するため、質問設計に必要な情報の全体像を俯瞰して関係者にねらいを説明することができます。

　上記のような調査設計に必要な情報は資料で分かれていることが多く、課題・仮説は企画書、質問項目はインタビューガイド、提示物は別ファイルなど、関連資料が点在していると思考や討議の環境を損なってしまうので注意が必要です。

インタビューガイド（プレビュー）

第2章 企画

07 インタビュー運営のドキュメント
インタビュー実施要項

	実施概要	資料名/リンク
調査手法	オンラインインタビュー	
使用ツール	Zoom	
実施日程	20XX年X月X日(X)〜 20XX年X月X日(X)	
実施時間帯	①X月X日(X) 00:00-00:00　○○様 ②X月X日(X) 00:00-00:00　○○様 ③X月X日(X) 00:00-00:00　○○様 ④X月X日(X) 00:00-00:00　○○様	
実施時間	60分/1名	
実施人数	8名	
調査対象者	グループA(4名)｜○○○○ユーザー ・○○○○○○○○ ・○○○○○○○○	対象者一覧表
	グループB(4名)｜○○○○ユーザー ・○○○○○○○○ ・○○○○○○○○	対象者一覧表
モニター当日環境	PC　　：あり(対面通話用) スマホ：あり(画面操作用) アプリ：あり(画面操作用)	

	実施環境	資料名/リンク
Zoom URL	https://×××××××××××	
担当体制	インタビュアー：○○ 記録者：○○ 運営事務局：○○ 見学者：○○	
当日連絡先連絡掲示板	運営事務局：000-0000-0000 (○○携帯) インタビュアー：000-0000-0000 (○○携帯) Slackチャンネル：○○○○プロジェクト	
運営者向け連絡事項	入室時間・退出方法 ・開始30分前から関係者で直前打合せを行います ・モニターは定刻と同時に待機室から誘導します ・終了後に15分程度デブリーフィングを行います 個人設定 ・インタビュアーは表示名を「司会者」で設定 ・記録者は表示名を「記録係」で設定	
見学者向け連絡事項	入室時間・退出方法 ・開始10分前を目安に早めの入室をしてください ・開始以降頻繁な出入りがないようお願いします ・終了後そのまま退出ボタンで退出してください 個人設定 ・カメラ・マイクともOFFの状態で入室ください ・画面下ツールバーから以下設定をお願いします ・設定>ビデオ>音声参加者を非表示にチェック ・参加者>名前の変更>「見学者」と入力	

インタビュー実施要項とは、インタビューの実施概要（日程や参加者情報など）と実施環境（オンラインの画面URLや当日の連絡先など）の情報から成る、当日の運営マニュアルとなるアウトプットです。

インタビュー当日が近づくほど関係者間でファイルや連絡手段が錯綜してしまう状況は皆さんも一度は経験しているでしょう。ツギハギの運営情報が出回り、直前の時間が社内対応に追われてしまったり……。

このアウトプットは、当日の運営情報を資料1枚で共有することができます。運営者は当日の段取りを、見学者は入退室の手順を、それぞれ同じファイルで最新情報（最終情報）参照することができます。

構成要素

○実施概要

- ❶調査手法
- ❷使用ツール
- ❸実施日程
- ❹実施時間帯
- ❺実施時間
- ❻実施人数
- ❼調査対象者
- ❽モニター当日環境

	実施概要
調査手法	オンラインインタビュー
使用ツール	Zoom
実施日程	20XX年X月X日（X）〜 20XX年X月X日（X）
実施時間帯	①X月X日（X）00:00-00:00　○○様 ②X月X日（X）00:00-00:00　○○様
実施時間	60分/1名
実施人数	8名
調査対象者	グループA（4名）｜○○○○ユーザー グループB（4名）｜○○○○ユーザー
モニター当日環境	PC　　：あり（対面通話用） スマホ：あり（画面操作用） アプリ：あり（画面操作用）

○実施環境

- ❶Zoom URL
- ❷担当体制
- ❸当日連絡先連絡掲示板
- ❹運営者向け連絡事項
- ❺見学者向け連絡事項

	実施環境
Zoom URL	https://×××××××××××
担当体制	インタビュアー：○○ 記録者：○○ 運営事務局：○○ 見学者：○○
当日連絡先連絡掲示板	運営事務局：000-0000-0000 インタビュアー：000-0000-0000 Slackチャンネル：○○○○プロジェクト
運営者向け連絡事項	入室時間・退出方法 ・開始30分前から関係者で直前打合せを行います ・モニターは定刻と同時に待機室から誘導します
見学者向け連絡事項	入室時間・退出方法 ・開始10分前を目安に早めの入室をしてください ・開始以降頻繁な出入りがないようお願いします ・終了後そのまま退出ボタンで退出してください

インタビュー実施要項

よくある課題

> 「インタビューの日取りはいつか？同席してもよいか？」
> ⇒この質問に1枚で答えるためのアウトプット

① 当日の運営に関する情報が錯綜するケース

　インタビュー当日の運営に関する情報はとかく散らばりやすいものです。インタビュー画面のURLがメールやメッセージの中にあったり、対象者情報が企画書の中や調査票の中にあったり、はたまたGoogleカレンダーのメモ欄にあったり。

　こうした運営情報は皆がよく参照する同一ファイル内で情報を更新するようにしておけると連絡効率が上がります。特に、候補者日程調整から対象者確定までの期間が緊密な進行だと情報が散らかりやすいので、あらかじめ整理しましょう。

② 普段は関与していない見学者が多いケース

　インタビューの見学者は日程だけ合わせていることが多く、多くの人は当日になってから実施概要や視聴環境を確認します。そして大規模なプロジェクト（または大企業）ほどこうした初めてオンラインインタビューを見学する人が増えます。

　そうすると、自然と運営者への直前問合せが増えます。運営者にとって（特にインタビューアーにとって）は直前の時間は非常に貴重な準備時間ですが、一方で見学者からの問合せが発生しやすいのも同じ時間帯のため、事前の対策が必要です。

作り方

❶ あり得る時間帯枠を決める

実施概要	
調査手法	オンラインインタビュー
使用ツール	Zoom
実施日程	20XX年X月X日(X)〜 20XX年X月X日(X)
❶ 実施時間帯	①X月X日(X)00:00-00:00　○○様 ②X月X日(X)00:00-00:00　○○様 ③X月X日(X)00:00-00:00　○○様 ④X月X日(X)00:00-00:00　○○様
実施時間	60分/1名
実施人数	8名
調査対象者	グループA(4名)｜○○○○ユーザー ・○○○○○○○○○ ・○○○○○○○○○ グループB(4名)｜○○○○ユーザー ・○○○○○○○○○ ・○○○○○○○○○
❷ モニター 当日環境	PC　　：あり(対面通話用) スマホ：あり(画面操作用) アプリ：あり(画面操作用)

❷ モニターの当日環境を記す

❸ 主要な連絡先を決めておく

実施環境	
Zoom URL	https://×××××××××××
担当体制	インタビュアー：○○ 記録者：○○ 運営事務局：○○ 見学者：○○
❸ 当日連絡先 連絡掲示板	運営事務局：000-0000-0000 (○○携帯) インタビュアー：000-0000-0000 (○○携帯) Slackチャンネル：○○○○プロジェクト
運営者向け 連絡事項	入室時間・退出方法 ・開始30分前から関係者で直前打合せを行います ・モニターは定刻と同時に待機室から誘導します ・終了後に15分程度デブリーフィングを行います 個人設定 ・インタビュアーは表示名を「司会者」で設定 ・記録者は表示名を「記録係」で設定
❹ 見学者向け 連絡事項	入室時間・退出方法 ・開始10分前を目安に早めの入室をしてください ・開始以降頻繁な出入りがないようお願いします ・終了後そのまま退出ボタンで退出してください 個人設定 ・カメラ・マイクともOFFの状態で入室ください ・画面下ツールバーから以下設定をお願いします ・設定>ビデオ>音声参加者を非表示にチェック ・参加者>名前の変更>「見学者」と入力

❹ 当日の進行手順を周知する

企画

❶ あり得る時間帯枠を決める

　関係者で都合の良い時間帯枠を選定しておく。参加希望が多い時間帯は厚めに用意しておく(社会人は18:00-19:00や19:00-20:00が多い)。

【午前】10:00-11:00 ｜ 11:00-12:00
【日中】12:00-13:00 ｜ 13:00-14:00 ｜ 14:00-15:00
　　　　15:00-16:00 ｜ 16:00-17:00 ｜ 17:00-18:00
【夜間】18:00-19:00 ｜ 19:00-20:00 ｜ 20:00-21:00

❷ モニターの当日環境を記す

　オンラインインタビューにおけるモニター(調査協力者)の通信環境を記載する。ユーザー

インタビュー実施要項　　101

テストの場合はスマホやアプリなど画面操作の環境も事前確認しておく。

記入例

PC：あり（対面通話用）
スマホ：あり（画面操作用）
アプリ：あり（画面操作用）

❸ 主要な連絡先を決めておく

　回線不調や開始時刻などの緊急連絡用に事務局とインタビュアーの携帯番号を記載する。オンラインメッセージの場合も Slack チャンネル・LINE グループなど連絡先を決めておく。

記入例

＊当日連絡先・連絡掲示板
• 運営事務局：000-0000-0000（○○携帯）
• インタビュアー：000-0000-0000（○○携帯）
• Slack チャンネル：○○○○プロジェクト

❹ 当日の進行手順を周知する

　運営者向けの連絡事項を記載する（リハーサルの段取りなど）。見学者向けの連絡事項を記載する（入室・退出の段取りなど）。

記入例

●運営者向け連絡事項
＊入室時間・退出方法
• 開始30分前から関係者で直前打合せを行います
• モニターは定刻と同時に待機室から誘導します
• 終了後に15分程度デブリーフィングを行います
＊個人設定
• インタビュアーは表示名を「司会者」で設定
• 記録者は表示名を「記録係」で設定

●見学者向け連絡事項

＊入室時間・退出方法

- 開始10分前を目安に早めの入室をしてください
- 開始以降頻繁な出入りがないようお願いします
- 終了後そのまま退出ボタンで退出してください

＊個人設定

- カメラ・マイクともOFFの状態で入室ください
- 画面下ツールバーから以下設定をお願いします
- 設定→ビデオ→音声参加者を非表示にチェック
- 参加者→名前の変更→「見学者」と入力

使い方

① 同一ファイルで運営情報を更新する

　この実施要項には当日の運営に関する情報がすべて揃っているため、関係者への情報同期は1つの同じファイルを更新し続けるだけで済みます。作成時点ではすり合わせ用の中間成果物として、実施後には最終成果物となります。

　仮に関係者が運営情報を切り出して何らかの連絡を行いたい場合に、情報が1箇所にまとまっていないと独自に情報をまとめ直す手間が発生してしまいますが、本表により必要な運営情報をすぐに転記でき、しかも最新の情報を参照できます。

② 運営マニュアルとして皆で活用する

　この実施要項はインタビュー当日の運営マニュアルとしての顔を持ちます。それゆえに、運営者は当日の段取りをファイルを行き来することなく確認することができます。

　そしてこのアウトプットがより効果を発揮するのは見学者に対してです。通常、見学者は運営者ほどオンラインインタビューの経験は無いので、特に画面設定のルールなどには疎い面があります。この資料があると、事前に読み込んでもらったり、見学者間で自主的に対応を補い合ってもらう状況を作り出せます。

第**2**章　企画

08 インタビュー運営のドキュメント
インタビュー対象者一覧表

グループ	A	A	A
日時	X月X日（X）10:00-11:00	X月X日（X）19:00-20:00	X月X日（X）11:00-12:00
ID・姓	1111　サトウ様	2222　スズキ様	3333　カトウ様
性別・年齢	女性　48歳	男性　43歳	女性　52歳
未既婚・子ども	既婚・子どもあり	既婚・子どもあり	既婚・子どもあり
職業	パート・アルバイト・フリーター	会社員（XX業）	パート・アルバイト・フリーター
世帯年収	X00万〜X00万	X00万〜X00万	X00万〜X00万
居住地	XX県	XX県	XX県
SQ1：主利用サービス（利用頻度）	○○○○メイン併用（月に2-3回程度）	○○○○メイン併用（2-3ヶ月に1回程度）	○○○○メイン併用（月に2-3回程度）
SQ2：購入経験品目	ビューティ・コスメ、グルメ・食品、ビール・ワイン・お酒、医薬品・ヘルスケア・介護用品	水・ソフトドリンク・お茶	グルメ・食品

※このページは例文を記載している。

　インタビュー対象者一覧表とは、インタビュー協力者の情報をデモグラなどの基本情報、スクリーニング調査で聴取する意識・行動などの付加情報から構成し、同一のグループとして4〜8名分のカードにまとめるアウトプットです。

　本表があることで、調査テーマの質問を行うにあたり相手の背景や立場を理解することができます。また、プロフィール形式の表なので前日や当日にすぐに見返すことができ、開始直前のブリーフィングで参照する時にも便利です。

　当日の対象者情報については、データベースから抽出した時のリスト形状で他の候補者情報も入った表ファイルで運用されるケースも多いのですが、表形式そのままだと文字サイズも項目情報も見づらいため本表の形式に直します。

構成要素

○基本情報

基本情報	グループ	A
	日時	X月X日（X）10:00-11:00
	ID・姓	1111　サトウ様
	性別・年齢	女性　48歳
	未既婚・子ども	既婚・子どもあり
	職業	パート・アルバイト・フリーター
	世帯年収	X00万〜X00万
	居住地	XX県

❶グループ
❷日時
❸ID・姓
❹性別・年齢
❺未既婚・子ども
❻職業
❼世帯年収
❽居住地

❶ グループ

インタビュー対象者の括りで、性別、子どもの有無、利用経験の有無、利用経験の長短などを基準とした分類。たいていは4名程度を1グループとして、情報の対比ができる2グループ（8名程度）で編成することが多い。

❷ 日時

インタビューの実施日時。

❸ ID・姓

対象者の会員ID、モニターID、候補者リストのセル番号など。対象者の苗字も。
事前連絡や謝礼付与の時に取り違えないようにID情報も本表内に保持しておく。

❹ 性別・年齢

対象者の性別と年齢。

❺ 未既婚・子ども

対象者の婚姻状況と子どもの有無。子どもの年齢や学齢が重要な場合はその情報も記載する。

❻ 職業
対象者の業種情報や職種情報。職業情報は生活スタイルを読み解く上でも参考になる。

❼ 世帯年収
対象者の世帯年収。関係性的に把握するのが難しい場合は職業上の役職や暮らしぶりから推測する。

❽ 居住地
対象者が住んでいる都道府県。実際に必要なケースは多くはないため不必要に詳しく広げないように注意する。

○付加情報
※付加情報にはスクリーニング調査で聴取する意識・行動などの重要項目を入れます（本項では新サービスについての受容性を尋ねる調査内容の時の例で記載します）。

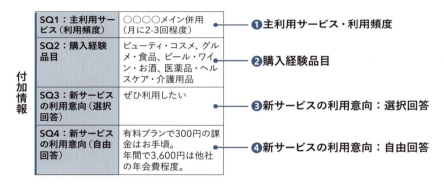

❶ 主利用サービス・利用頻度
事業ドメインにおいて対象者がメインで利用しているサービスとその頻度。

❷ 購入経験品目
対象者がプロダクトで購入したことがある品目。

❸ 新サービスの利用意向：選択回答
新サービスの利用意向（5段階評価）。

❹ 新サービスの利用意向：自由回答

新サービスの利用意向（評点を付けた理由）。

よくある課題

> 「今回のインタビュー対象者はどのような人たちなの？」
> ⇒この質問に1枚で答えるためのアウトプット

① 不慣れなメンバーもインタビュアーを務めるケース

日程ごとにインタビュアーを分ける運営体制は珍しくありません。この時気をつけたいのは、インタビュー経験が少ないメンバーは進行を消化するだけでいっぱいで、相手の状況を加味した話の引き出しまで辿り着かないこともあります。

当然ながらインタビュー実施において話をしてくれる相手の要素は大きく、どれだけ相手の情報を事前にインプットしておけるかは重要です。インタビューガイドを読み合わせるだけの事前準備だけでは足りないので注意したいところです。

② モニターの対応を拡大協力者が担当しているケース

組織体制によっては、インタビュー調査の前工程である候補者リストの抽出や、リクルーティング・謝礼付与などのモニター対応業務を分業制で進めることもあります。例えばCS（カスタマー部門）や事務スタッフが対応するケースです。

この分業体制は便利な反面、作業が対象者の抽出・確定の工程までだと、担当者が持つ緊張感の差から当日に必要な対象者情報を欠いてしまうこともあります。また作業色が強い業務なので、協力者側も達成感を得にくい難点があります。

インタビュー対象者一覧表

作り方

❶ 日程順に対象者情報を並べる

グループ	A	A
日時 ❶	X月X日（X）10:00-11:00	X月X日（X）19:00-20:00
ID・姓	1111　サトウ様 ❸	2222　スズキ様
性別・年齢	女性　48歳 ❸	男性　43歳
未既婚・子ども	既婚・子どもあり ❸	既婚・子どもあり
職業	パート・アルバイト・フリーター	会社員（XX業）
世帯年収	X00万〜X00万	X00万〜X01万
居住地	XX県	XX県
SQ1：主利用サービス（利用頻度） ❷	○○○○メイン併用（月に2-3回程度）	○○○○メイン併用（2-3ヶ月に1回程度）
SQ2：購入経験品目	ビューティ・コスメ、グルメ・食品、ビール・ワイン・お酒、医薬品・ヘルスケア・介護用品	水・ソフトドリンク・お茶
SQ3：新サービスの利用意向（選択回答）	ぜひ利用したい	ぜひ利用したい
SQ4：新サービスの利用意向（自由回答）	有料プランで300円の課金はお手頃。年間で3,600円は他社の年会費程度。	有料でも確実に手に入るのが良い。最近はなかなか買えないので…

❸近しい情報は1行にまとめる

❷ 基本情報と付加情報を並べる

❶ 日程順に対象者情報を並べる

日程順に対象者情報を並べると期間中に次回実施情報を参照しやすくなる。

❷ 基本情報と付加情報を並べる

基本情報と付加情報を並べることで対象者の背景や立場への理解が深まる。

❸ 近しい情報は1行にまとめる

表をコンパクトに保つべく近しい情報同士は1行にまとめる（データを抽出したままの項目配置だと表が縦に長くなってしまう）。

使い方

① インタビューガイドの内容をフィットさせる

　対象者一覧表を使うと、話を聴く相手にこそ聞きたいことや、それによってどのような流れで話を聴くと良いかをイメージできます。同じ表に同一グループ内の対象者情報も見えているので、セッションごとに期待する役割を検討できます。

　これは言い換えると、調査テーマに即して汎用的な作りのインタビューガイドの内容をセッションごとにフィットさせる作業とも言えます。本番でも基本情報が既にインプットできていることで導入から本題に移行しやすい効果があります。

② 環境設定を行う事務スタッフとの成果共有に

　対象者一覧表はインタビューの事後も報告書内に対象者情報として収録されるので、プロジェクトに関わる関係者の皆が参照します。それにより、拡大関係者も含めて必要不可欠な成果物を作成したことの貢献を分かち合うことができます。

　もしこれが消えものの候補者リストの作業協力だけだと、中間成果物は日の目を見ることなく仕事の足跡が残りません。拡大関係者と長く良い運営体制を築く意味でも、ひと手間かけて対象者情報を編集しておくことで一体感を得られます。

第2章 企画

09 アンケート運営のドキュメント
リサーチワークフロー（定量調査）

※概要は「05　リサーチワークフロー（定性調査）」と同じため、本項では「構成要素」のみ紹介します。

構成要素

No.	親タスク	子タスク	担当者/確認者	資料名/リンク
❶	企画書作成	☐ 調査概要作成	○○（○○）	調査概要
		☐ 配信対象者決定 ☐ 調査対象者決定	○○（○○）	調査対象者
		☐ 割付決定	○○（○○）	-
		☐ クロス集計軸決定	○○（○○）	-
		☐ 納品日・報告日の希望日程ヒアリング	○○（○○）	-
		☐ スケジュール表作成	○○（○○）	スケジュール表
❷	調査票作成	☐ スクリーニング調査票作成（※）	○○（○○）	スクリーニング調査票
		☐ 本調査票作成	○○（○○）	本調査票
		☐ アンケート依頼メール作成	○○（○○）	依頼メール文
		☐ アンケートフォーム前文作成	○○（○○）	アンケート前文
❸	ウェブ画面作成	☐ ウェブ画面スクリーニング調査票作成（※）	○○（○○）	ウェブ画面スクリーニング調査票
		☐ ウェブ画面本調査票作成	○○（○○）	ウェブ画面本調査票
		☐ テスト回答	○○（○○）	-
❹	配信リスト抽出	☐ 抽出条件決定	○○（○○）	-
		☐ 抽出作業実行	○○（○○）	-
		☐ 配信リスト作成（ID・メールアドレスなど	○○（○○）	配信リスト

No.	親タスク	子タスク	担当者/確認者	資料名/リンク
❺	配信システム設定	☐ 配信メール登録設定	○○（○○）	-
		☐ テストメール配信	○○（○○）	-
❻	実査	☐ 配信実行〜回収状況確認	○○（○○）	-
		☐ リマインドメール配信	○○（○○）	-
❼	謝礼送付	☐ 謝礼送付メール作成	○○（○○）	謝礼送付メール文
		☐ 謝礼送付対象者リスト作成	○○（○○）	謝礼送付対象者リスト
		☐ 謝礼付与の設定・実行	○○（○○）	-
		☐ 謝礼送付メール配信	○○（○○）	-
❽	集計	☐ 集計計画表作成	○○（○○）	-
		☐ ローデータ・GT表作成	○○（○○）	-
		☐ クロス集計表作成（数表データ・グラフデータ）	○○（○○）	-
		☐ 自由回答リスト作成	○○（○○）	-
❾	報告書作成、分析	☐ 報告書作成（要約版・詳細版）	○○（○○）	報告書
		☐ 分析、提案	○○（○○）	サマリ
❿	報告	☐ 報告会実施	○○（○○）	-
		☐ 成果物データの格納・案内	○○（○○）	-

❶ 企画書作成

調査概要作成、配信対象者決定、調査対象者決定、割付決定、クロス集計軸決定、納品日・報告日の希望日程ヒアリング、スケジュール表作成。

❷ 調査票作成

スクリーニング調査票作成（※）、本調査票作成、アンケート依頼メール作成、アンケートフォーム前文作成。

❸ ウェブ画面作成

ウェブ画面スクリーニング調査票作成（※）、ウェブ画面本調査票作成、テスト回答。

❹ 配信リスト抽出

抽出条件決定、抽出作業実行、配信リスト作成（ID・メールアドレスなど）。

❺ 配信システム設定

配信メール登録設定、テストメール配信。

❻ 実査

配信実行〜回収状況確認、リマインドメール配信。

❼ 謝礼送付

謝礼送付メール作成、謝礼送付対象者リスト作成、謝礼付与の設定・実行、謝礼送付メール配信。

❽ 集計

集計計画表作成、ローデータ・GT表作成、クロス集計表作成（数表データ・グラフデータ）、自由回答リスト作成。

❾ 報告書作成、分析

報告書作成（要約版・詳細版）、分析、提案。

❿ 報告

報告会実施、成果物データの格納・案内。

※スクリーニング調査ありの場合、事前調査としての2〜7の工程を行う。

リサーチワークフロー（定量調査）

第2章 企画

10 アンケート運営のドキュメント
アンケート調査票（質問リスト）

「○○の利用実態調査」（本調査15問）　　==Q9～Q12：○○の満足度（4問）==

==Q1～Q2：○○のイメージ（2問）==　Q9　○○の満足度（SA）
　　　　　　　　　　　　　　　　　　　Q10　○○の満足理由：選択回答（MA）
Q1　○○のイメージ：自由回答（FA）　Q11　○○の満足理由：自由回答（FA）
Q2　○○のイメージ：選択回答（MA）　Q12　○○に今後期待すること（FA）

==Q3～Q8：○○の利用習慣（6問）==　==Q13～Q15：基本属性（3問）==

Q3　○○を知る情報源（MA）　　　　　Q13　性別（SA）
Q4　○○の利用頻度（SA）　　　　　　Q14　年代（SA）
Q5　○○での利用内容（MA）　　　　　Q15　○○の会員種別（SA）
Q6　○○での利用金額（SA）
Q7　○○での決済方法（MA）
Q8　○○を一緒に利用する人（MA）

※この図表では二段組みで表現しているが、実際には縦一列に整列させる。

　アンケート調査票（質問リスト）とは、アンケートの質問項目をひと目で確認できるようにしたアウトプットです。調査票の序盤でその調査の内容や構成を一覧表形式で確認できることから、本における「目次」のような役割を果たします。

　例示の図は、アンケート調査の定番テーマである「利用実態調査」を本調査のみ15問で作成した時の質問リストのイメージです。数個の質問から成るトピックを軸に、イメージ・利用習慣・満足度・基本属性という順番で展開しています。

　アンケートは全体を通じて1つのストーリーになるように質問を構成するのが良い、とよく言われています。この質問リストがあることによって、どんな内容を、どんな順序で、どれくらいの負荷を伴うものなのかが1枚ですぐにわかります。

※本項で触れるのは調査票の「構成」までなので、質問文・選択肢などをはじめとする具体的な調査票の作成方法は「3章：募集」をご覧ください。

構成要素

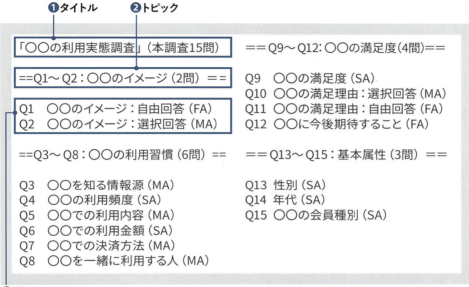

❶ タイトル
アンケートタイトル、総質問数。

❷ トピック
質問番号、トピック名称、質問数。

❸ 質問アイテム
質問番号、質問項目、質問タイプ。

よくある課題

> 「調査票作成が予定日までにまとまらない…」
> ⇒この悩みに1枚で答えるためのアウトプット

① いつも事実確認情報ばかりに終始してしまう

　調査を取り巻くステークホルダーが多いプロジェクトでは、関係者の数だけ「皆が基本的に知りたいこと」（例：世帯年収や地域情報など詳細な属性データ）が多くて、モニタリング項目だけで埋まってしまうことがあります。

　概してこういう時は結果データがプロダクトの方向性を占うところまで行かず、事実確認ばかりで終わってしまいます。それをリベンジする形で半年後くらいにまた同じ調査の企画が立ち上がったりしますが結果は同じです。

② いつも質問数が計画よりオーバーしてしまう

　調査票の作成時、関係者から上がってくる追加希望項目はしばしば難しいパズルのようです。質問の順番を並び替える作業では、特に出来ているものを崩す難しさがあり、さばききれないと質問数の超過しか道がなくなります。

　この時、もし質問文を思いつくままに書き出す形で調査票を作成していると、単問ごとに要・不要を取捨選択することになり、かなりのパワーを使います。本来大事なことは追加質問が全体の流れに対してハマるかどうかです。

作り方

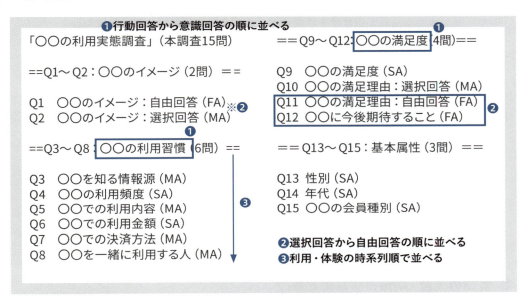

❶ 行動回答から意識回答の順に並べる

　質問の順序は「行動」から「意識」の順に並べると回答体験がスムーズになる（現在や過去の「行動」を問う質問は答えが決まっているため、回答者にとってはすぐに選びやすい。逆に物事についての「意識」を問う質問は立場や思考を振り返ってもらう必要があるため、回答にあたり時間を要する）。

❷ 選択回答から自由回答の順に並べる

　一般的には選択式の方が答えやすいため、選択回答から自由回答の順に並べていくのが調査票の慣例となっている（選択式で思考や立場をあらかじめ整理して、その後の自由記述を書きやすくする段取り効果もある）。

　例外的に自由回答が先行する形式として、「純粋想起」と呼ばれる方法論がある（イメージ調査などで、はじめに回答者の頭の中にあるワードや表現法を引き出し、ありのままの用語・意見・状況などを確認していくやり方）。

❸ 利用・体験の時系列順で並べる

　アンケートでは消費行動や生活習慣を尋ねることが多いため、質問もおおよそ利用・体験

アンケート調査票（質問リスト）　　115

の時系列（場面展開順）で並べる（そうすることで回答者も過去の記憶をウォームアップしながら判断や意見を深めていくことができる）。

アンケートを始めたての人は、「初めに書き出した順の質問構成」になっていることが多いので注意（後から質問を付け足す際に利用・体験の順序が飛び飛びになってしまう）。

使い方

① トピック別の質問配分がわかる

質問リストを作ると、どのトピックにどれくらいの質問数を割いているのかを可視化することができます。質問の数はトピックに対する関心の表れです。調査の目的や用途に照らして適正な配分になっているかを確認しましょう。

この心がけにより、トピックの優先度・重要度を整理する癖がつきます。競合情報を取ることが必要があるか？ 属性情報を細かく尋ねる必要があるか？ 自由回答を入れるべきか？ このような時に適切な判断ができるでしょう。

② 質問の入替・削除が容易になる

質問リストを作ると、調査票内の個々の質問文をいちいち見返す作業がなくなり、質問間の意味的なつながりや回答上の流れを常に整理された状態に保てるので、突発的な質問の入替・削除に対する判断もスムーズになります。

スムーズになるのは関係者確認時だけでなく、調査票の作成時も同様です。質問番号・質問事項・質問タイプなど質問作成に関する主要な骨子が出来上がった状態から個々の質問の中身を作り込む作業に集中することができます。

第3章

募集

All About User Research

本章では、ユーザーインタビュー（アンケート）の対象者を募集する時のリクルーティング手順を紹介します。プロジェクトの目的に合った対象者をマッチングするための調査パネル理解、スクリーニング調査の設計法を参照して、リクルーティングを成功させましょう。

第3章　募集

01 スクリーニング調査
リクルーティングの基本

　リクルーティングとはインタビュー調査の協力者を募集・選定する工程の総称です。いくつかある方法の中でも、実施する調査テーマにおいて希望条件に合致する対象者を抽出するためのアンケートを使った事前調査のことを「スクリーニング調査」と言います。

　調査対象者のリストアップには、メールやアプリなどを通じてユーザーに協力を呼びかける募集形式や、データベースから指定条件に合致するユーザーを抽出する方法がありますが、協力意向や登録情報は合致しても調査目的に対して適切かは定かではありません。

　スクリーニング調査を実施すると、アンケートを通じてあらためて調査テーマについての立場や状況をモニターに入力してもらう機会を作ることができ、最新のステータス・詳細なステータスを参照しつつ優先順位に従って希望の対象者を選び出すことができます。

　例えば、プロダクトリサーチの業務では、自社サービスの利用状況、競合他社の利用状況、特定カテゴリーの利用経験、特定機能や情報の利活用状況、詳細な世帯構成、ユーザーテストに必要なアプリやスマホ端末の所持状況などを特定するためによく使用します。

※リクルーティング活動自体は、スクリーニング調査を行わない方法、アンケート方式ではない方法など、より広い手段で行われますが、本章ではビジネスリサーチにおけるリクルーティングで使用機会が多い「スクリーニング調査あり」のやり方を中心に解説致します。

プロダクトリサーチでよくある失敗

　オンラインインタビューの業務をしていれば、「今日は相手にあまり話してもらえなかった……」という状況は皆さん1度は経験しているでしょう。この原因は様々ですが、調査対象者のマッチングが上手く行っていないことが失敗の真因であることが少なくありません。

　プロダクトリサーチの現場でよくある失敗は、①タスクと立場が噛み合わず発話が進まない、②惰性的に使用している、自分の意見が無い、③既に退会していた、アプリを削除していたなどの状況です。以下のような経験がないか、皆さんも振り返ってみてください。

① タスクと立場が噛み合わず発話が進まない

- ユーザーテストのタスクと調査対象者の立場が実際には異なるケース
- 普段取らない行動なのでテストが進まない、発話イメージが湧かない
- 商品特性が人の属性を選んでしまう、テスト端末に慣れていないなど
  ⇒会員ステータスを持っていてもタスク環境が合わない状態

② 惰性的に使用している、自分の意見が無い

- デプスインタビュー実施時に調査テーマに対する熱量が低いケース
- ほぼ毎日サービスを利用しているが、決まった使い方以外はしない
- 利用のきっかけも、誰かが選んでくれたり、元々備わっていたなど
  ⇒行動ステータスの割にサービスへの関与が極端に低い状態

③ 既に退会していた、アプリを削除している

- 既にサービスを退会していて、過去のログをもう見れないケース
- アプリの印象評価について聞きたかったがアプリを削除している
- メルマガ登録は継続していて偶然インタビュー協力に応じたなど
  ⇒登録ステータスを当てにしていて最新の状況が異なる状態

　いずれも、こうした不確実性に満ちたケースを想定した調査設計であればアリなのですが、通常のユーザーリサーチでは避けたい事態です。調査を実施する限り多かれ少なかれこうした状況には遭遇し続けますが、マッチングの精度を上げることで改善は可能です。

スクリーニング調査を実施するメリット

スクリーニング調査を実施するメリットは、事前調査を実施することで調査テーマに適合した立場や経験を有する調査協力者を確保できることにあります。特にオンラインインタビュー業務の文脈に照らすと、以下のようなメリットを期待することができます。

① 質問に対する回答が充実する

スクリーニング調査を実施すると、ストレートにデータベースから候補者ユーザーを抽出するだけの方法より、はるかに質問に対する回答が充実することを期待できます。せっかくインタビューやアンケートを行うなら、できるだけ精度は高い方がよいものです。

例えば、基本属性でも「小学生のお子さんを育てている世帯」や「自社サービスと他社サービスを併用している人」いう条件設定は、通常はデータベースにその情報が無いものですし、もしあったとしても登録時とは最新のステータスが異なる懸念もあります。

ユーザーリサーチでは調査テーマのカテゴリーやフェーズを絞り込むほど深い回答を期待できるため、スクリーニング調査を行うことで調査対象とする商品や場面の解像度は上がります。実施のために必要十分な人数を事前に確保できることもまたメリットです。

② 対象者に期待役割を見込める

スクリーニング調査はたった1名のために行うことは稀で、複数人の調査対象者あるいは複数のグループを選出するために行います。そうすると、スクリーニング調査の結果と事前の登録情報を組み合わせて、各対象者に期待する役割を見込むことができます。

例えば、女性4名から成るインタビュー対象者のグループ形成を目指す場合に、調査テーマについての基本条件の他に、子どものいる世帯と単身世帯の人の比率を考えることで、実査で出てくる意見の背景となる生活や立場の多様性を確保することができます。

③ レアターゲットを確保できる

スクリーニング調査ではレアターゲットを確保しやすくなります。特にアイデア探索型のリサーチプロジェクトのような調査シーンでは、平均的な事例よりも稀少なユースケースを持っている人にアプローチできた方が良い示唆を得られる確率が上がります。

例えば、「新幹線を使って通勤している人」は社会人の中で珍しい方ですが、そうした人にインタビューを行うことで、移動空間での集中の仕方、移動前後の時間の使い方がよくわかりそうです。もちろん距離や頻度が影響するため、事前調査が必要なのです。

プロジェクトにおける位置づけ（定性調査・定量調査）

スクリーニング調査の基本的な業務フローは、調査の企画・承認を受けて、スクリーニング調査票の作成→ウェブ画面作成→事前アンケート実施→集計となります。その後、インタビューでは候補者リスト作成、アンケートでは本調査の実施という手順になります。

実際にはスクリーニング調査を単体で行うケースは無いので（※調査会社が計画段階で対象者の出現率予測のみを行うことはあります）、定性調査を母体とするプロジェクトと、定量調査を母体とするプロジェクトとに分けて調査の進め方を補足します。

① 定性調査のプロジェクトの場合

インタビュー調査ではスクリーニング調査を経て作成する候補者リストの中から適切な対象者を選定するために明確な判断基準を必要とします。候補者リストは多すぎても少なすぎても使い勝手が悪いので、優先度判断を段階的に行えるよう抽出条件を設定します。

また、定性調査の準備としては一定期間内で日程調整がつくよう、豊富な日程の選択肢と適時の連絡オペレーションが必要になります。リクルーティング活動全体の中でもスクリーニングの工程は単純に実査と集計に対応日数を要することを覚えておきましょう。

同じく運営準備に関して言えば、インタビュー当日のユーザー（モニター）の環境設定を確実なものにするのもスクリーニングの重要な役割です。プロダクトリサーチでは、アプリのインストールの有無やスマホの端末機種なども調査内容に応じて確認をします。

② 定量調査のプロジェクトの場合

アンケート調査では任意のグループごとに目標数を決めて回収を行う「割付」（わりつけ）という方法がよく取られています。本調査を行う前に均等な回収を促す割付を整えたり、複雑な対象者要件に対応するために、スクリーニング調査は欠かせない工程です。

このほか、定量調査のプロジェクトでは回答者数の規模が万単位のスクリーニング調査の結果を、市場分析用のデータとして活用する使い方もよくされています。具体的には、市場規模（ターゲットボリューム）の算出や認知率・利用率の把握に使われています。

ただスクリーニング調査はあくまで母体となるリサーチプロジェクトの本調査対象者を抽出するための事前調査という位置づけで実施するものなので、おおよその市場傾向を知るためのデータとして捉えることが必要です（正確には本調査として実施すべき事案）。

第3章

募集

リクルーティングの基本

第3章 募集

02 スクリーニング調査
調査対象者の特性理解

　インタビューの協力者を集める方法は、自社パネルで実施する方法と、外部パネルで実施する方法とに大きく分かれます。前者は自社ユーザーを対象に、後者はリサーチの支援会社が管理する（または提携している）モニターを対象に行います。

　リクルーティングを実施するには、このようなパネルと呼ばれる調査協力者のモニター構成や特性を理解することが大切です。本項では活動初期に頼りになる従業員とその家族・友人知人のルート（機縁法）も含めてその特徴を解説していきます。

調査対象の特性理解

✓①自社が取り扱っている商品やサービスの内容を深く聞ける
✓②まだスケールできていない場合でも絶対的な評価を聞ける
✓③新規登録ユーザー（アクティブユーザー）を確保しやすい

①自社パネル
✓会員ユーザー、メルマガ会員
✓SNSフォロワー、コミュニティ会員

✓①テーマで設定した任意のセグメントからの回答を得られる
✓②自社サービスに対して中立的な立場からの回答を得られる
✓③サービス未対応エリアを含む全国の消費者を確保しやすい

②外部パネル（リサーチ支援会社）
✓マーケティングリサーチ会社
✓リクルーティング専門会社

✓①低額の利用料のため始めやすく続けやすい
✓②短時間で募集を出して対象者を集めやすい
✓③謝礼付与や連絡対応の負荷が軽減される

③外部パネル（インタビューツール）
✓セルフアンケートツール
✓セルフインタビューツール

✓①厚意での協力を得られたり、日程調整の連絡がつきやすい
✓②質問を事前に構造化できていなくても話が成り立ちやすい
✓③自社との関係性が近い対象者比率が高いほど偏りは大きい

④従業員とその家族・友人知人（機縁法）
✓従業員
✓従業員の家族・友人知人

自社パネル

　自社パネルとは、自社の会員・顧客を調査協力者の候補者として見立ててリクルーティングを行う方法です。募集時に行う連絡との一体性で言うと、「メルマガ会員」がリストのベースになることが多いです。

　自社パネルのメリットは、自社の強み・弱みを把握しやすいことが1番にあります。また、自社の認知率や利用率が低い初期ステージでも一定の回答品質を伴う調査を実施できることも利点です。

　注意点には、回答傾向（発話内容）が自社や自社が取扱う商材についてポジティブな方に上振れしやすいこと、母集団の数に限りがあるためあまり細かい抽出条件を設定することはできないこと、協力者としてのユーザーを管理する体制の難しさなどがあります。

　このため、プロダクトの総合調査として実施するアンケートの中でインタビューに協力してくれるユーザーの登録を集めたり、初めから調査目的を明かして個別テーマについてのアンケートを行う中でインタビューの募集を兼ねる、などの工夫が取られています。

① 自社が取り扱っている商品やサービスの内容を深く聞ける

　1つ目の特性は、自社が取り扱っている商品やサービスの内容を深く聞けることです。調査対象者が文字通り自社ユーザーなので、商品特性を把握したり、強み・弱みを把握したりする、最もベーシックな調査目的を満たすことに向いています。

　質問対象とする物事の目線が自然と揃う環境はとても便利です。例えば旅行のメディアを運営していて、自社が観光列車の紹介に力を入れていたら、ノンユーザーに調査するよりも自然と観光列車についての意見や話題を得ることができます。

　また、自社が運営するサービスに関連する用語も説明不要なことが多く、例えば大型キャンペーンの概要やプロダクトの基本仕様についてほとんど説明しなくても済みます。利用の程度にもよりますが事前の共通理解は高い状態にあります。

　逆に、商品やサービスへの関与や意欲は高く表れがちで、質問対象へのイメージが固定的だったり、行動パターンが直線的だったりもします。この点はユーザープロファイルデータで大元の性質を把握して理解を補正していくと良いでしょう。

② まだスケールできていない場合でも絶対的な評価を得られる

2つ目の特性は、まだスケールできていない場合でも絶対的な評価を得られることです。ユーザーリサーチでは自社の認知率や利用率が低いと調査内容もまた充実したものになりにくい傾向があるのですが、このリスクを低減することができます。

特にPMF（プロダクトマーケットフィット、市場浸透）できていない状態だと、自社の評価を相対評価で確認しようとしてもほとんどの項目で競合に劣後してしまい、データの客観性は高いものの改善を模索する材料にならないこともあります。

自社ユーザーを中心に調査を行えば、何らかの期待があって利用されているはずなので、絶対的な評価を集めることができます。仮にデータから独自性を見出せなくても、ありのままの普遍的な存在価値を見出すアプローチには有効です。

③ 新規登録ユーザー（アクティブユーザー）を確保しやすい

3つ目の特性は、新規登録ユーザー（アクティブユーザー）を確保しやすいことです。自社ユーザーへの調査を行う場合、当然、自社パネル（会員組織化された自社ユーザーの回答者母集団）を基盤とする方が実施効率に適っています。

新規ユーザーはサービスに対してアクティブな関わり方をしているので、特に利用経緯・認知経路などの質問項目に代表されるマーケティングシナリオをチューニングしていくにあたり、フレッシュな記憶を持つ最適な対象者となります。

この点、調査会社の外部パネルだと自社サービスの新規登録者比率は一般的に少ない傾向があり、希望数まで募集するためのスクリーニング調査費用が高騰してしまいます。※もちろんこのあたりはサービスの規模感や浸透率によります。

外部パネル（リサーチの支援会社）

外部パネル（リサーチの支援会社）を使うリクルーティングとは、リサーチの支援会社（調査会社・リクルーティング会社・モニター提供会社）が管理している、あらかじめ情報登録された消費者・生活者を対象に、そのリサーチサービスを通じて募集を行う方法です。

外部パネル（リサーチの支援会社）のメリットは、100万人規模の登録モニターを抱えているからこそ、自由度の高い調査テーマを設定できる、目的に対して十分な人数を確保できる、自社に中立的な立場から意見を聞ける、などの内容面の充実を見込めるメリットが多数あります。

注意点には、自社の特徴を集中的に深掘りするには向かない時があること、発注時に一定のコストが発生することなどがあります（特に定量調査のプロジェクトでは質問数を厳選し

ていないとスクリーニング費用が本調査並みに高騰してしまうので注意が必要です）。

① テーマで設定した任意のセグメントからの回答を得られる

　1つ目の特性は、テーマで設定した任意のセグメントからの回答を得られることです。現在の会員基盤や環境要因に制約を受けず、自社で設定する任意のテーマ・任意のセグメント（希望条件に基づく調査対象者のグループ）での実施が成り立ちます。

　事業開発や経営企画の仕事で扱うような新規参入や領域強化を検討する時には、必ずしも自社パネルで対象者を十分に確保できないこともあります。そういう時は情報収集・情報分析をスピード感を持って進めるために外部パネルを活用していきます。

② 自社サービスに対して中立的な立場からの回答を得られる

　2つ目の特性は、自社サービスに対して中立的な立場からの回答を得られることです。同じ自社の会員でも外部パネルを利用すると比較的ニュートラルな状態での調査実施が可能です（もちろん回答者の立場はスクリーニングの内容次第です）。

　自社の会員基盤が前提だと、調べようとする物事に対して何かの形でポジティブな回答に上振れてしまうことがあります。例えば、飲食メディアのユーザーは外食頻度が高い、店でのドリンクオーダー率が高い、などのポジティブな面があります。

③ サービス未対応エリアを含む全国の消費者を確保しやすい

　3つ目の特性は、サービス未対応エリアを含む全国の消費者を確保しやすいことです。全国展開や地域展開を志向しているサービス（飲食店・学習塾など）では、エリアマーケティング目的で地域別の傾向分析を行うことは必須となります。

　外部パネルを利用すると、サービスの未対応エリアや反響や実績が弱い地域も含めた情報を得られます。特に消費を促すサービスは顧客効率が良い都市圏を中心に展開することが多く、自社パネルはその時点で偏りがある状態と言えます。

調査対象者の特性理解

外部パネル（インタビューツール）

　外部パネル（インタビューツール）を使うリクルーティングとは、インタビューツール・アンケートツールの運営元が構築している回答者パネルを対象に、そのリサーチサービスを通じて募集（スクリーニング調査）を行う方法です。

　インタビュープラットフォームを使用するメリットは、自社パネルで実施する方法とリサーチの支援会社に発注する方法の中間の運営形態を取れるところにあります。パネル（調査協力者）サービスの可能性が広がることで、業務体制や事業展開に活路を見出せます。

　注意点には、対象者選定のための募集機能（スクリーニング調査など）がどの程度自社で求めている基準に当てはまるか見極める必要があること、グループインタビューやモデレーターの発注などを含めた拡張的な運営を計画するかどうか、などがあります。

① 低額の利用料のため始めやすく続けやすい

　1つ目の特性は、低額の利用料のため始めやすく続けやすいことです。ユーザー調査にかけられる予算があまりない（とはいえゼロでもない）組織にとって、費用が低額であることではじめて申請が可能であり、継続時もまた然りです。

② 短時間で募集を出して対象者を集めやすい

　2つ目の特性は、短時間で募集を出して対象者を集めやすいことです。サービス企画やプロダクト機能改善の機会が頻繁にある（いずれも急いでいる）組織では、リクルーティングの工程を無理なく定常業務に組み込むことができます。

③ 謝礼付与や連絡対応の負荷が軽減される

　3つ目の特性は、連絡対応や謝礼付与の負荷が軽減されることです。毎回の謝礼付与や募集連絡に当たる担当者負荷は決して低くありません。ツールを利用することで事務的な管理負荷が下がり、実行や分析に集中することができます。

従業員とその家族・友人知人（機縁法）

　従業員とその家族・友人知人など、人のつてを頼って直接リクルーティングを進めるやり方を機縁法と言います。

　機縁法のメリットには、謝礼や日程の面で融通が効きやすいこと、質問の準備が浅くてもそれなりに進行が成り立つことなどがあります。

　注意点には、詳細な希望要件でのリクルーティングは成立しにくいこと、調査実施者との立場が近いため一定のバイアスが発生しやすいことなどがあります。

① 厚意での協力を得られたり、日程調整の連絡がつきやすい

　1つ目の特性は、厚意での協力を得られたり、日程調整の連絡がつきやすいことです。特にインタビューのシーンにおいて、まったく一般の人を対象にしようとすると、案内の精度や情報の保護に努める分、かなり手がかかることになります。

　従業員とその家族・友人知人は、厚意で様々な情報を積極的に話してくれたり、低額での謝礼にも理解を示してくれたり、特に事業活動の初期にはありがたい存在です。日程調整の連絡がつきやすいことも調査業務のスピードに味方します。

② 質問を事前に構造化できていなくても話が成り立ちやすい

　2つ目の特性は、質問を事前に構造化できていなくても話が成り立ちやすいことです。インタビューを実施するにあたり、もちろん質問事項や提示資料を事前に揃えられると良いのですが特にスタートアップや新規事業ではそうもいきません。

　間接的にでも人間関係ができている従業員とその家族・友人知人は、会話を進める中で質問内容を補ったり、提示物の完成度が低くても口頭で補いやすい面があります。運営側を完璧に見せなくて良い心理的安全性は初期で特に重宝します。

③ 自社との関係性が近い対象者比率が高いほど偏りは大きい

　3つ目の特性は、自社との関係性が近い対象者比率が高いほど偏りは大きいことです。従業員とその家族・友人知人は、もともと自社に近い立ち位置に存在しており、さらにそうした対象者の比率が高いほど結果の偏りも大きくなります。

　質問対象とするテーマについても、一般の消費者と比較すると慣れや理解が進んでいることが多いです。特に従業員本人から得た情報や意見に対しては、後々社内から客観性や中立性に対する疑念を抱かれやすいこともあり注意が必要です。

調査対象者の特性理解

第3章　募集

03 スクリーニング調査
スクリーニング調査の実施方法

　スクリーニング調査票とは、対象者抽出のために行う事前調査の調査票のことを言います。資料成果物の名称は、定量調査のプロジェクトではスクリーニング調査票、定性調査のプロジェクトではスクリーナーと慣例的に呼ばれています。

　調査会社とのスクリーニング調査のやり取りでは、スクリーニングのことを指して「SC」「SCR」のような略称記号がよく使われています。調査票の質問番号も本調査と区別してSQ1・SC1のような書き方で付番されるのが通例です。

※本章では主にオンラインインタビューにおけるスクリーニング調査のユースケースを想定して書いていますが、アウトプットの名称は定性調査・定量調査とも万能に使用できる「スクリーニング調査票」という言い方を採用しています。

スクリーニング調査の特性

　スクリーニング調査票の作り方は基本的には普段のアンケートと同じです。ただし、対象者を選定するための事前調査という位置づけから、実査本番（または本調査）の調査意図を推測されないような設計を心がける必要があります。

　このため、あくまで実施後のアンケート集計により適格者を選び出すことを前提に、直接的な希望条件以外の選択肢項目も織り交ぜる、回答者全員が一通り答えられるようにする、などスクリーニング調査特有の設計が求められます。

※もちろん、インタビュー協力者募集のために行うアンケートが本調査である場合は、本調査としてのデータの整合性が優先されるため、上記の限りではありません（自社パネルで運用する場合の業務特性は以降でもその都度触れます）。

スクリーニング調査の質問数

　スクリーニング調査の質問数は、調査会社では3問・5問・7問などの質問数レンジで管理されています。この区分は理に適っているので目安として意識しておくと良いでしょう。それぞれのレンジでできることのイメージは以下の通りです。

〈質問数レンジごとにできることのイメージ〉

- 3問→基本的な利用・所有・状態に関する質問で構成。回答負荷は低い
- 5問→上記に併せて、複数の利用ステータスや複合的な利用実績を問う質問で構成。回答負荷は普通
- 7問→上記に併せて、考え方や志向性などの意識面を問う質問で構成。回答負荷は高い

　もちろん、1問単位で最適なバランスを考えていくことが本筋であり、必ずしも上記の区分に囚われる必要はありません。ただ、順調にリサーチ業務を拡張していくと調査会社に発注するシーンが来ますから慣れておくと良いでしょう。

アンケートで使う3つの質問タイプ

　アンケート調査では、単一回答・複数回答・自由回答、主にこの3つの質問タイプを駆使して調査票を作成します。本項ではスクリーニング調査でも重要なこの3つの質問タイプについて、それぞれの特徴と得られる情報の違いを解説します。

　ウェブアンケートツールで使用できる質問タイプには、ほかに、マトリクス型・プルダウン型・数値入力型などがありますが、いずれも基本となる単一回答・複数回答・自由回答の応用に過ぎないので、まずはこの3つを押さえましょう。

① 単一回答：回答者の状態や程度を知る

　単一回答はSA（シングルアンサー）とも呼ばれ、単一の選択肢を選んでもらう質問形式です。アンケート画面では丸いラジオボタンが選択肢の冒頭に表示されます。

　質問文では、「ひとつだけお選びください」「最もあてはまるものをお選びください」などの尋ね方をします。

　主な用途には、評価の尺度（満足度など）、意思の程度（好意度など）、利用や体験のステータス（経験の有無・回数・頻度・金額・契約状態など）、利用や体験の時期などがあります。

② 複数回答：意見や経験の広がりを知る

　複数回答はMA（マルチアンサー）とも呼ばれ、複数の選択肢を選んでもらう質問形式です。アンケート画面では四角いチェックボックスが選択肢の冒頭に表示されます。

　質問文では、「いくつでもお選びください」「○個までお選びください」などの尋ね方をし

スクリーニング調査の実施方法　　129

ます。

　主な用途には、利用や体験の種類（商品・場所・人物・行動など）、利用や体験の理由、調査対象物のイメージなどがあります。

③ 自由回答：選択理由や体験内容を知る

　自由回答はFA（フリーアンサー）とも呼ばれ、自由にコメントを書いてもらう質問形式です。アンケート画面ではテキストボックスの枠が入力欄として表示されます。アンケートツールではボックスタイプが短文形式と長文形式の2種類用意されていることが多いです。

　質問文では、「選んだ理由をご自由にお書きください」「エピソードをお聞かせください」などの尋ね方をします。

　主な用途には、直前の質問の回答理由、利用や体験のエピソード、サービスに対する要望などがあります。

質問文の書き方

　アンケートでは質問の仕方によって回答傾向が変わるということはよく言われている通りです。そしてスクリーニング調査では、作成者個人の感覚で書いた質問文が対象者選定に良くない影響を及ぼしてしまうことがあり、いっそうの注意を必要とします。

　本項では、私がこれまでにスクリーニング調査票のレビュー（調査用語では「審査」と言いますが）を行ってきた中で、特に気をつけたい、ついやってしまう、5つの失敗例を取り上げます。皆さんも自分にあてはまる要件がないか見直してみてください。

よくある失敗例

① ど直球な質問文

　事前調査の工程を重視していない人に多く見られるのが、質問文がど直球なケースです。例えば、「あなたはFPS（ファーストパーソン・シューティングゲーム）が好きですか？」（はい・いいえ）のような、調査対象者の条件を特定している質問です。

　上記の例では、トレンド性を強く含んだテーマであり調査意図がわかってしまう、好きかどうかの質問で対象者を判定しにかかっている、などの問題があります。興味本位の回答者も先に進めてしまう恐れがあるので良いスクリーニングとは言えません。

　もちろんこの質問形式が有効な時もあります。好意度を対象者の選定要件に織り込みたい時、カテゴリーを正しく認識しているかあえて確認する時、スクリーニングの質問数に著しい制約がある時などがあり得ますが、できれば避けたい尋ね方です。

※あくまで得られた回答データを集計して所定の希望条件に則り対象者を抽出するのがスクリーニング本来のあり方であるという立場に則っています。現実的にはアンケート実施環境における様々な制約により直球的な要素を含むこともあるでしょう。

② 不完全な質問文

　アンケート業務を始めたての人に多く見られるのが、質問文が不完全なケースです。例えば、「次のうち、あなたが気になるのは？」というような、クイズのような表現になっていて、実質的な質問内容は選択肢側を見ないと判別できない質問です。

　上記の例では、質問対象となっている物事がわからない、「気になる」とは良い意味か悪い意味かわからない、回答方法がわからないなど、憶測や不安を呼び込んでしまう表現になっています。質問の意図や解釈が不明瞭だと調査結果には影響が出ます。

　昨今のアンケート回答モニター事情からは、質問文をあまり読まずにすぐ回答をチェックしてしまう傾向もあるため、選択肢側の情報がより整っていることが重要なのは間違いないのですが、それと質問文を端折ってしまうことは別なので注意しましょう。

③ 誘導的な質問文

　企画業務が好きな人のアンケートに多く見られるのが、質問文が誘導的なケースです。例えば、「○○といえば○○ですが、あなたもそう思いますか？」というような、その時々の世論や世相、自身の関心事が質問文内に情報として足されている質問です。

　上記の例では、質問の前半部で情報を刷り込んでいるため、答えは「はい」に傾きやすくなります。また、質問の後半部では作成者がそう思っていて期待をかけているようにも捉えられます。この尋ね方はスクリーニング結果に影響を及ぼすでしょう。

　スクリーニング調査では評価や印象を尋ねるシーンが多いので、特に質問文で同調バイアスをかけないようにしなければいけません。このような誘導的な表現は口語体（親しい会話口調）の質問文を多用する癖がある人によく見られるので注意しましょう。

④ 消費や使用の主体を想定していない質問文

　アンケート作成を事務作業としてサポートしている人に見られるのが、消費や使用の主体を想定していないケースです。例えば、「あなたが購入したことがあるものをお選びください」と尋ねるものの、実際は商品の消費者や使用者が異なる場合です。

　具体的には、iPadを購入→主に配偶者（夫・妻）が使用、チョコを購入→主に子どもが喫食、というような関係性になっている場合です。もし調査の焦点が購入時点よりも使用体験

に焦点が当たっている場合は完全にミスマッチな対象者になります。

　購入者と使用者のミスマッチを防ぐには、購入経験を問う先ほどの質問文に「自身で使用しているものについてお答えください」（調査用語では「自購入・自使用」と言います）と補足するか、複数回答にして消費者・使用者を選択する設計にします。

⑤ 経験時期を特定していない質問文

　マーケティング施策を検証する案件でよく見られるのが、経験時期を特定していないケースです。例えば、「あなたが○○○○セールで購入したことがある商品をお選びください」と尋ねるものの、回答の基準となる時期の情報が不明瞭な場合です。

　上記の例では、設計者は当然のように直近のセールのことを意図していても、回答者はこれまでのセールの中でいつも買うものを思い出しているかもしれません。このように、時期や場面を特定しておかないと集まる回答の傾向が不揃いになります。

　設計者（自分）と回答者（相手）の観点を一致させるには、「これまでの経験すべて」「直近1年」「直近の利用」「○○の時点」のように、回答対象となる時期や場面を質問文で指定しましょう。以下の例文も参考にしながら見直してみてください。

- これまでの経験を総合してお答えください
- 直近1年の経験についてお答えください
- 直近の利用のことについてお答えください
- ○○の時点のことについてお答えください

選択肢の書き方

　調査票の選択肢設計において重要な概念が「MECE（ミーシー・Mutually Exclusive and Collectively Exhaustive)」（漏れなくダブりなく）です。MECEは調査会社の新人研修でも初めに教わるほど調査業界で大切に受け継がれている論理的思考法です。

　本項では、MECEの考え方を基礎に選択肢設計における4つの失敗例を取り上げます。特にスクリーニング調査として成り立つ設計は、実行者が持つ直接的な関心の外にある情報を足していく必要があるので、今一度セルフチェックしてみてください。

よくある失敗例

① ダミーの選択肢が無い

　アンケート業務を始めたての人に多く見られるのが、ダミーの選択肢が無いケースです。例えば、「閲覧経験のある飲食店サイト」を尋ねる質問で、選択肢の並びが「食べログ」「楽天ぐるなび」「ホットペッパーグルメ」のみで構成されている設計がそうです。

　もちろん主だった飲食店サイトは他にも存在するのでこの構成では選べない人が出てきますし（もしくは「その他」に集まる）、スクリーニングの観点では提示されているいずれかのサイトに焦点が当たっていることが回答者目線でも絞り込めてしまいます。

　設計時に、最終的に調査対象者となるブランドやサービスの項目のみに関心が向いていると、自分が元々知っている項目を2〜3個組合せて完成させるだけの選択肢構成になりやすいので、いま一度MECE（漏れなくダブりなく）の原則に立ち返りましょう。

② 逃げ道の選択肢が無い

　アンケート作成を体系的に学んでいない人に見られるのが、逃げ道の選択肢が無いケースです。例えば、経験内容を選ぶ質問で、「その他」「特にない（わからない・覚えていない）」「この中にあてはまるものはない」が提示されない設計がそうです。

　スクリーニング調査では回答者全員が一通り答えられるようにする原則があり、設計時に対象者を抽出することだけを念頭に置いていると逃げ道となる選択肢が無い選択肢構成になり、ある回答者にとっては行き詰って離脱してしまう状況を招いてしまいます。

　そもそもアンケートの設計において、この逃げ道となる選択肢の区別があまり意識されておらず、それゆえに項目として無かったり、使い方が適当になっているケースも多くあります。以下に違いをまとめるので、ぜひ上手く使い分けてみてください。

スクリーニング調査の実施方法

a. その他

「その他」は、提示した選択肢のほかに思い当たる項目がある回答者向けの選択肢として用意します。通常の質問で、もし「その他」を置かず選択肢も少数構成だと、回答者はありものの中から選ぶことになり、結果データが上振れしてしまう懸念があります。

b. 特にない（わからない・覚えていない）

「特にない」は、その他も含めて該当する選択肢がまったくない回答者向けの選択肢として用意します。「特にない」は複数回答では特別な選択肢となり、他の選択肢と重複選択ができない排他性を持ちます。（「その他」は内容により重複選択があり得る）

c. この中にあてはまるものはない

「この中にあてはまるものはない」は、あくまで用意した選択肢項目間の比率を知りたい時、選択肢対象の項目が多くてある程度で区切りたい時などに、（「その他」と組合わせず）単独で使用します。（※使いどころの判断には一定の経験値が必要）

③ 対象者条件を緩和できない

アンケート質問を使い回している人に見られるのが、対象者条件の緩和ができないケースです。例えば、SNSユーザーの動向を調査する目的で、自社または他社の「公式SNSアカウントをフォローしている」項目の選択者を絶対条件とする設計がそうです。

この設計の問題点は、スクリーニングで公式SNSのフォロワーが希望数に満たなかった場合、調査が企画倒れになってしまうことです。対策としては、選択肢に「閲覧している人」を入れたり、選択肢をSNSのメディアごとに分割する方法などがあります。

このほか対象者条件の緩和は、時期・頻度・金額などRFM（Recency・Frequency・Monetary）の項目を条件とする時に必要になります。スクリーニングの質問は使い回しできても、選択肢は案件特性に合わせて調節する必要があることを覚えておきましょう。

④ 最新状況を確認していない

ユーザーテストやデプスインタビューの案件で見られるのが、最新の（現在の）状況を確認していないケースです。例えば、アプリを削除した、有料会員を退会した、プランが変わったなどの状況が、インタビューの当日になってわかる状況がそうです。

スクリーニングで利用経験のみを尋ねて「ユーザー」と判定していると、思わぬ形でインタビューの場で修正を迫られます。アプリやプランの最新状況は選択肢を提示して確認しましょう（調査用語では「現在使用・現在所有」という概念に当たります）。

スクリーニング調査というと特別な行動条件を満たすユーザーを抽出するイメージが強くありますが、実は調査会社でもシンプルに「最新のステータスを確認する」ことを大きな目的としています。自社パネルで運用する場合もこの方針に倣いましょう。

ロジックの設定

　アンケート画面の表示や操作を回答者の状況に合わせて制御する機能を「ロジック」と言います。よくあるロジックの例には、前問の回答内容に応じて質問を出し分ける「回答者指定」や、特にないを単一で選ばせる「排他」があります。

　スクリーニングの観点で重要なのは、スクリーニング調査の原則の通り調査意図を推測されないようにするため効果的に用いること、全員が最後まで回答できる設計を基本としつつもその負荷を適切に下げるために用いることに尽きます。

よくある失敗例

① 選択肢の表示順序の影響を受けてしまう

　複数回答の質問では、回答者本人の関心項目や調査対象物への評価理由を尋ねるケースが多くあります。こうした質問では選択肢数が必然的に多くなり、残念ながら上部に表示される選択肢番号が若い項目（1〜4など）が選択されやすい傾向があります。

　これを予防するのが選択肢を回答者ごとに不規則に表示する「選択肢のランダム表示」（ランダマイズ機能）です。ウェブアンケートツールでは標準実装されていることが多いので、適切に使用しましょう（その他・特にないには設定しないよう注意）。

　ただし、選択肢の中でもグループの並びが存在する場合（たとえば雑誌タイトルにおける大ジャンルなど）、その並びを崩すと一気に可読性が落ちてしまうことがあります。その場合はグループごとのくくりで制御するか、難しい場合は設定しません。

② 回答者指定を設定せずに回答ボリュームが多くなる

　スクリーニング調査には、調査意図を推測されないよう回答者全員が一通り答えられるようにする原則はあるものの、回答負荷には十分に気をつけなくてはいけません。選択肢で提示する調査項目すべてとの関わり方を回答させるのはかなり酷です。

　例えば、自社と競合の併用ユーザーを抽出する調査目的があると、複数のブランドについて様々な観点から関わり方を尋ねる設計になりますが、ダミーの選択肢はあくまでダミーなので、ある程度関わりのあるブランドを中心に回答してもらいます。

　ここで使うロジックが、前問の回答内容に応じて質問を出し分ける「回答者指定」機能（セ

スクリーニング調査の実施方法　　135

レクト）です。回答対象とするブランドを主利用ブランドやベンチマーク、あるいは上限3つまでにするなどの措置を取れば後続の質問の負荷を低減できます。

③ 画面分岐が多すぎる・少なすぎる

アンケート画面を進行に応じて分割する「画面分岐」機能も、重要なロジック設定の1つです（ウェブアンケートツール上は「改ページ」機能という名称であることもあります）。画面分岐は多すぎても少なすぎても不都合があります。

画面分岐が多すぎる場合、ページ送りの分だけ単純に回答負荷が上がります。同一のトピックについての質問は1ページにまとめましょう。また、回答者指定のロジックを多用すると画面分岐が増える原因になるので注意してください。

画面分岐が少なすぎる場合、スクリーニング調査においては調査意図を推測されやすくなります。画面スクロールをすれば先の質問が見えている状態なので、本番の調査でどのような対象者を希望しているか目的が読めてしまいます。

最近ではアンケート調査に慣れているスタッフがあえて分岐を入れずにスマートなウェブ画面を作成しているケースもありますが、回答者に親切にしすぎてスクリーニングの原則を見失ってしまうのは本末転倒なので注意しましょう。

もちろんスクリーニング調査では5問前後で構成するのが普通なので、本調査ほど強く画面分岐の影響を受ける事態にはならないのですが、画面分岐は基本的なロジック設定だけにスクリーニング調査時点から意識しておくと良いです。

アンケートタイトルの書き方

アンケートのタイトルは、調査票の仮題がそのまま反映されたりと、要は「なんとなく」付いているケースが多いのですが、特にスクリーニング調査では回答者との最初の接点情報となるため、タイトルはとても重要な役割を担っています。

調査意図を推測させないスクリーニングの原則からは調査内容をぼかしたタイトルが有効であり、調査会社が運営するアンケートではよくこの手法が取られています。しかしこのやり方は回答者が豊富にいるからできる方法でもあります。

本項では、自社で調査運用をしていてインタビューの募集を兼ねてアンケートを実施するシーンも考慮して、目的や条件ごとに最適なアンケートタイトルの名付け方を説明します。※実際にはケースバイケースであることをご了承ください。

よくある失敗例

① 厳密な対象者抽出のためのアンケート→生活に関する〜と記載する

　調査意図を推測させないスクリーニングの原則に則り、調査会社ではアンケートタイトルで本調査の対象者条件が推測されないよう、「生活に関するアンケート」「あなた自身についてのアンケート」のような抽象度を上げたタイトルで案内しています。

　この方法は自社パネルで行う時も有効であり、厳密な対象者選定を行いたい時は「ライフスタイルに関するアンケート」のような表記にしておけば適用範囲を広く保てます。ただし毎回この表記だと、回答者も自社も案件の見分けがつかなくなります。

② 対象者をある程度特定したアンケート→カテゴリー名称を記載する

　テーマアンケートで対象者をある程度特定する場合、アンケートタイトルはカテゴリーレベルで記載します。ここで言うカテゴリーとは商品ジャンルや社会トレンドなどを指します。テーマを具体的に記載することで、開封率・回答率ともに上がります。

　本項の中では最も万能な表現であり、意図したユーザーに協力を呼びかけつつ、詳細な条件までは推測できない、バランスの取れたタイトルになります。自社で行うにせよ調査会社に発注するにせよ、スクリーニング調査では慣れておきたい書き方です。

③ 特定商品・特定機能を扱うアンケート→商品名・機能名を記載する

　自社のパネルで行うスクリーニングで、ピンポイントで特定商品・特定機能のことを尋ねる内容の時は、それ以上でも以下でもないので商品名や機能名をそのまま記載する直球タイトルでOKです。詳細を隠していても結局は離脱してしまいます。

　アプリプロダクトのユーザーリサーチでは、アンケート告知の掲出場所もメルマガやSNSだけでなく、該当する機能や情報の真横や直下に配置するなどの工夫が取られています。例えば、問合せ機能や新機能の箇所で見かけることがあります。

④ 非利用者も分析対象とするアンケート→告知文でフォロー記載する

　アンケートは基本的に利用者（テーマについて回答できる経験値を持っている人）に対して実施することが多いですが、非利用者を含めた分析を計画している場合は告知文の中でノンユーザーも回答できる質問項目がある旨をフォローで記載します。

　アンケートタイトルは基本的に利用者を前提とする表現のものが多いため、例えば、「このアンケートはサービスを利用したことがない方も対象にしております。ぜひ皆様からの声をお聞かせください」というような案内文を入れるとよいでしょう。

※非経験者・非達成者を含めたい時も同じ要領です。

スクリーニング調査の実施方法　137

このほか、スタートアップのユーザーリサーチでは、そのまま「○○（プロダクト名称）に関するアンケート」という案内もよく見かけます。これは内容が総合調査であることと、スクリーニングというほどの選定意図は持っていないためでしょう。

最後にスクリーニング調査票のチェックリストを紹介します。本表を利用して漏れがないか確認するようにしましょう。

スクリーニング調査票のチェックリスト

No.	タスク	確認事項	作成者	確認者
1	質問文作成	質問意図と質問タイプが一致しているか？	☐	☐
		質問文で対象者を推測させていないか？	☐	☐
		質問文だけでも質問の意味が通じるか？	☐	☐
		質問が誘導する表現になっていないか？	☐	☐
		消費や使用の主体を確認しているか？	☐	☐
		経験は範囲や時期を特定しているか？	☐	☐
2	選択肢作成	ダミーの選択肢を設定しているか？	☐	☐
		逃げ道の選択肢は用意しているか？	☐	☐
		抽出条件を緩和する余地はあるか？	☐	☐
		最新ステータスを把握しているか？	☐	☐
3	ロジック設定	選択肢のランダム表示を設定しているか？	☐	☐
		回答者指定を正しく設定しているか？	☐	☐
		画面分岐を適切に設定しているか？	☐	☐
4	アンケート タイトル作成	アンケートタイトルは適切か？	☐	☐

第
4
章

実査

本章では、ユーザーリサーチを行う時の代表的な調査手法（全20点）を紹介します。インタビュー・アンケートはもちろん、プロダクト運営と結びつきが深いユーザーフィードバック・VOCなど、組織全体で実施機会が多い手法も収録しています。それぞれの手法の長所・短所を参照して、組織と自身に合った調査方法を身に付けましょう。

第4章　実査

01 インタビュー調査

　　インタビュー調査とは、対面またはオンラインでヒアリングを行う定性調査です。インタビューの手法には、1対1で話を聴くデプスインタビュー、1度に4名程度の複数人から話を聴くグループインタビュー、そして組織の会員や顧客などを独自に集めて情報交換・意見交換を行う座談会があります。

　　近年ではZoomやMeetを使ったオンラインインタビューの普及が進んでいます。オンライン形式は時間や場所の制約が軽減されるので、対象者が広がるメリットがあります。一方、進行が単調にならないようにする工夫や、相手の性格や反応を読み取る技術（不機嫌そうに見えて実際には緊張しているだけなど）が求められます。

　　インタビュー調査の実施期間は1ヵ月〜1.5ヵ月程度です。報告・納品までの期間が長いのは、シンプルに対象者のリクルーティング（条件設定・日程調整・順番や組合せ）に時間がかかることと、セッション数（人数）が多いとその分情報をまとめる労力がかかることが要因です。これらの要件がクリアな場合は期間はもっと早まります。

　　インタビュー調査の実施費用は、調査会社に発注する場合、実査費として90万円〜120万円程度を想定しておきましょう（中規模な事業会社での発注ボリュームゾーン）。もちろん、対象者のリクルーティング難度・実施セッション数・報告書の作成等により費用は変わります。内製で実施できれば回答謝礼・仲介謝礼以外の費用はかかりません。

※内製時のリクルーティングサービスでは、株式会社プロダクトフォースが運営している「ユニーリサーチ」が、リクルーティングの精度、モニターの協力姿勢、コストパフォーマンスなどの面で、リサーチャー間で定評があります。（https://unii-research.com/business/）

特長

① 対象顧客の体験や意見を深堀りできる

インタビューでは一人一人の生活や人生に焦点を当てながら話を聴くため、具体的な商品の使い方やそれに紐づく体験談、物事の判断基準となっている背景を深掘りすることができます。そのため、企画・運営のアイデア出しや仮説探索の用途に向きます。

② ターゲットに共通する価値観がわかる

同じテーマでインタビューの人数を（セッション数）を重ねていくと、ターゲットに共通するテーマに対する価値観がわかってくるようになります。そのような絶対に外してはいけない価値観・ポリシーは事業コンセプトを考えるうえで大いに役立ちます。

③ 質問に対する生の反応を見聞きできる

インタビュー調査では相手と対面しているので、質問に対する生の反応を見聞きすることができます。回答時に出てくる言葉や態度を通じて、好き・嫌い、賛成・反対の度合いを強く実感したり、時には企業側にすれば予想外の反応が出ることもあります。

④ ユーザーの姿を関係者で同時に見れる

インタビュー中の様子は、インタビュールームやオンライン上で関係者も見ることができます。これを時限性のあるイベントに見立ててその場に役職者やパートナー企業が集うと、テーマについてのユーザー理解が一気に進む効果を得ることができます。

①〜④を通じて、インタビューは仮説の発見や仮説同士を連結をする使い方に向くことがよくわかります。

第4章

実査

インタビュー調査　　141

難点

① 情報量が参加者の経験値に左右される

インタビューは参加者がもたらす情報によって有益なインプットが得られる反面、その情報量は参加者の経験値に左右され、テーマについて意見できる立場・経験を相手が十分に有していないと、実りの無い会話を1時間して終わり、という事態に陥ります。

② 実施まで（日程調整）に時間がかかる

インタビューは実施までに相応の時間がかかります。これは、希望条件に合致する候補者を選ぶ条件面と面会日時を物理的に調整する日程面によるものです。機縁を頼って行う場合は早期決着もありますが、調査会社経由だと正確な分だけ時間を要します。

③ 調査サービスの中では実施費用が高額

一定規模のインタビュー調査を調査会社に発注する場合、下限で90万円程度は見込む必要があります。これは調査サービスの中でも高額なサービス単価の部類に当たります。そのうえ、成果物は参加者の発言録と当日次第の情報量であるため、業務成果を上げるにはリスキーな面があります。

④ 数字文化の組織では重視されない傾向

インタビュー調査の成果物は発言録であり、かつ、サンプル数も4〜8名くらいが標準なので、結果は少数サンプルの定性情報となります。数字で意思決定する文化が強い組織だと、最終的に数字の話になってインタビュー情報を活用できない懸念があります。

①〜④を通じて、インタビューから得られる情報量には不確実性があるため、組織によって、また、実施した回によっても成果が定まりにくいリスクがよくわかります。

インタビュー調査の代表的な手法

① デプスインタビュー

　デプスインタビューは、一人一人のユーザーにプロダクトの利用方法や改善意見をじっくりとヒアリングをする調査方法です（1on1インタビューとも言われます）。

　対面またはオンラインで実施し、1つの調査テーマにあたり4名〜8名程度行うのが通例です（回答傾向を安定的に分析できる人数は5名程度からと言われています）。

用例
- プロダクト内外での購買・利用体験の把握
- ターゲットユーザーの生活スタイルの把握
- 特定のテーマに対する意見・価値観の把握
- コンセプトテスト

特長
- ユーザーの生活情報からターゲット層への理解を深めることができる
- ペルソナやカスタマージャーニーのベースとなるユーザーと出会える
- 組織のメンバーが、インタビュアーとして、オブザーバーとして、ユーザーと触れ合う機会になる
- ブリーフィング（事前や事後の打合せ）の時間を通じて、プロジェクトメンバー間でのユーザー理解が短期間のうちに深まる

難点
- 1人あたり60分程度の時間をかけて行うため、全体でかなりの時間を必要とする
- 急いで実施すると分析や報告などの後工程が手薄になる

② グループインタビュー

　グループインタビューは、1度に4名程度のユーザーを招いてテーマについてディスカッションする調査方法です。

　インタビュールームを借りて対面で実施し、同一テーマについて2グループ程度（合計8名程度）行うのが通例です。グループは性別や利用ステータス（ユーザー・ノンユーザーなど）

第4章

実査

インタビュー調査　143

で分類することが多く、グループ間の意見や評価を対比させて考察を深める観点からも複数回のセッションを行うことが望ましいです。

用例
- 商品開発
- 企画立案
- パッケージテスト
- 広告テスト

特長
- 一人一人の発言が相互に作用することによって1テーマに対して多面的な考え方を引き出すことができる（グループ・ダイナミクス）
- 定性調査の中でアンケート形式による評価質問法を実施しやすい（デプスインタビューだと実施し忘れたり、評価基準が揃わなかったりするリスクが高い）
- 情報量があるためデブリーフィング（終了後の振り返り）が活性化されやすい

難点
- 複数名の参加者の予定を合わせるため、単純に場をセッティングする大変さがある（1人の参加者のドタキャンが与える影響が大きい）
- 参加者の性格やグループの傾向に合わせた進行を求められるため、当日の進行を司るモデレーターの技能負荷が高い
- オンラインでの開催にはあまり向かない（気軽に発言しにくい、表情を読み取りにくい、一体感を得にくいなどの理由から）

③ 座談会
　座談会の概要はグループインタビューと同じです。強いて違いを挙げるなら、座談会は自社ユーザーを対象にした1つのイベントとして実施される傾向があり、有料会員やコミュニティに登録しているポジティブなユーザーが参加者となることが多いです。

用例
- 新企画についての意見交換（トレンド探索、特集企画会議）
- 記念イベントのコンテンツとしての開催（周年記念ユーザーイベントなど）

特長

- ヘビーユーザー同士による意見の創発が起きる（高度なアイデア、具体的な要求・要望）
- 自社プロダクトの独自の活用法を余すことなく聞ける（コアユーザーがどこまでついてきてくれるのかその閾値がわかる）
- ユーザーコミュニケーション施策として満足度の高い評価を得られやすい（ファンユーザーも自分の好きなことについて話したいと思っている、運営スタッフに業界のことやサービスのフィードバックを伝えたいと思っている）
- イベントの一環として実施する場合は、ファンユーザー・運営スタッフが揃って、成長の歩みを全員で分かち合う一体感を得る記念行事になる

難点

- 複数のテーブルに分かれて進行する場合、4名以上になると話す量に個人差が生じて仕切りが難しくなる
- アイデアからの意思決定する時は、気をつけていないとニッチなニーズを満たす方向性に向かいやすい
- 総じて、ある程度ブランドが形成された後に実施した方が活動に歪みが出ない

第4章

実査

第4章　実査

02 UI/UX調査

　UI/UX調査は、ユーザーの利用実態や利用環境を検証するインタビュースタイル（あるいはヒューリスティックな形式）の観察調査です。UI/UX調査の手法には、タスクと呼ばれる機能や仕様の検証事項に沿ってユーザーの行動を観察するユーザビリティテスト、テスト事項をナビゲートしながら質問を進めるコンシェルジュ型インタビュー、UI/UXの専門家にアプリ・ウェブの状態や出来を診断評価してもらうエキスパートレビューなどがあります。

　UI/UX調査の実施期間は1ヵ月程度です。リニューアル・刷新を前提にしてサイトやアプリの状況を数ヶ月かけて総合点検する中長期プロジェクトも存在しますが、基本的には短期間で細かくテーマを変えて検証と改善を積み上げていくスタイルがベーシックになっています（その他、開発手法などによってはもっと早まります）。

　インタビュースタイルのUI/UX調査の実施費用は、支援会社（UXデザイン・UXリサーチの支援会社）に発注する場合、人件費報酬として60万円〜90万円程度を想定しておくとよいでしょう（年間プロジェクトの月額人件費報酬相場）。もちろん、対応人員数（通常は1〜2名）、職能レベル（実査以上の伴走をどこまで望むか）、スクリーニング調査（パネルの保有元がどこか）によって変わります。

※本書の構成上、デプスインタビューを別項で解説していますが、もちろんUI/UX調査としてデプスインタビューを行うこともあり、この時にはユースケース調査がメインになります。

特長

① 特定の場所や場面への反応を見られる

　UI/UX調査は、サイト・アプリの実機画面もしくはワイヤーフレーム・ビジュアルモックなどのプロトタイプを検証用素材として用います。調査対象物（質問範囲）がかなり特定されているため、利用のステップごとにフォーカスする形で、特定の場所や場面に対する相手の反応を見ることができます。

② 具体的な改善や提案に結びつきやすい

　UI/UX調査では調査対象物を特定して実行計画を立てるため、ヒアリング結果をもとに具体的な改善や提案に結びつけやすいメリットがあります。これがアンケート調査や普通の1on1インタビューだと記憶回答を主として進めるため、なかなか画面操作や画面遷移レベルの意見を聞くのは困難です。

③ 企画〜報告までの実施サイクルが早い

　UI/UX調査は制作業務や開発業務を母体とする大元のプロジェクトと一体となった運営を基本としており、リサーチ担当者はある程度伴走スタイルで関わるので（優先的に稼働をコミットしているため）、特にアジャイル体制下では企画〜報告までの調査実施サイクルが非常に早いことが特長です。

④ 支援会社側のIT技術リテラシーが高い

　UI/UX調査の調査領域はウェブがメインであることから、支援会社に在籍するUXリサーチャーのITリテラシーは高く、検証対象となるアプリや主機能の技術や仕様についての理解が深いです。従来型の調査会社に依頼すると、この辺の知識不足で実査中の話題展開が浅くなる傾向があります。

　①〜④を通じて、UI/UX調査はサービスの改善提案・施策や機能の精度向上に向くことがよくわかります。

難点

① 明確な課題設定が無いと良さが出ない

　UI/UX調査では、サイトやアプリの表示面であるキャンペーンLP・決済フロー・広告バナーなどにおける明確な課題設定できていないと良さが出ません。漠然とユーザーニーズを探る始まり方をすると、最悪は「情報が浅いうえに少数サンプルの結果報告」という業務評価に終わります。

② 現物や計画のサンプル提示準備が要る

　UI/UX調査の実査はサイトやアプリの画面共有や実機操作を元に進行します。そのため、LP・バナー・各種機能などのサンプル（現物・計画）の用意が必須となります。自身がデザ

UI/UX調査　147

イナーでない場合は特に制作・開発の担当者と連携して、提示物が完成するタイミングを調整する必要があります。

③ 複数回の実査計画は相応の時間が必要

UI/UX調査では1テーマにつき4〜8名程度の対象者にインタビューを行います。1名あたり60分程度の所要時間だとすると、実査期間中は相応の稼働確保が必要になります。また、事後も発言をまとめたりワークショップなどで分析を充実させる場合にはさらに時間を確保していないといけません。

④ 連続的に対応する担当体制が望まれる

マーケティングリサーチ型のインタビューがスポットで行われることが多いのに対して、UI/UX調査は連続的な改善活動を志向しています。そのため、リサーチの担当者も1か月などのサイクルで企画・運用する担当体制が望まれます。これを実現するには組織編成や目標管理がセットで必要です。

①〜④を通じて、UI/UX調査は明確な目的意識を持ってプロジェクトオーナーと二人三脚で準備を進めていくことがカギであることがよくわかります。

UI/UX調査の代表的な手法

① ユーザビリティテスト

ユーザビリティテストは、ターゲットユーザーにタスクと呼ばれるプロダクト上での目的を持った行動（○○を購入してもらう、○○を予約してもらうなど）を実行してもらい、その進行状況や完了有無をモニタリングする調査方法です。

ユーザーのプロダクト内での選択行動にあたり情報量や操作性が適正かどうかを見極めることを調査目的として、具体的には以下に挙げるような要素を検証します。

- 説明文やバナーなどの情報認知
- 文字サイズ・画像サイズなどの視認性
- 画面タップやボタンクリックのスムーズさ
- 検索機能の使用状況、検索キーワード

実査の進行にあたっては、ユーザーが操作する際に考えていることを言葉に出してもらう「思考発話法」（「○○があります」「○○って何だろう」「○○をしてみます」「○○でした」などの発話）の形式を取ることが大きな特徴です。

　テスト実施後には通常のインタビューと同様に、テスト時に取った行動を振り返ってもらう時間を取り、実際の操作や行動に至った理由、希望する商品を選んだ理由などを尋ねます（この工程は「回顧プロービング」と言います）。

用例
- キャンペーンページのテスト（クリエイティブ、訴求情報、メルマガなど）
- 商品ページ・記事ページのテスト（商品情報、価格情報、レビューなど）
- 購入フローのテスト（カート機能、決済システム、クーポン利用など）
- 広告ページのテスト（レコメンド機能、広告内容、掲出枠など）
- 会員機能のテスト（会員登録、お気に入り、特典、履歴など）
- アプリ機能のテスト（検索、タブのメニューなど）

特長
- UIに関する特定課題の原因究明と対策立案を進めることができる（継続的な改善活動のベースとなり、アジャイル開発の手法と相性が良い）
- ターゲットユーザーの実際の行動を元に対応を考える機会になる（解決策を上長やユーザーに求めるのではなく自分で考えるアプローチ）

難点
- 調査結果がユーザーの発言や行動を文字情報で羅列したハイカロリーなものになりやすい（マトリクスや図解、フレームワークを駆使したい）
- 調査結果を論理的にまとめる分析・報告スキルが求められる（報告書の構成が「問題・原因・提案」の流れになっていると読みやすくなる）
- 調査結果は個々のUIや機能を担当していないと興味を持たれづらく、リサーチ業務の中でも特に業務成果が狭小なものとしてみなされやすい

② コンシェルジュ型インタビュー
　コンシェルジュ型インタビューは、テスト事項となる現行の施策や機能及び新案のコンセプト文について、インタビュアーが情報提供を行ったり質疑応答に対応しながら利用意向を明らかにするコンセプトテストタイプの調査方法です。

通常のコンセプトテストとの違いとして、アイデアに対する評価とその理由を尋ねるだけでなく、インタビュアーの説明（※ファクトベース）を介して利用イメージの解像度を上げ、内容理解を形成したうえで態度変容を分析します。

※実施や分析の詳細なイメージは、「コンセプトテスト」（アイデア探索のアウトプット）の項をご参照ください。

用例
- サービス企画への利用意向の把握（現行・新案）
- 会員施策への利用意向の把握（現行・新案）
- 便利機能への利用意向の把握（現行・新案）

特長
- アイデアのウリ部分を丁寧に説明できる（ユーザビリティテストだとインタビュアーは介入できない、振り返りでは聴く時間が足りない）
- アイデアをプロダクトベースで検証できる（デプスインタビューだと提示する訴求内容の抽象度が高くてどうとでも回答できてしまう）

難点
- インタビュアーには深いドメイン知識が求められる（一時的な学習で良いが、ビジネスカテゴリーにもアプリの機能や仕様にも詳しくなっている必要がある）
- コンシェルジュ型での進行にあたり高いモデレーション技能を必要とする（相手の認知レベルに合わせた説明能力や、誘導や刷り込みをしないマインドが必要）
- テスト事項については事前におおよその仕様が確定している必要がある（施策や機能の利用方法や制約事項など）

③ エキスパートレビュー

　エキスパートレビューは、UI/UXの専門家が情報量や操作性の観点から所定の評価項目に沿ってアプリ・ウェブのユーザビリティを評価する調査方法です（このような専門家自身の経験や知識に基づき評価の判断を行う調査方式をヒューリスティック調査と言います）。

　評価項目はサービスドメイン（○○アプリ・○○SaaSのような括り）に応じてカスタマイズされ、特定の表示・機能・導線を改善するプロジェクトの序盤で行います。調査範囲は自社プロダクトはもちろん、比較対象として競合プロダクトも含むことが多いです。

用例

- 表示速度の評価
- 情報構造の評価
- 基本ナビゲーションの評価
- 情報量・情報品質の評価
- 誘導力・訴求力の評価
- 購入・利用のスムーズさの評価
- ヘルプやカスタマーサポート連携・充実の評価
- デバイスを超えたデザインの一貫性の評価

特長

- 業界標準や競合環境の中で適切な仕様を知る機会になる
  - a. 業界（サービスドメイン）のトレンド・慣例となる機能
  - b. ウェブアクセシビリティなど専門団体が定める推奨規格
  - c. 自社のデザインガイドラインの一貫性（デザイン原則・トンマナなど）
- コンサルティングを含む指摘の中で品質向上の改善につながりやすい
- 前後のページのつながりを意識して改善に至れる
- 過去からの技術負債を見直す機会になる
- カスタマージャーニー作成時のフェーズ（ユーザーの利用段階）の定義に役立つ

難点

- 評価観点に現場スタッフにとっての必然性や納得感がないと廃れていく（評価観点とページのKPIとの同期が取れていることが望ましい）
- 開発方針が決まっているなど、指摘を改善に活かしきれないこともある（スポットで改善する箇所と大規模に刷新するところと分ける）

第**4**章　実査

03 アンケート調査

　アンケート調査とは、アンケートフォームに記入回答してもらう定量調査であり、本項ではインターネット上で配信・回収するウェブアンケートを念頭に解説します。アンケートの手法には、消費者・生活者に向けて行うアンケート（主に調査会社を通じて実施）、自社ユーザーに向けて行うアンケート（主にツールを使って自社で実施）などがあります。

　本項ではこれに加えて、MROC/チャットアンケートと呼ばれる掲示板コミュニティタイプのアンケートプラットフォームや、プロダクト内で継続的に改善評価を募る「ユーザーフィードバック」も同じアンケートタイプの手法として解説します。

　アンケート調査の実施期間は3週間〜1ヵ月程度です。イメージ的にはもっと短期で進行する気がしますが、質問内容・発信内容に確認事項が多いことや、実査・集計などの工程別に担当者が入れ替わることが多く、通常はそれなりの時間を要します。

　アンケート調査の実施費用は、調査会社に発注する場合、実査費として60万円〜80万円程度を想定しておくとよいでしょう（中規模な事業会社での発注ボリュームゾーン）。もちろん、対象者抽出のためのスクリーニング規模、集計発注、分析発注等によりさらに金額が上がることもありますし、発注量によってはもっと割安に実施できることもあります。

特長

① 意識や行動を数値により可視化できる

　アンケート結果は定量的に集計されるため、数値データで人の意識や行動を可視化することができます。特に、過去の経験・現在の状況・未来の意向のように、時空を超えた問いの設計により消費や生活のトレンドを分析することができるのはアンケートならではの特徴です。

② 事業成果の検証指標として運用できる

　アンケートの代表的なテーマには、満足度調査・コンセプト調査・広告効果測定などがあり、いずれも事業成果の検証指標として運用することができます。特に顧客ロイヤルティを

測るスコアであるNPS（Net Promoter Score）はアンケートを用いた経営指標の代表格です。

③ 設計や進行面で一定の共通理解がある

　アンケートの場合、質問を作成して配信するという進行の流れや、質問は選択回答や自由回答を使って組み立てるという設計の方法が、ある程度一般的に理解されています。そのため他の調査手法よりも業務フォーマットが整いやすく、リサーチ活動を早く動き出せます。

④ 結果が関係者に参照・引用されやすい

　アンケート調査の基本成果物は、数表データ・グラフデータ・自由回答リストなどから成り、それらをまとめた分析レポートを含め、調査結果が関係者に参照・引用されやすい傾向があります。調査業務を通じてビジネスに貢献していくことを意識する際にこれは重要な観点です。

　①〜④を通じて、数ある調査手法の中でもアンケートはスタンダードな調査として取り組めるメリットがよくわかります。

難点

① 複合的な対象者条件は回収に難儀する

　アンケートの配信対象者は、性別・年代のような基本属性に留まらない複合的な希望条件を設定するほど回収は難しくなります。自社で内製対応する場合は会員構成に準じた回答者属性の偏りが発生したり、調査会社に発注できる場合も費用は高騰します。

② 知見が無いとミスリードを招きやすい

　アンケート調査は誰でも気軽に始められる一方、知見が無いとすぐにミスリードを招きます。質問の設定ミスから誤ったデータを回収したり、結果の読み込み方が甘くて偏った考察コメントを残してしまうと、数字データを主とする報告物では致命的です。

③ 企画〜運用に一定の対応負荷がかかる

　アンケートは関係者間で質問作成を調整していく企画段階からメールでの配信手続きを取る運用段階まで、担当者には一定の対応負荷がかかります。これは外部への業務委託時にも言えることで、確認事項が連続するため手離れのいい業務ではありません。

アンケート調査　　153

④ 結果データが取りっ放しになりやすい

調査結果は何らかの形で依頼主や関係者に報告共有されるものですが、結果データが取りっ放しになりやすい現実もあります。組織内で意欲的に参照・活用されデータが企画・提案の場に出てくるのが理想ですが、縦割り文化だとすぐお蔵入りになります。

①〜④を通じて、アンケートは始めやすい反面、確認・判断事項が非常に多く、実施するからには深く関与する意欲や体制が無いと失敗しやすいリスクがよくわかります。

アンケート調査の代表的な手法

① ユーザーアンケート

ユーザーアンケートは、任意のテーマについてアンケートフォームでユーザーに回答を募り、質問項目ごとの回答傾向を分析する調査方法です。分析では全体傾向をそのまま参照する方法のほか、分析軸ごとに平均や分布を参照するクロス集計の方法も一般的に行われています。

分析や公表を意識した用途においては、BtoCでは400〜800程度の回答者数を、BtoBでは200〜400程度の回答者数を、それぞれ当面のラインとして考えるのが通例です。

用例
- キャンペーン効果測定
- ユーザープロファイル調査
- 満足度調査
- コンセプトテスト調査

特長
- 調査データを生成的に企画できる
- 仮説や方針を量的に検証できる
- 結果データをコンテンツ化して公表しやすい（営業資料、会社概要、販促系刊行物、調査リリース、講演資料、記事コンテンツなど）
- 自身の回答体験がそのまま業務知識になるため誰もが気軽に取り組みやすい
- 高機能なセルフアンケートツールが多数提供されている（無料でも使用できる）
- 自社の会員アセットをモニター（協力者）制度として有効活用することができる

難点

- 回答品質を高めるにはロジカルな調査票設計スキルが求められる
- ステークホルダーが多い場合には質問項目の調整で時間がかかる
- 調査結果データは意識的に管理をしないとバラバラになりやすい

② MROC

　MROC（Marketing Research Online Community）は、自社または他社が管理する会員組織コミュニティの掲示板を通じて回答を募集する調査方法です。調査会社がリサーチサービスのメニューとして提供しているほか、最近では大手メーカーがオウンドメディア内のコミュニティ施策として運営するケースも増えています。

　これとよく似たアンケート手法として、リアルタイムで質問と回答（投票）を繰り返して成果物を生成する「チャットアンケート」も海外では普及しています（テーマの下に集めた集団に対してではなく個別のモニターに対してチャットタイプのリサーチを行う場合は、インタビューの手法に括られることもあります）

用例

- お題テーマへの意見募集（季節催事や自社商品のことについて）
- 改善要望の掲示板
- パッケージテスト
- ファンユーザーを招いたオープンイノベーション型の商品開発プロジェクト

特長

- 実施形式は定量調査（質問形式は選択回答・自由回答とも可能、調査会社のサービスでは実査中にリアルタイム集計される）でありつつ、成果物の特性は定性調査という二面性を持つ
- 調査会社のメニューなら1時間程度で、主催コミュニティなら数日間で、いずれも短時間に一定量の情報を集めることができ、実査の実行がそのまま成果物になるスピーディーな運用形式
- 急いで情報収集や受容性を検証をしたい時に合う（ポジネガ判定など）
- 熱狂的なファンユーザーを持つ企業のオウンドメディアでは商品開発や改善活動で成果が上がっている（ユーザーコミュニケーション施策の一面がある）

第4章

実査

アンケート調査　155

難点

- モニターは匿名性の高い状態で即回答を行うため、表面的で浅い回答内容が集まりやすい（自由回答形式で「特にない」率が低いとしても、結局は精度が低い）
- 回答数は全体で100〜200程度のこともあり、調査結果を統計的なファクトとして活かしづらい（最悪は定量と定性の悪いとこ取りになる）
- チャットタイプのリサーチで質問内容を構造化して深掘りする場合、ディスカッションガイド（調査票）の作成と進行にはかなりの技量が要求される（見た感じほど平易な運用ではない）

③ ユーザーフィードバック

　ユーザーフィードバックは、ユーザーのプロダクト利用中に任意の箇所でアンケートを提示して、ページが役に立ったかどうかや主機能の満足度などについて、ごく簡単な評価を求める調査方法です。

　アンケートを動的に生成する場合、トリガーとなるユーザーのアクションに対してポップアップダイアログやメッセージウインドウを表示して、調査対象となるページを開いたまま回答を求めます。

※アンケートの表示方法は上記のようなマーケティングツールを使用する方法のほか、ページの標準機能としてサイトに組み込みで実装する場合や、テキストリンクからあらかじめ作成しておいた外部のアンケートフォームに遷移させる方法（Google フォームのリンク等）があります。

用例

- コンテンツページ（記事・動画）への評価
- メルマガへの評価
- 広告への評価
- FAQ ページへの評価

特長

- プロダクト上のアクションと同期を取って質問をピンポイントで尋ねるため、調査項目についての回答精度が高い（あらためてのアンケートを行うよりもユーザーの回答協力を引き出しやすい）
- 定常的に主機能への評価データを取りためることができる
- ユーザーフィードバックを設置する箇所は、マーケティング・制作・開発の交点となっていることが多く、プロダクト運営組織全体でリサーチへの理解が深まりやすい

難点

- ユーザーアンケートと比べると回答者の回答環境までは制御できない（矛盾回答も出やすい、おおよその傾向として参照するイメージ）
- 提示する質問数に制限がある（基本は1問きりのアンケートで、続きがある場合は外部のアンケートフォームに誘導する体験設計を作る）
- 提示する選択肢数に制限がある（ボタンの押下数・押下率を取得する仕様であることも多く、複数回答質問では選択肢の項目数を3つ以上提示するのに向いていないなど）

第4章 実査

04 購買データ・行動データ分析

　購買データ・行動データ分析は、売上・ログ等の基幹データを分析するデータアナリティクス型の調査です。プロダクトを運営する組織では、SFA（セールスフォースなど）やGA（Googleアナリティクス）のツールがよく使われています。購買データ・行動データ分析の手法には、SFA/POSデータ分析、アクセス解析、A/Bテストがあります。

　購買データ・行動データの分析に要する期間はおおよそ1週間程度です。実績データを定期モニタリングしやすい形で管理運用するダッシュボードが整備されていればデータを出力するだけで済みますが、分析軸をはじめとするデータの設計が未整備だとそこからの作業になるため、新しいデータを企画する時にはそれなりの時間を要します。

　購買データ・行動データ分析の実施費用は自社のデータベース分析なので発生しません。その代わり、ツールを使用するには権限設定の関係でアカウント付与が認められず、社員でもアクセスできないという立場の人もいるかもしれません。この場合はシステム部門の担当者と関係を築いていきましょう。

特長

① 事業活動全体の基本的な検証指標となる

　購買データでは取り扱っている商品やサービスの売上トレンドを、行動データではページ単位で遷移率や離脱率を把握することができます。これらの数値は事業活動全体の基本的な検証指標であり、ユーザーリサーチにおいても企画や仮説のベースとなるインプット情報になります。

② ターゲットユーザーの購買傾向がわかる

　購買データ・行動データでは、ターゲットユーザーごとの購買傾向（利用行動）がわかります。属性別の購入商品情報、会員別の販促利用状況などの情報がわかると、顧客の予算や適正な物量の見当がつき、アンケート調査で特定品目を優先的に検証する時の仮説出しにも使えます。

③ オンボーディングシナリオを確立できる

　購買データ・行動データを掛け合わせて分析を行うと、ユーザーの初回訪問から定着利用に至るまでのパターンを割り出すことができます。パターン分析により訪問回数あるいは経過日数ごとの施策効率が上がり、初期の定着を目的とするオンボーディングシナリオを確立できます。

④ 長期的な観点のトレンド分析精度が高い

　購買データ・行動データでは、直近3ヵ年の商品別の売上推移を参照したり、サイトの刷新前後のデータを比較したり、長期的な観点のトレンド分析を高い精度で行うことができます。日々の業務は日次・月次単位の運用と検証に終始しがちなので、リサーチ的にはこのように長期的な視野で対策を立てるアプローチが重要です。

　①〜④を通じて、購買データ・行動データ分析は自社の正確な事業・商材・会員データを通じて事業課題を特定でき、それを解消する企画や施策をインタビューやアンケートで考える時の素材に向くことがよくわかります。

難点

① データは業態要因の影響を受けやすい

　購買データ・行動データは業態要因の影響を大きく受けます。例えばネット通販業態では水がよく売れます。これは業態全般でそういう傾向なのであり、「水が売れ筋だから水をもっと売っていこう」と考えてしまうと、規模の経済の競争に身を投じていくことになります。

② データは販促施策の影響を受けやすい

　購買データ・行動データは販促施策の影響を大きく受けます。自社でクーポンやポイントを大量に発行している場合、頒布している期間や品目は当然ポジティブな傾向に振れやすくなります。そして報告時にデータの粒度が大きくなるとこの事実が隠れてミスリードにつながります。

③ 結論が短絡的な対処へと向かいやすい

購買データ・行動データの分析結果は目標予算比・前年対比などを基準に報告・共有されます。このレポート形式だと未達の指標がよく目立つため、「売上も利益も客単価もCVRもPVもセッションもすべて純増で着地させます！」というような短絡的な対処へと向かっていきがちです。

④ 前提のデータ構造が複雑なことが多い

購買データ・行動データは品数や施策が増えていくと、だんだん前提となるデータ構造が複雑になっていきます。そのため、「○○を除いて／足して考えなければならない」のような解釈ルールが出てきて基準値が不透明になりがちです（組織にデータサイエンティストがいればこの作業をロジカルに進めてくれます）。

①～④を通じて、一見万能に見える購買データ・行動データにもデータの構成に偏りがある場合があり、アンケートなどの補完性のある量的データとの突合せを必要とすることがよくわかります。

購買データ・行動データ分析の代表的な手法

① SFA/POSデータ分析

SFA/POSデータ分析は、商品・サービス・広告など事業運営の根幹を成す売上を管理している基幹データベースを分析する調査手法です。本項では便宜上、売上分析を行うデータベースを「SFA」「POS」と言いますが、皆さんが取り扱っているシステムに応じて、「販売管理システム」などに読み替えてください。

用例
- 売上月報（計画と実績、目標進捗率、前年比、前月比など）
- カテゴリー売上分析（購入カテゴリー、閲覧カテゴリー、売上占有率、利益占有率など）
- 商品売上分析（売上総額、平均単価、価格帯別販売数分布など）
- 広告売上分析（売上総額、平均単価、価格帯別販売数分布など）
- カテゴリーやタグの再編

特長

- カテゴリー/商品単品ごとの売上・利益が正確にわかる（事業全体に対する貢献比率を参照して拡大・縮小判断を取れる）
- 客単価・買上点数に寄与している商品がわかる（アップセル・クロスセルの企画を検討しやすい）

難点

- 売れ筋商材にさらに集中する結論が出てくる
- 高単価商材にさらに集中する結論が出てくる

（いずれも、売上・利益のトップラインを構築する用途には良いが、独自仕入れや新商品開発の用途にはあまり向いていない）

② アクセス解析

アクセス解析は、GA（Googleアナリティクス）をはじめとするウェブ行動解析ツールを使用して、施策・機能・検索・回遊の改善活動に活かす調査方法です。マーケティング部門・デザイン部門がともに参照する貴重なプロダクト基幹データであり、リサーチ業務の観点からは特に次のような観点が重要になります。

- 各ページの記載内容や訴求事項が正しく理解されているか（ページ単位の検証）
- 関連ページ同士がスムーズに遷移する導線になっているか（サイト構造の検証）

〈プロダクトの施策や機能のKPIとなる代表的な評価指標（例）〉

PV、UU、商品到達率、LP到達率、かご追加率、購入完了率、経由購入率、直帰率、ページ滞在時間、コンテンツごとのCTR、会員登録率、ログイン転換率、流入経路、デバイス別の傾向（アプリ・ウェブ）

基本的には定常的に所定の分析項目を時系列でモニタリングする業務となりますが、プロダクト運営シーンではターゲットユーザーの行動にフォーカスしてデータを解析する「N1分析」の手法も用いられています。

ここでのN1分析は、以下に示すようなターゲットユーザーの分類に基づき、特定のユーザーがどのタイミングでどのようなアクションを取ったか（購入商品や販促利用など）を半年間くらいのデータをもとに追跡するものです。

〈N1分析で設定するターゲットユーザーの種類（例）〉

- ロイヤルユーザー（頻度・金額別、会員ステータス別、カテゴリー併売別）
- 休眠ユーザー
- 復活ユーザー
- 閲覧のみユーザー

このようにアクセス解析はマーケティングシナリオを描くのに最適な手法であり、複数のカスタマージャーニーをマネジメントするエンジンになります。

用例
- キャンペーンの検証
- 機能の活用度の検証
- SEO・流入元の検証
- 検索キーワード分析

特長
- アプリ・ウェブのページ単位で遷移や離脱状況を把握できる
- ターゲットユーザーが登録後の購買・利用行動を追跡できる
- 検索行動の分析を通じて興味や障害を読み取ることができる

難点
- 大元のサービス設計が悪いと改善インパクトが局所的になる（訪問・流入が少ない、序盤で離脱が多い、というようなデータ構成だと対策を立てるのは難しい）

③ A/Bテスト

　A/Bテストは、あらかじめグループ設定したターゲットユーザーごとに画面を出し分け、テスト期間中の遷移率・直帰率・クリック数などの有意差を参照する調査方法です。細かなパターン展開でテストすることにより、表示や機能に関する施策実行・改善実行のサイクルを早めます。

用例
- デザインのパターンテスト（クリエイティブ、ボタンなど）
- 表示情報のパターンテスト（ポップアップ、リスト、画像など）
- バナー掲出有無の効果テスト
- バナー掲載箇所の効果テスト
- クーポン利用促進効果テスト

※初回/初期利用者の案内や誘導を作り込む用途とも相性が良い

特長
- ページ単位で中間KPIを検証できるためデザイナーやマーケターの定常業務と相性が良い（以下が典型例）

　　a.デザイナーの用途
- 広告/コンテンツバナーの訴求改善（表示箇所・表示タイミング・クリエイティブなど）
- CVに直結するページのボタンの訴求改善

　　b.マーケターの用途
- ターゲットに合わせた表示順序や表示要素の入れ替え
- カウントダウン表示・アラートなどの表示効果の検証

難点
- テストを行っても有意差が出づらいことがある（その場合、他のテスト技法を運用できないと改善の糸口がつかめずに制作や開発が停滞しやすい）
- 局所的な改善を志向している調査活動であるため、プロダクトビジョンやロードマップと紐づかない個人業務を検証するための手段になりやすい

第4章 実査

05 顧客の声分析

　顧客の声分析とは、カスタマーサポートやプロダクトの運営に関連するメディアに日々集まるユーザーの声を定期的・統計的に分析するデータアナリティクス型の調査です。顧客の声分析の手法には、ユーザー対応窓口で常時受け付けている不具合や改善要望の声を分析する「VOC（コールログ・問合せログ）」、X・InstagramなどのSNSに投稿されている内容（UGC）を分析する「ソーシャルリスニング（SNSリサーチ）」、アプリストアに投稿される評価を分析する「アプリレビュー」などがあります。

　顧客の声のデータ分析にかかる期間はおおよそ1週間程度です。基本的にローデータ（分析のもとになるデータ）に相当するものがウェブ上や自社データベース内に既に存在しているので、ごく短期間で分析まで完了することができます。ただし、分析対象となるデータ量が膨大だったり、前提となるロジック構築が複雑な場合は相応の時間を要します。

　実施費用は自社で行う限り発生しません。有料にはなりますが、クラウドでVOCやSNSの管理・分析を行うウェブツールも増えてきているので、もし自社が一定規模の事業者で幅広い消費者接点を持っている場合、検討するのも一手です。

特長

① ユーザーや生活者の声を無料で収集できる

　VOCやSNSでは、自社について言及された発話データを大規模かつ長期間に渡って観測することができます。しかもデータの管理費を除けば基本的に無料であり、生成的なリサーチ手法よりもずっと手軽です。

　この使い勝手の良さを武器に、インタビューやアンケートを行う時のインプットデータとしてテーマ選定・優先度決め・仮説出しに役立ちます。リサーチの企画前に量的なニーズがわかることも利点です。

② リリース直後の初動の反響が集まりやすい

VOCやSNSはユーザーから自然発生するデータなので、キャンペーンや機能リリースの初動の反響確認に適しています。売上やログのデータは一定の成果を判定するまでに一定期間要することもあります。

もちろんVOCやSNSのデータが十分に集まるかどうかはそもそもの発話の活性度合いに左右されますが、発話傾向からおおよそのポジ・ネガは判定できることが多く、初動の大勢を見極めるのに有効です。

③ 時系列で意見や要望データを分析しやすい

VOCやSNSはデータを時系列で分析しやすい特性があります。問合せや投稿に紐づく日時情報を参照すると、話題となっている物事のトレンドの変遷、あるいは特定時点の感情を理解しやすくなります。

また基本的には問合せや投稿と体験の時点が近い、もしくは同時であることから、ストレートな声を収集することができます。良くも悪くも遠慮がない、感情そのままの声はなかなか他では見れません。

④ プロダクトバックログとの接続がしやすい

VOCには特にネガティブな話題が集まりやすい傾向があるため、その問合せの発生件数や上昇率を参考にして運用するペインマスタ（課題リスト）は、同じく改善活動を志向するバックログを助けます。

プロダクトの改善リストでもあるバックログの構成はVOCのような定期観測データと非常に相性が良く、事業者・開発者要求が多いバックログに対してVOCはユーザー観点を注入する契機になります。

①～④を通じて、顧客の声分析はユーザー・生活者のリアルな意見や要求を集め、様々な企画・改善アイデアに結びつける用途に向くことがよくわかります。

第4章

実査

顧客の声分析　　165

難点

① データの管理運用業務に終始しやすい

　問合せや困り事を主とするVOCのデータは、日常のユーザー対応業務からの延長で管理・運営する中間作業色が濃いため、データ分析者というよりも事務方のスタッフが担当するケースが多くあります。

　そうすると、事務方スタッフのスキルセットや目標管理設定との兼ね合いから、分析・活用というよりも保守・運用が重視され、VOCの業務自体がデータの管理業務に終始しやすい側面があります。

② 部門ごとの作成・管理に留まりやすい

　顧客の声データは一般的に管轄部門ごとの作成・管理に留まりやすい傾向があります。VOCはカスタマーサポート部、SNSはマーケティング部、アプリレビューはプロダクト開発部というような具合に。管轄部門ではもちろんこのデータを重視しているのですが、データと部門の一体性の強さのせいか部外にはあまり発信されることがなく、周囲からは「無かったら無かったで構わない」扱いになります。

③ VOCは独自性・新奇性の発見に不向き

　VOCに集まる意見・要望は既存活動の延長にある物事についての言及がほとんどです。データのタイプ的に「新しい発見を得るための何か」にはなりません（※プロダクトとユーザーとの関係性によります）。

　顧客の声データ分析の業務ではしばしば独自性・新奇性を発見することを求められますが、VOCについては根本的に不向きな面があるので、あまり期待をかけすぎると残念な印象を持つ原因になります。

④ 発話内容を読み解く見識が求められる

　顧客の声データを分析する時は、個人の意見をどこまで全体で扱うか、発話内容を読み解く見識が求められます。もちろん量的に検証できますが、少数でも貴重な意見に気づけるか洞察力が問われます。

　①〜④を通じて、VOCやSNSの発話内容を吟味したり、そこからレポート報告に向けて

情報を編集していくには、データリテラシーを含めた慣れが必要だとよくわかります。

顧客の声分析の代表的な手法

① VOC

プロダクト運営企業におけるVOC（Voice of customer）は、コールログ・問合せログ・FAQログ・退会者アンケートなどから上がってくるプロダクトの使い勝手やサービスのあり方についての改善要望を顧客の声データベースとして分析業務に活かす調査方法です。
※BtoBのビジネスモデルでは、営業日報・商談履歴などもVOCデータに該当します。

ユーザーサポートが必要な企業では、カスタマーサポート、カスタマーサクセス、運営事務局がこの業務を管掌し、定期的にユーザーペインを分類してバックログに連携（起票）する運用形態を取ります。

一般的なVOC担当者の分析業務は、問合せ件数の推移（全体・種類別）、問合せ内容の原文ピックアップ、メールや会議体での週次・月次報告が中心ですが、プロダクト運営企業ではさらに改善インパクトの試算や開発計画への繋ぎ込みが重要になります（このあたりはプロダクトマネージャーの業務になるでしょう）。

用例
- 商品への不満・改善要望の把握
- 不快な通知や連絡の把握（連絡頻度・通知方法など）
- 間違えやすい表示・動作の把握（会員登録・画面遷移のエラーなど）
- 特典内容や期日情報の誤表記の把握
- サービス拡充要望の把握

特長
- ユーザーペインを定常的・長期的に自社で収集・分析する仕組みになる（ペインのバリエーションとボリュームを把握して適切に分類を行うペインマスタの役割を担う）
- 週次・月次報告のサイクルにより比較的早いタイミングでペインの起こりに気づける（プロダクトバックログにいち早く起票できる）
- ユーザーの言葉でペインを確認できる（ユーザーテスト時の思考発話法に近い形で発話データを見ることができる）

難点

- データの秘匿性や業務の特殊性から管轄部門が孤立しやすい（サポート対応独自の保持項目も多く、情報の個別性が高いことも起因している）
- データ分析スキルが無いとただ取り溜めているだけになる（クレーム事象の伝書鳩状態、仮説を元に分析を行わないと現状の再認識に留まる）
- ユーザーのゲインに相当する情報は一般的に少ないため、アイデア探索にはあまり向いていない（※ユーザーとの関係性や運用次第でもある）

② ソーシャルリスニング

　ソーシャルリスニングは、SNS（X、Instagram、ブログなどオープンな大規模プラットフォーム）上にあるユーザーの投稿を収集して、発話内容や画像内容の分析からキャンペーンやコンテンツの反響を検証したり、カテゴリーで話題になっているトレンドを探索したりする調査方法です。

用例

- キャンペーンの反響分析
- コンテンツの反響分析
- 競合の施策と反響分析
- カテゴリーのトレンド分析（ブランド・インフルエンサー・ニュースなど）
- ターゲットユーザーの日記調査代わりに使う方法

特長

- 誰に何がどう届いたのかを確認しやすい（例：キャンペーンの露出度・理解度、利用プランの構成要素・適用条件など）
- 情報の絞り込み検索機能が充実している（ハッシュタグ検索・キーワード検索など）
- Xが強い情報：直近〜現在の情報、情報元の直リンク、ネガティブコメント
- Instagramが強い情報：理想の物品・場所・状態、共感コメント、質問と回答のやり取り

難点

- テーマの投稿ボリュームに左右される（ネット上での話題性が薄かったり秘匿性が高いテーマの情報はほとんど出てこない、マーケティング目的で現象を分析できない）
- 対象物の主語や背景となる情報が省略されている投稿が多い（自分で事実情報や背景情報を別途突き合わせる必要がある）

- 検索した時期や投稿削除などの影響を受ける（情報に偏りが出やすい、ローデータが安定していない）

③ アプリレビュー

アプリストアのユーザーレビューを分析対象とする調査方法です。

用例

- VOCやバックログとの接続

（人気サービスは別格として、通常は単独で分析できるだけのデータ量にならないことが多いので、他の顧客の声分析データを補完する位置づけで運用するのが良い）

特長

- アプリならではの画面や仕様についての課題を参照できる（導線の不便、エラー表示など）
- 商品やコンテンツについても具体的な評価コメントを参照できる
- 星の評価（1〜5）を参照できる
- 端末（iPhone・Android）ごとの特性を把握できる
- 時系列の傾向を分析できる

難点

- 断片的な表現や誤字が多い
- かなり主観的な意見が多い

第4章 実査

06 エスノグラフィ

　エスノグラフィは、自宅・店舗・その他外出先などの空間においてプロダクト（商品・サービス）を利用する時の生活様式や消費行動をウォッチングする観察調査です。BtoBのプロダクトでは就業環境や作業環境を現地でヒアリングする方法が該当します。

　エスノグラフィの手法には、日記調査、訪問調査、店頭調査などがあります。実施期間は1～2週間程度です。実査の日数は調査方法によって、単日の訪問インタビューで完結したり、連日のウォッチングを要したりと様々です。実施費用も期間・規模・手法により大きく異なります。

特長

① 商品の購入経緯・用法・用途がわかる

　エスノグラフィで得られた観察データからは、商品の購入経緯・用法・用途などがわかります。これらの情報自体は他の調査手法でも得られますが、現場・現物をベースにウォッチングやヒアリングを進めることができるので、かなり理解が深まります。

② 季節商材の日別の動向を把握しやすい

　人の自宅での過ごし方や店舗での買い回り方は、基本的に季節感の影響を強く受けています。観察調査は気温・天候をはじめとする要因を受けて、季節商材がどのように登場するのかが現場や写真からわかり、日ベースでMD（商品政策）を組み立てるのに役立ちます。

③ 商品の周期性や回転率がわかりやすい

　日記調査・訪問調査は、いずれも自宅や現場の在庫（残数）を参照して、ユーザーの実態ベースで商品の周期性や回転率を把握することができます。特に、移動や保管などの物理的な制限を考慮したユースケース情報はウェブ事業者にとっては新鮮な情報になります。

④ コンセプトや価格帯の揃え方がわかる

エスノグラフィは購入と使用の両方の現場を見るアプローチを取るため、消費者が自分なりに持っている買い方や、これまでの消費生活の中で蓄積されている参照価格帯などの情報を把握し、事業者目線には無い商品の揃え方を知る機会になります。

①〜④を通じて、エスノグラフィはユーザーの生活文脈における示唆を得られやすいメリットがよくわかります。また、この調査手法は他の調査手法ほど普及していないため（※実施者は固定的であることが多いため）、他社が持っていないデータ（気づいていないインサイト）を独自に入手したり、自社プロダクトについて実地調査ならではの独自の気づきを得ることができます。

難点

① ウォッチングの実施が目的化しやすい

エスノグラフィの実査は見どころに溢れていますが、調べる項目を意識していないと、ただの訪問や視聴で終わってしまいます。組織への報告時にファクトベースでもレポーティングできるよう、調べる項目とその計測単位は事前に決めておきましょう。

② 曜日や時間＋個体の影響を受けやすい

人の生活様式は曜日や時間によって変わります。これは消費行動の調査でも一緒です。この原理を理解していないと、ターゲット層の行動パターン・思考パターンを一律に捉えてしまったり、個々人に特有の現象を普遍的なものとミスリードしてしまいます。

③ 雰囲気だけで理解した気になりやすい

エスノグラフィの調査結果は、現場の映像や画像を通じてたくさんの情報量を得ることができます。調査のアウトプットとしては非常に充実していますが、雰囲気で理解した気になりやすいので注意が必要です。調査の成果は示唆ベースで考えましょう。

④ 分析に社会や文化に対する見識が必要

エスノグラフィの実査では、被験者が状況を説明してくれますが、すべての現象を言語化してくれるわけではありません。現象を読み解くには日頃からの社会や文化に対する見識が必要であり、インタビュー調査の時よりもさらにこのスキルが求められます。

①〜④を通じて、エスノグラフィは情報量の割に何も示唆を得られないリスクがあるのがよくわかります。観察時のポイントは、あらかじめ他の調査手法か、もしくは社員の家族にテストの協力を募るなどの方法で整理しておくと良いでしょう。

エスノグラフィの代表的な手法

① 日記調査

日記調査は、日記や専用の記入シートに記録された文章や画像を参照する調査方法です。商品のテスト利用やターゲットユーザーの生活習慣を知る場合はおおよそ2週間程度の記録を参照します。その他、季節催事など特定の時期の行動を数ヵ年分比較する方法も取られています。厳密なエスノグラフィの手法とは異なりますが、Instagramを個人のライフログとして日記調査代わりに活用する調査方法も行われています。

用例
- ターゲット層の生活習慣の把握（生活時間・季節催事への関わり方）
- シーズナル商材の経年トレンド比較（例：おせちの喫食体験を予約時期・人数・具材・金額などの変遷から見る）
- 新商品のテストユース（利点や課題の洗い出し）

特長
- 対象者の1日の過ごし方・暮らしぶりが他の調査手法よりよくわかる
- 生活文脈の中で商品やサービスとの出会いや使い方がわかる
- 画像を通じたリアルな情報を得られる（言語化できない雰囲気など）
- 特定時期における行動様式の変遷を知るのに最適（年末年始の過ごし方など）
- 世代分析に最適（子育て・食文化のようなテーマでの世代間比較における活用が進んでいる）

難点
- 画像や文章を通じて事象を読み解く生活者理解やドメイン知識が必要
- 考察の結果を最終的に事業者視点に置き換えるビジネスセンスも必要
- 対象者個人によって物の捉え方や書き方には癖がある

② 訪問調査

訪問調査は、協力者モニターの自宅にて道具・機器の使用状況、設置状況、保管状況などを使用者にヒアリングする調査方法です。リビング、キッチン、水回りなどの場所を対象にして家事の様子を尋ねるケースが多いです。移動時に使用する商品・サービスに関しては、提供企業が独自にユーザーの外出先の現地・現場でヒアリングを行う方法も取られています。

用例
- 訪問調査は特定カテゴリー・特定品目における成功事例がよく認識されている
- 食品（お菓子・調味料など）
- 日用品（洗剤・キッチン小物・掃除用具など）
- 家電製品（冷蔵庫・スピーカーなど）

特長
- 商品の用法や用例が細かくわかる（置く場所、保管方法、独自の工夫）
- 現地で状況を見ることで初めて気づくことができる違和感を感じられる
- 高齢者の生活調査と相性が良い（困りごとをあまり口に出して教えてくれない、不便なままの状態にしているなどの状況があるため）

難点
- 協力者を募るハードルが高い（内製実施はなかなか難しい）

エスノグラフィ

③ フィールドワーク

　ビジネスパーソンが行うフィールドワークは、街やお店を見て回る調査方法です。フィールドワークでは、いつもの消費者視点ではなく事業者視点で物事を見ることで他の手法で得られない現場感のある情報を得ることができます。日頃から街や店を見て回る習慣も大切ですが、実際にはなかなか時間を取るのは難しいため、課題を設定したうえで意識して集中的に見て回ると学習効果が上がります。

〈お店を見る時の観点（例）〉

- 立地
- 客層
- 棚割
- 導線
- 陳列
- 在庫
- 内装
- 什器
- 看板
- 照明

※デザインリサーチにおけるフィールドワークとは、主に地域の風習・文化に触れて魅力を再発見するアプローチを指しており、文化人類学的な質的調査のことを言います。

　NTTコミュニケーションズのデザインセンター・KOELが公開している以下の事例記事では、フィールドワークの流れを追体験しつつ、実査のポイントまで理解できます。
▼デザインリサーチにおけるフィールドワークの心得—共創ワークショップ「みらいのしごと after 50」(3) | KOEL DESIGN STUDIO by NTT Communications
https://note.com/koelnote/n/n777d838c74e2

用例
- 商業店舗調査（商品理解、価格理解、ブランド理解、カテゴリー理解）
- タウンウォッチング（エリアマーケット理解、ターゲットの生活動線・生活時間の理解）

特長

- 売れ筋商品を理解しやすい（ヒット商品、季節商材、堅実に売れている定番商品など）
- 在庫効率の良い商品を理解しやすい（陳列スペース・管理スペースに限界があるからこその工夫を参照できる）
- 店舗の客層を介してターゲットのイメージを想像しやすい（「リアルだったらこういうお店」という共通認識を持つことができる）
- 一連の買い物体験を通じた売り方を理解できる（商品の選択判断、価格受容性、同時購入・併せ買い、ギフト利用など）

難点

- 分析の評価観点を持っていないとただのウインドウショッピングになる
- 曜日や時間を変えて調査に赴くための時間と人手がかかる（通行量の変動や営業日の要因などへの対応）
- 経験則も重要なためブランド力や立地要因を加味する考察には習熟度を要する

第4章

実査

エスノグラフィ

第4章　実査

07　デスクリサーチ

　デスクリサーチは、ウェブ記事・書籍・論文の文献収集などの調査活動を総称する調査の方法論です。デスクリサーチの手法には、市場調査、専門家インタビュー（スポットコンサルティングサービス）などがあります。

　デスクリサーチの実施期間は調査手法によって全く変わってきますが、一般的なビジネスシーンにおいては情報の必要性が生じてから報告までのタイムリミットは、おおよそ2週間程度あることが多いです（プロジェクトの定例会議の開催周期と連動しているイメージ）。

　デスクリサーチの実施費用は、ウェブ記事や文献調査のみであればもちろん無料で実施できますが、シンクタンクや業界メディアが発行するレポートの購入やスポットコンサルティングサービスなどを活用することによって時間と精度をアップすることができます（いずれも1件あたり10万円程度が目安）。

特長

① 時間効率と情報精度を上げるのに最適

　業界情報や企業情報は個人の努力でかなり調べられる範囲が広く、自身の情報収集業務として仕事のペースをコントロールすることができます。また、情報を外部から購入することができれば時間効率と情報精度は飛躍的に上がります。

② 資料形態が組織での理解や教育に最適

　デスクリサーチを外部機関に報告書込みで依頼できると、従業員や関係者の理解や教育に最適な形式でレポート納品を受けることができます。商品・広告のビジュアルやサイト・アプリの画面などを図表として即参照することができます。

　①〜②を通じて、デスクリサーチは具体的な環境分析や対応施策に関する情報を得られるため、レポートのアウトプットが現場（会議・商談）で活用されやすいメリットがよくわかります。

難点

① 購買者と使用者が異なる場合は活用されにくい

ビジネスの情報収集ニーズは突発的に発生し、かつ少額の経費を必要とする傾向があります。そうなると事業部門の予算では対応できず、予算に比較的バッファを持っている管理部門が購買を担当することになります。

ここまでは良い連携なのですが、管理部門では制度や環境を整えることが第一の業務目標になっているため、集めた情報を使って事業を推進することまでは難しかったりします（理解度テストの実施あたりが限度）

そうなると、市場データは溜まっていくものの参照率は低いというギャップに悩まされます。「皆が使う」は「誰がどう使うのかわからない」ことでもあり、一度この状況にハマると次第に業務は低迷していきます。

② 組織に合わせた情報の編集センスを必要とする

デスクリサーチで得た資料は、自分で探したものであれ、購入したデータであれ、組織の状況に合わせて読み解いたり、情報自体はそのままに活用シーンを想定して読む順番を再構成したりする必要があります。なまじ完成された情報やデータを手に入れるとそれ以上の展開に至らないものなので注意が必要です。

①〜②を通じて、デスクリサーチを使いこなすには参照者側の理解度や活用度が問われることがよくわかります。ですので、仕事の見かけは誰でもできそうな作業や依頼なのですが、（購買の担当部門はさておき）業務設計を担う担当者はできるだけ事業企画か経営企画のようなスピードと横串し機能の両立が求められる部門のメンバーが適しています。

デスクリサーチ　　177

デスクリサーチの代表的な手法

① 市場調査

市場調査は、マクロな業界動向・消費行動などを参照して事業ドメインへの理解を深める調査方法で、具体的には以下のような方法を指します。

〈市場調査のデータ（例）〉

a. 政府統計データ

b. シンクタンクが発行する業界白書・産業年鑑・未来予測・企業情報などのデータ

c. 業界紙が発行する業界白書・企業情報などのデータ

d. 企業が公開しているIR情報やオウンドメディア情報

e. 投資家向けに公開されている企業研究レポート

シェアードリサーチ（https://sharedresearch.jp/ja）、フィスコ（https://www.fisco.co.jp/service/report/）など

f. ビジネスメディアが発信している記事やセミナー

日経クロストレンド（https://xtrend.nikkei.com/）、マナミナ（https://manamina.valuesccg.com/）、ProductZine（https://productzine.jp/）など

g. 雑誌

※自社で行うユーザーアンケートが市場調査である場合もありますが、本項ではユーザーアンケートと書き分ける都合上、外部機関が発行・公表する二次データの活用を主に説明を行います。

用例

- 新規領域参入の調査
- 中期経営計画の策定
- 社内研修資料の作成

特長

- a〜eの市場調査データは調査の規模が大きく統計データとして信頼できる（3C分析と接続することで大局的な判断材料となる）
- a〜eの市場調査データは専門家による分析を参照できる（マクロな展望・最新トレンド解説など）

- f. ビジネスメディアでは、ヒット事象、ターゲットユーザー情報、ベンチマークアプリ情報を参照できる（マーケティング施策やUI表現のケーススタディにつながる）
- g. 雑誌は、ブーム理解、商品理解、生活者情報、広告主情報を参照できる（イシュー単位のケーススタディにつながる）

難点
- 業界や商材によって入手できる情報量は異なる（調べたい事象が世の中的にニッチな場合、自ら調べる必要がある）
- 日頃から業界動向やトレンドウォッチをする習慣が無いと、アクセスする媒体に辿り着かない（そもそもどのような情報源があるのか検討がつかない）
- 市場調査データは情報の客観性が高い分、活用にあたっては主観的な物の見方を補う必要がある（自社の状況に置き換えた捉え方をする、などの措置）

② 専門家インタビュー
　専門家インタビューは、各分野の専門家へ個別にヒアリングを行う調査方法で、「スポットコンサルティングサービス」とも呼ばれます。

　市場開発を目的とするマクロ調査の業務シーンでは一般的によく利用されており、相手の専門家の知見や実績が見える化されているので、個別にユーザー調査を実施するよりも短期間で高品質な情報を得ることができます。

　実施時間はインタビューのみで1時間程度が標準です。ただ、調査テーマの広さと深さによっては先方が準備期間を必要とすることもあるので、依頼日から2週間程度空けるとちょうどいいかもしれません。

　インタビューの謝礼は10万円程度が相場ですが、情報提供ベースではもっと安価になったり、レポートベースでは遥かに高額になったりします（このあたりは関係性や継続性により慣習が異なります）。

用例
- 新規参入における業界情報の収集
- 新規業務における専門知識の収集
- 商品・サービスの基礎知識の収集

特長
- 調査対象・調査観点を効率的に絞れる（新しい業界、新しい業務の開始にあたり、事前に

押さえるべきポイントを知ることができる）

- テーマの単位を自由自在に設定できる（専門家の知識・経験に基づき、業界・商品・機能・広告・販促など範囲を自由に設定できる）
- ビジネスの出口部分にコミットできる（聴いた情報がそのままビジネスアイデアにつながることも少なくなく、成果が上がりやすい）

難点

- 希望を言語化するオリエンテーション能力が必要（担当者には組織の状況を踏まえて希望を言語化するオリエンテーション能力が求められる）
- 準備期間のリードタイムが長めの傾向（レポートまで用意してもらう場合は期限ぎりぎりに納品されることもあるため、相手の立場をリスペクトした連絡対応が求められる）
- 示唆や提案を使いこなせる体制が必要（情報過多で消化不良を起こしてしまうと、調査結果が宝の持ち腐れになってしまう）

第 5 章

分析

All About User Research

本章では、ユーザーリサーチの分析モデル（全16点）を紹介します。市場理解・顧客理解・体験設計・環境分析・アイデア探索、それぞれの調査シーンでよく使うビジネスフレーム・デザインフレームをリサーチデータから作り上げていく方法を解説します。資料のアウトラインと説明のロジックの両面から分析レベルを引き上げる一助としてください。

第5章 分析

01 市場理解のアウトプット
ファネル分析

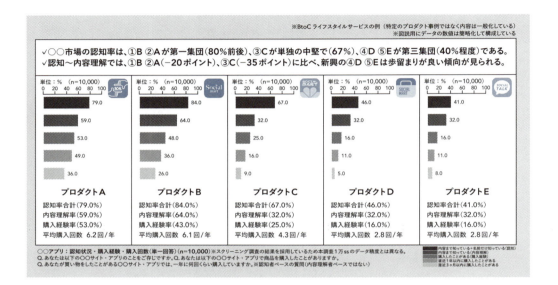

　ファネル分析とは、カテゴリーユーザー一般のプロダクトに対する認知率・購入率などの割合をアンケートで聴取し、利用段階の推移率である歩留まりを見ることで利用上のボトルネックとなる工程を確認するアウトプットです。

　ファネル分析を行うことで、例えば名称認知から内容理解の段階で歩留まりが落ち込んでいる（減少幅が大きい）箇所（ボトルネック）を特定して、施策の方向性や力点をどこに置くべきか、具体的な対策を考えることができます。

　分析では上記のような自社分析の観点を基本としつつ、自社と競合の状況を比較することで業界内での番手が見えてきます。あくまで設定した競合との比較にはなりますが、自社がどの集団に位置しているかを視覚的に理解できます。

　アンケートのデータから作成する場合は、回収総数が多いスクリーニング調査の結果を応用して作成するのが通例です。デジタルのデータで分析する時の違いとして、広告などで接触する以前の段階をスコープに入れることができます。

構成要素

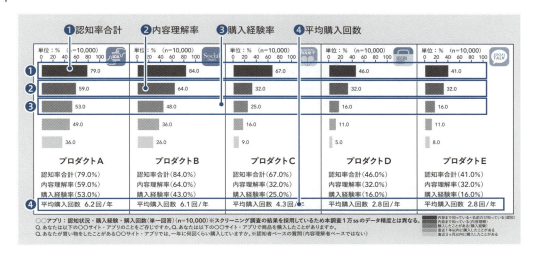

❶ 認知率合計
名称認知率＋内容理解率の割合（％）。

❷ 内容理解率
内容理解率の割合（％）。

❸ 購入経験率
購入経験率の割合（％）。

❹ 平均購入回数
平均購入回数（回）。

※年間または任意の期間を設定してテキスト情報で記載する。

　（このほか、再購入・シェアの段階までデータを取得する形式も多く実施されています）

よくある課題

> 「なぜサイト・アプリの訪問実績が今以上に増えないのか？」
> ⇒この質問に1枚で答えるためのアウトプット

① 内向きの目標達成を追っているケース

組織内では前期比や成長率など一律の目標を課す実績管理が行われますが、競合などの外部要因を織り込んでいないと、「目標指標を達成したけれど消費者の評価は変わらない（上がらない）」という奇妙な事態に直面することがあります。

例えば、「クレジットカード会員の転換率」「ユーザーからのクレームの低減率」などは重要な指標には違いありませんが、達成しても消費者一般の評価が変わるかはわかりません。このギャップが続くと従業員のロイヤルティも減ります。

② 獲得の手法が限界に達しているケース

プロダクトの成長戦略を広告やデジタルマーケティングに注力していると、獲得の手法としては効率的な代わりにそのうち分母が尽きてきます。次第にサイトやアプリの訪問数が限界に達し、プロダクトの継続成長に手詰まり感が出てきます。

この状況を引き続き獲得マーケティングの手法だけで乗り越えるには限界があり、目標とする獲得指標の数字がどんどんミクロ化していくだけで、事業に対するインパクトはほとんど出ないところで努力を重ねる運営体制になってしまいます。

作り方

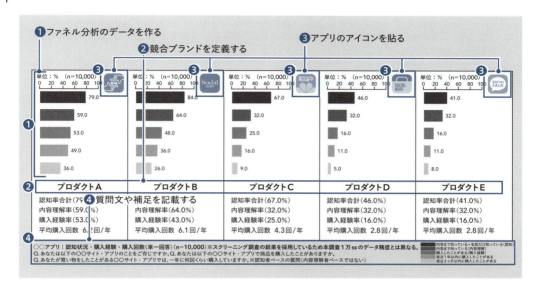

❶ ファネル分析のデータを作る

ファネル分析のアンケート調査を実施する。

❷ 競合ブランドを定義する

業界の競合他社・ベンチマークブランドを選定する。自社もブランドの1つとして比較できるよう加える。ブランドは市場の第二集団までに絞る（4〜5個程度）。認知率合計の数値が大きい方から左から順に並べる。念のため、業界で通念となっている序列も考慮する。

❸ アプリのアイコンを貼る

アプリのアイコンイメージがあると認識しやすい（アプリ展開が無い場合はブランドロゴで代用する）。

❹ 横棒グラフデータを作成する

個社単位での横棒グラフデータを作成する。個社単位にすることで歩留まりが見やすくなる。

※縦棒グラフを使ってデータの項目単位（認知率・購入率など）で比較する方法もよく行われていますが、個社の傾向＋業界の傾向を論じるには図表のような個社単位での横棒グラフの方が結果を認識しやすくなります。

❺ データをテキストで補う

調査結果のラベルを項目名称＋割合の形でテキストでも記載する。特にデータの単位が異なる平均購入回数はテキストで情報を補う。

❻ 質問文や補足を記載する

元質問を含む調査概要情報を記載する。グラフの凡例も貼付する。

使い方

① 業界市場での序列を確認する

データから業界における番手を確認します。相対的な市場評価として売上より実感に近い評価データを見ることができます。この時、マラソンのようにどの集団に位置しているかの認識が大事で、ポジションによって取るべき戦略を変えます。

成熟市場では上位は固定的になりますが、中下位は3ヵ年くらいでの変動が起こり得ます。そのため、調査の運用は年1回の定点調査として実施することをおすすめします。定期的にデータを見て急成長しているプロダクトを注視しましょう。

② 施策の力点や手法を点検する

データから歩留まりの落ち込みを確認し、重点的に対応する箇所を判定します。よくあるのは、コストがかかるからと避けている認知段階が一向に上がらなかったり、ブランド力やトレンド力に依存しすぎて内容理解が浅いなどの状況です。

ファネル分析を行っていないと、やりやすい段階だけを疑いなく運用し続けてしまいます。上記の例では、コストは非効率ながらも認知が無いと販促効率も悪くなることや、内容理解が進まないとブランド力も活きてこないことに気づきます。

第5章 分析

02 市場理解のアウトプット
ユーザーゲイン

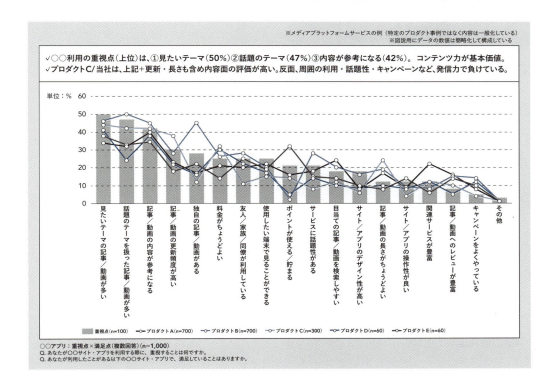

ユーザーゲインとは、「カテゴリーの購入・利用におけるユーザーの重視点」と「ブランドの購入・利用における満足点」を比較することで、ユーザー要求に対するブランド（自社・競合）の強みを把握するアウトプットです。

ユーザーゲインのデータから、展開する事業ドメインで基本的に対応すべきこと（ユーザーのジョブとも置き換えられる）と、ブランドの付加価値をどのように形成するか（ユーザーのゲインとなるものごと）を検討することができます。

※本稿はマーケティングリサーチの分析手法でよく使われている「重視点×満足点」のリサーチクエスチョンをプロダクトマネジメントに応用させています。

構成要素

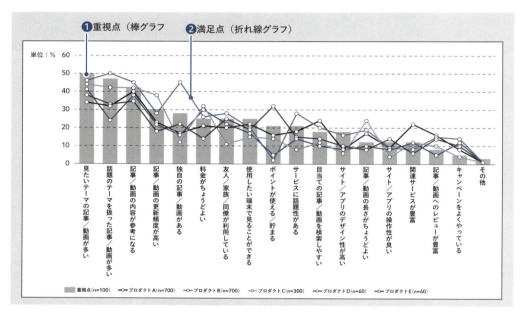

❶ 重視点
カテゴリーの購入・利用においてユーザーが重視していること。

❷ 満足点
ブランドの購入・利用においてユーザーが満足していること。

よくある課題

> 「ユーザーがプロダクトの利用に求めていることは何か？」
> ⇒この質問に1枚で答えるためのアウトプット

① プロダクトアウトの思想が強いケース

　セールス主導の組織では、売りたいものがあらかじめ内部で決まっていて、それを訴求する価値が割引などの販促に設定されていることがあります。より安く、より広く、それが実現できているほど良い、という観点に集中している場合です。

　こうしたプロダクトアウトの思想は良くも悪くもユーザーに響き、サービスの長所もそこに偏重する傾向があります。悪いことばかりではないのですが、組織としては総合的な観点で運営力が弱まります（使いやすさが後回しになる、など）

② 競合のポジショニングが盤石なケース

　業界が成熟した市場では競合プロダクトのポジショニングが盤石なことがあります。このような時は概して、体力的に後追いできない、数か年では追いつけない、などの状態にあり、特に中長期の経営・事業計画を描きづらいものです。

　競合調査を行ってみても、中小や新興のプロダクトは総じて劣後する項目の嵐なので、手がかりが無くてそのまま運営が縮小均衡に陥ることも珍しくありません。これを防ぐにはあらためてユーザー要求を量的に確認する必要があります。

作り方

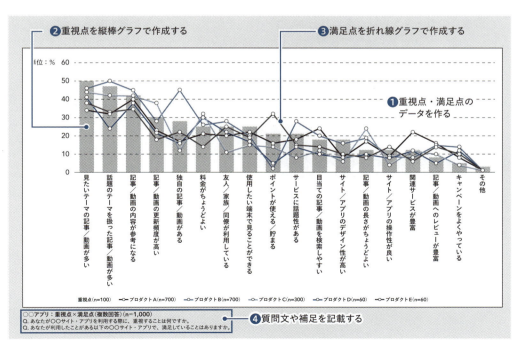

❶ 重視点・満足点のデータを作る

重視点・満足点のアンケート調査を実施する。

❷ 重視点を縦棒グラフで作成する

カテゴリーの重視点を縦棒グラフで降順に並べる。満足点のデータとコントラストができるように棒グラフにする。ただし、必要以上に存在感が出ないように薄いグレー色にする。

❸ 満足点を折れ線グラフで作成する

ブランドごと（自社・競合）の満足点を折れ線グラフで配置する。線色は各ブランドのメインカラーを適用する。

❹ 質問文や補足を記載する

元質問を含む調査概要情報を記載する。グラフの凡例も貼付する。

使い方

① 市場でのユーザー要求を念頭に置ける

重視点のデータからはカテゴリーユーザーのベーシックな要求を把握します。選択肢のサービス企画・プロダクト機能・販促施策の全体傾向を参照しつつ、自社プロダクトで提供するソリューションが上位ニーズの中にあるかを確認します。

また、後発で参入する場合、差別化を意識しすぎてニッチなニーズに傾倒してしまうことがあります。例えば、美食家向けの食品ECのようなアイデアです。重視点のデータは、仮に「知っている内容」でもこうした状況を防ぐことができます。

② 面で強みを形成するヒントを得られる

自社の現行アセットでは単一の強みを形成しづらいことはよくあります。例えば、ECにおいて「配送が早い」「価格が安い」などは一朝一夕には解決できません。そこで、いくつか関連する強みを掛け合わせて強みを形成する方策を取ります。

施策・機能・情報について他社との強みの差を見極めつつ、もしポイントに強みがあればポイントに関連する項目群を強化するストーリーを検討します。個々の項目では抜け出ていなくても面で勝負できる現行の長所を突破口にするのです。

第5章 分析

03 市場理解のアウトプット
ユーザーペイン

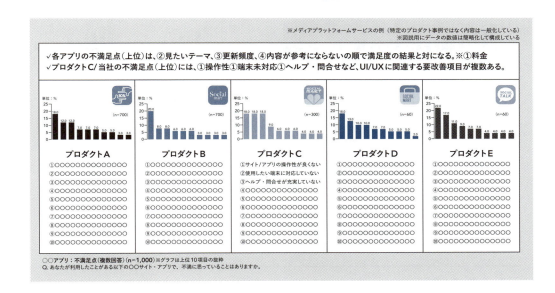

　ユーザーペインとは、自社と競合のブランドの購入・利用におけるユーザーの不満足点をアンケートで聴取し、データから全体の上位や個社の傾向を把握しつつ、ブランドの一貫性を計測するためのアウトプットです。

　ユーザーペインの分析では、上位の不満足項目が1〜2個かつ想定内である場合、コンセプトに沿った運営ができていると言えます。逆に、上位に複数の不満足項目が並び立つような結果ならば、より戦略を集中する必要があります。

　このデータは競合動向も同時に聴取することで相手の戦略を参照しながら自社の方向性を決断しやすい特性があります。とりわけ明確な強みが無い場合はポジショニングが重要になるので、ペインとの向き合い方が大事になります。

構成要素

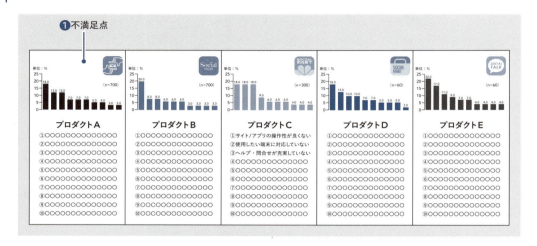

❶ 不満足点
ブランドの購入・利用においてユーザーが不満に感じていること。

よくある課題

> 「弱みをどこから改善して行ったら良いか？」
> ⇒この質問に1枚で答えるためのアウトプット

① 競合他社の追随が目標化しているケース

　プロダクトの運営目標にはしばしばトップブランドのカテゴリー展開（商品・顧客・地域など）のカバー率が適用されます。ところが組織力や資金力に開きがある場合、この目標設定には付いていけず、やがて形骸化していきます。

　こうした状況が続くと、もともと持っている強みが無いので、とにかく弱みばかりが目立ってしまいます。成功の要件も競合他社に委ねているので、どこから改善していけば良いか自分たちでは判断ができない状態が懸念されます。

② 顧客の不満や要望が蓄積しているケース

プロダクトを運営していると営業年数と共にユーザーの不満や要望は積み上がっていきます。この状況はごく自然なことですが、担当者の業務目標が売上や利用に関するKPIで占められているとなかなか優先度は上がってきません。

こうした状況を防止するためにVOCデータ（コールログや問合せログなど）があるのですが、定常的な観測データは組織内で見なれてしまって負の局面を打開するにはインパクトが足りず、改革の実行まで至らないことがあります。

作り方

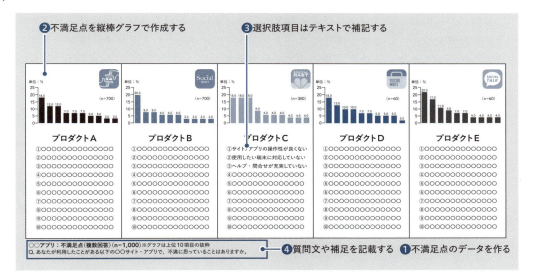

❶ 不満足点のデータを作る

不満足点のアンケート調査を実施する。

❷ 不満足点を縦棒グラフで作成する

ブランドごと（自社・競合）の不満足点を縦棒グラフで降順に並べる。線色は各ブランドのメインカラーを適用する。

❸ 選択肢項目はテキストで補記する

テキストで選択肢名を記載する（ランキングを作る）。割合の数値を入れると細かくなるのでデータはグラフ側に入れる。

❹ 質問文や補足を記載する

元質問を含む調査概要情報を記載する。グラフの凡例も貼付する。

使い方

① ブランドに一貫性があるかを測定する

ユーザーペインのデータを見ると、コンセプトに一貫性があるプロダクトでは、代表的な1つ〜2つの不満に集約されていることに気づくはずです。これは集中戦略ができていることの証で、グラフで見るべき箇所はスッキリしています。

このように優れたブランドはペインのマネジメントにも長けており、自社プロダクトがそういう状態になっているかを確認しましょう。仮にペインの嵐だとしても、本データがあれば競合の出方を参考に方向性を決めることができます。

② 中長期的に改善するペインを定義する

自社プロダクトで不満と評されたペインの並びを理解しておくことは大事ですが、上位のペインの中には現実的には対応が難しい場合もあります。結局は現在取ろうとしている戦略との相性で優先度を考えた方が良い判断を下せます。

特にリサーチが関与するプロジェクトとしては、中期経営計画において提供価値を定義すると同時に、すぐには満たすことができないペインも定義するのが上策です。特に要改善項目が複数並び立つ結果は中期軸で対応しましょう。

第5章 分析

04 顧客理解のアウトプット
ユーザープロファイル

アイテム	Q2. 主利用サービス	F1. 性別	F2. 年齢	Q25. 世帯構成	Q4. 当社プロダクト 購入頻度	Q5. 当社プロダクト 購入カテゴリー
ポイントユーザー	①○○○○(*%) ②○○○○(*%) ③○○○○(*%) ④○○○○(*%) (n=*)	男性(*%) 女性(*%) (n=*)	*平均(*歳) 25歳未満(*%) 25歳〜34歳(*%) 35歳〜44歳(*%) 45歳〜54歳(*%) 55歳〜64歳(*%) 65歳以上(*%) (n=*)	単身世帯(*%) 夫婦のみ世帯(*%) 子と同居する世帯(*%) 親と同居する世帯(*%) ほか (n=*)	月1回以上(*.*%) (n=*)	*選択個数平均(*) ①○○○○(*.*%) ②○○○○(*.*%) ③○○○○(*.*%) ④○○○○(*.*%) ⑤○○○○(*.*%) ⑥○○○○(*.*%) (n=*)
グループユーザー	①○○○○(*%) ②○○○○(*%) ③○○○○(*%) ④○○○○(*%) (n=*)	男性(*%) 女性(*%) (n=*)	*平均(*歳) 25歳未満(*%) 25歳〜34歳(*%) 35歳〜44歳(*%) 45歳〜54歳(*%) 55歳〜64歳(*%) 65歳以上(*%) (n=*)	単身世帯(*%) 夫婦のみ世帯(*%) 子と同居する世帯(*%) 親と同居する世帯(*%) ほか (n=*)	月1回以上(*.*%) (n=*)	*選択個数平均(*) ①○○○○(*.*%) ②○○○○(*.*%) ③○○○○(*.*%) ④○○○○(*.*%) ⑤○○○○(*.*%) ⑥○○○○(*.*%) (n=*)
有料会員ユーザー	①○○○○(*%) ②○○○○(*%) ③○○○○(*%) ④○○○○(*%) (n=*)	男性(*%) 女性(*%) (n=*)	*平均(*歳) 25歳未満(*%) 25歳〜34歳(*%) 35歳〜44歳(*%) 45歳〜54歳(*%) 55歳〜64歳(*%) 65歳以上(*%) (n=*)	単身世帯(*%) 夫婦のみ世帯(*%) 子と同居する世帯(*%) 親と同居する世帯(*%) ほか (n=*)	月1回以上(*.*%) (n=*)	*選択個数平均(*) ①○○○○(*.*%) ②○○○○(*.*%) ③○○○○(*.*%) ④○○○○(*.*%) ⑤○○○○(*.*%) ⑥○○○○(*.*%) (n=*)
ヘビー層	①○○○○(*%) ②○○○○(*%) ③○○○○(*%) ④○○○○(*%) (n=*)	男性(*%) 女性(*%) (n=*)	*平均(*歳) 25歳未満(*%) 25歳〜34歳(*%) 35歳〜44歳(*%) 45歳〜54歳(*%) 55歳〜64歳(*%) 65歳以上(*%) (n=*)	単身世帯(*%) 夫婦のみ世帯(*%) 子と同居する世帯(*%) 親と同居する世帯(*%) ほか (n=*)	月1回以上(*.*%) (n=*)	*選択個数平均(*) ①○○○○(*.*%) ②○○○○(*.*%) ③○○○○(*.*%) ④○○○○(*.*%) ⑤○○○○(*.*%) ⑥○○○○(*.*%) (n=*)
ミドル層	①○○○○(*%) ②○○○○(*%) ③○○○○(*%) ④○○○○(*%) (n=*)	男性(*%) 女性(*%) (n=*)	*平均(*歳) 25歳未満(*%) 25歳〜34歳(*%) 35歳〜44歳(*%) 45歳〜54歳(*%) 55歳〜64歳(*%) 65歳以上(*%) (n=*)	単身世帯(*%) 夫婦のみ世帯(*%) 子と同居する世帯(*%) 親と同居する世帯(*%) ほか (n=*)	月1回以上(*.*%) (n=*)	*選択個数平均(*) ①○○○○(*.*%) ②○○○○(*.*%) ③○○○○(*.*%) ④○○○○(*.*%) ⑤○○○○(*.*%) ⑥○○○○(*.*%) (n=*)
ライト層	①○○○○(*%) ②○○○○(*%) ③○○○○(*%) ④○○○○(*%) (n=*)	男性(*%) 女性(*%) (n=*)	*平均(*歳) 25歳未満(*%) 25歳〜34歳(*%) 35歳〜44歳(*%) 45歳〜54歳(*%) 55歳〜64歳(*%) 65歳以上(*%) (n=*)	単身世帯(*%) 夫婦のみ世帯(*%) 子と同居する世帯(*%) 親と同居する世帯(*%) ほか (n=*)	月1回以上(*.*%) (n=*)	*選択個数平均(*) ①○○○○(*.*%) ②○○○○(*.*%) ③○○○○(*.*%) ④○○○○(*.*%) ⑤○○○○(*.*%) ⑥○○○○(*.*%) (n=*)

　ユーザープロファイルとは、自社で重視するステークホルダーを分析軸に設定して、アンケートで得た基本属性・行動特性に関するデータをかけ合わせ、その比率や分布を参照しながらターゲットを決めるためのアウトプットです。

　ユーザープロファイルを作成することにより、各セグメントの構成比を参照して戦略の方針とマッチするターゲットを設定したり、ペルソナを作成する時のマスターデータ（スケルトン）として接続したりすることが可能になります。

※元データを作成する時は、各分析軸のサンプルが十分な状態を保てる規模感で調査を計画しましょう（個別の分析軸単位ではサンプル不十分で分析が未遂に終わってしまうケースも多いので総合調査として実施する方法がおすすめです）。

構成要素

❶併用状況　❷性別　❸年齢　❹世帯構成　❺購入頻度　❻購入カテゴリー

アイテム	Q2.主利用サービス	F1.性別	F2.年齢	Q25.世帯構成	Q4.当社プロダクト購入頻度	Q5.当社プロダクト購入カテゴリー
①ポイントユーザー	①○○○○(*%) ②○○○○(*%) ③○○○○(*%) ④○○○○(*%) (n=*)	男性(*%) 女性(*%) (n=*)	*平均(*歳) 25歳未満(*%) 25歳〜34歳(*%) 35歳〜44歳(*%) 45歳〜54歳(*%) 55歳〜64歳(*%) 65歳以上(*%)	単身世帯(*%) 夫婦のみ世帯(*%) 子と同居する世帯(*%) 親と同居する世帯(*%) ほか (n=*)	月1回以上(*,*%) (n=*)	*選択個数平均(*) ①○○○○(*%) ②○○○○(*%) ③○○○○(*%) ④○○○○(*%) ⑤○○○○(*%) (n=*)
②グループユーザー	①○○○○(*%) ②○○○○(*%) ③○○○○(*%) ④○○○○(*%) (n=*)	男性(*%) 女性(*%) (n=*)	*平均(*歳) 25歳未満(*%) 25歳〜34歳(*%) 35歳〜44歳(*%) 45歳〜54歳(*%) 55歳〜64歳(*%) 65歳以上(*%)	単身世帯(*%) 夫婦のみ世帯(*%) 子と同居する世帯(*%) 親と同居する世帯(*%) ほか (n=*)	月1回以上(*,*%) (n=*)	*選択個数平均(*) ①○○○○(*%) ②○○○○(*%) ③○○○○(*%) ④○○○○(*%) ⑤○○○○(*%) (n=*)
③有料会員ユーザー	①○○○○(*%) ②○○○○(*%) ③○○○○(*%) ④○○○○(*%) (n=*)	男性(*%) 女性(*%) (n=*)	*平均(*歳) 25歳未満(*%) 25歳〜34歳(*%) 35歳〜44歳(*%) 45歳〜54歳(*%) 55歳〜64歳(*%) 65歳以上(*%)	単身世帯(*%) 夫婦のみ世帯(*%) 子と同居する世帯(*%) 親と同居する世帯(*%) ほか (n=*)	月1回以上(*,*%) (n=*)	*選択個数平均(*) ①○○○○(*%) ②○○○○(*%) ③○○○○(*%) ④○○○○(*%) ⑤○○○○(*%) (n=*)

〈縦軸：分析データアイテム〉

※以下に代表的な項目を記載しますが、自社の会員分析で使うデータアイテムに則り分析軸を決定してください（例：顧客基盤、アライアンス、ネットワーク、顧客の利用・契約ステータスに関するもの）

① ポイントユーザー

自社で発行や加盟をしているポイントサービスのユーザー。

② グループユーザー

自社で提携や加盟をしているグループサービスのユーザー。

③ 有料会員ユーザー

自社の有料会員サービスのユーザー。

④ ヘビー層

購入・利用の頻度・回数・金額などが高いユーザー（定着層）。

⑤ ミドル層

購入・利用の頻度・回数・金額などが平均的なユーザー（育成層）。

⑥ ライト層

購入・利用の頻度・回数・金額などが低いユーザー（新規層・休眠層）。

〈横軸：基本属性・行動特性〉

❶ 併用状況

各データアイテムにおけるサービスの併用状況。

❷ 性別

各データアイテムにおける性別の割合。

❸ 年齢

各データアイテムにおける年齢の分布。

❹ 世帯構成

各データアイテムにおける世帯構成の分布。

❺ 購入頻度

各データアイテムにおける自社プロダクトでの購入頻度。

※データが分布だと細かくなりすぎるので集計で「月1回以上」などのくくりにする。

❻ 購入カテゴリー

各データアイテムにおける自社プロダクトでの購入カテゴリー。

よくある課題

> 「ターゲットとすべき層がよくわからない…」
> ⇒この悩みに1枚で答えるためのアウトプット

① ログのデータが特定要因に偏向しているケース

　ターゲットを考える時に自社で管理するユーザーの行動ログは基本のデータになります。ところが、行動ログデータは正確なようでいてセグメンテーション・ターゲティングのような全体を検討するための用途では不向きなこともあります。

　例えば、販促比率が高くてその時々の大型キャンペーンの影響を受けたユーザー構成比に

ユーザープロファイル　　197

なっていたり、もともとユーザーの基本情報を最小限の属性情報しか取れていなかったりと、データの代表性を著しく欠くケースも珍しくありません。

② 組織内でデータの管理元が分かれているケース

プロダクトのターゲットを決定する時には、総合的にデータを見て検討したいものです。しかし、データを管轄する部門が分かれているとデータの作りに統一性や整合性を保てないことがあります。マルチサービス展開だとなおさらです。

こうしたケースでは直接的に誰かが困るわけではないので平気で数年前の古いデータがそのまま使われたりするのですが、ターゲット決定においてはリスキーな状況です。議論のベースとなる網羅的・客観的なユーザーデータが求められます。

作り方

❶ ユーザープロファイル調査を行う

※アンケートならではの項目：主利用サービス、世帯構成など。

❷ 縦軸に分析軸をセットする

自社の会員分析で使うデータアイテムを設定する。（例：顧客基盤、アライアンス、ネットワーク、顧客の利用・契約ステータスに関するもの）

❸ **横軸に分析軸をセットする**

基本属性・行動特性のデータアイテムを設定する（見出しにはアンケートの質問番号を記載しておく）。

❹ **基本属性・行動特性のデータを記載する**

基本属性・行動特性のデータの割合や分布を記載する。複数回答の質問結果は上位項目を抜粋して記載する。基本属性の項目は平均値を記載して読みやすくする（適宜）。頻度や回数の項目は選択肢の足し上げ集計でスッキリ見せる。

❺ **質問項目ごとにn数を記載する**

すべてのマスにアンケートデータの回答者数を記載する（1枚のスライド内で異なる質問間データを比較するため）。

使い方

① 総合的・中立的にターゲットの設定を行う

ユーザープロファイルのデータから、主要なステークホルダーの分析軸において、年代の分布や平均、性別や世帯の構成比などから自社が集中すべき箇所を見出せます（場合によっては集中しすぎることがリスクだと気づくこともあります）。

もし、どの分析軸でも同じような構成比である場合は、プロダクトと最も親和性が高いステークホルダーの分析軸データを採用するようにします。例えば、小売企業グループならば実店舗会員ユーザーのデータが基本になることでしょう。

② ペルソナのスケルトンデータとして活かす

ユーザープロファイルのデータはペルソナを作成する時のスケルトンデータとしても使えます。スケルトンデータとは、全体の骨組みとなる基調データのことで、特にペルソナ作成時は基本属性を中心としたファクトをよく参照します。

このスケルトンデータに接続するにあたり、アンケートはシングルデータで網羅的にサービスや顧客基盤ごとの性別・年代などの基本データを理解できるので最適です。特に世帯構成の項目はアンケートならではの付加情報になります。

ユーザープロファイル

第5章 分析

05 顧客理解のアウトプット
ペルソナ

坂井 成美 不動産デベロッパー 勤務
商業開発職（女性・34歳）

TO-BE / ブランドターゲット

「"探す・作る"ゾーンに入ると、自己肯定感が上がります」

世帯種別	夫婦のみ世帯（DINKs）
家族構成	夫（40歳・会社員）
世帯年収	1600万円（個人年収 640万円）
居住地	大井町駅（東京都品川区）
ロールモデル	今井 真実（料理家）

- ✓ ○○○○クレジットカード会員
- ✓ ○○○○ポイントユーザー
- ✓ ミドル層（購入回数 2-3回程度/Q）
- ✓ 購入カテゴリー / 食品・日用品中心
- ✓ 利用目的 / スープ・調味料ほか
- ✓ 利用タイミング / 賞味期限サイクル
- ✓ 購入商品の主利用者 / 自分＋夫

❤ **インサイト**　✓価値観/志向性　✓ブランド選好　✓リテラシーLv.　✓ペイン/ゲイン

- 体が資本がモットーで栄養素まで気にする。
- 短くとも夫と食卓を囲む時間を大事にする。
- 料理系のSNSから季節感を感じ取っている。

📖 **ストーリー**　✓生活スタイル　✓マネープラン　✓使いこなし方　✓ロールモデル

大手デベロッパーで商業施設のプランナーを仕事にしている34歳の女性。街づくり・店づくりの仕事と同様に、探す・作ることに夢中で、デイキャンプや料理（お弁当、酒の肴）にもそれが現れている。食事・運動・睡眠などの健康管理に気を遣っているが、買うだけの贅沢リッチな生活よりも、創意工夫をすることによるコミュニケーションを楽しみたい派。

ショッピングアプリ｜イトーヨーカドー、無印良品、久世福商品、食べチョク、デニーズ、ドラッグストア系
趣味・生活系アプリ｜あすけん、Pokémon Sleep
SNSアプリ｜Instagram
好きなサイト｜白ごはん.com

※BtoCライフスタイルサービスの例（特定のプロダクト事例ではなく内容は一般化している）

　ペルソナとは、ターゲットユーザーの人物像を仮想のユーザーモデルとして可視化するアウトプットです。ペルソナの作成にあたっては、量的な分析データからは基本属性や行動特性を、質的な分析データからは生活行動・価値観・人生観を、それぞれ参照することで、リアリティのある人間性を描き出すことができます。

　ペルソナを作成すると、組織内でユーザー像の共通認識を持つことができ、打ち手の議論の中で判断軸が自然と顧客中心になっていきます。プロダクト運営においては、ペルソナの生活背景や購入商品との関わり方を参照することで、具体的かつ一貫性のあるデザインやマーケティングコミュニケーションが促進されます。また付帯的な効果として、他の体験設計のアウトプット（カスタマージャーニー、ストーリーボードなど）の主人公として情報を接続することができます。もともとはアラン・クーパーの著書『コンピュータは、むずかしすぎて使えない！』で提唱された歴史のある考え方・見せ方で、今ではプロダクトマネジメントシーンで誰もが知るユーザーモデリング手法として有名です。

　ペルソナの種類は、カテゴリー（クラスター）で分類されるのが通例です。主な分類方法には次のようなものがあります。

〈カテゴリーによる分類〉

① 商品カテゴリー（購入商品や利用内容など）

② 利用ステータス（契約状況や併用状況など）

③ ライフステージ（キャリアや家族構成など）

④ 価値観クラスタ（考え方や人生観など）

⑤ 決裁権限レベル（起案者と承認者など）

　このほか、戦略レベルでペルソナを構築する際には、優先順位による分類を行います。プロダクトビジョンの策定を担う担当者はこちらを定義することが仕事価値につながります。

〈優先順位による分類〉

① プライマリーペルソナ：優先度が最も高いペルソナ（具体的には以下を基準に考える）

　a. ブランド戦略に則り積極的に獲得したいユーザーセグメント→ブランドターゲット

　b. サービスの初期採用者→アーリーアダプター

　c. サービスの主たる商材や機能のユーザー→メインカテゴリーユーザー

② セカンダリーペルソナ：優先度が次に高いペルソナ（具体的には以下を基準に考える）

　a. 現状の顧客基盤で新規の集客や獲得が容易なユーザーセグメント→セールスターゲット

　b. 現状の顧客構成で利用頻度や購入金額が多いユーザーセグメント→ボリュームゾーン

　c. サービスの副次的な商材や機能のユーザー→サブカテゴリーユーザー

構成要素

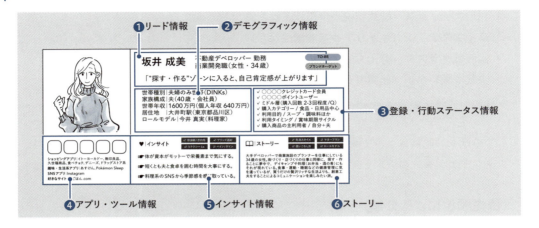

❶ リード情報

名前・職業をはじめとするペルソナの人物情報を端的にまとめた情報。ペルソナの情報を他のアウトプットに最小限で転記する用途でも有用。

代表的な項目
- 名前
- 職業
- 性別
- 年齢
- 特徴的な発言（価値観・志向性を象徴する発言）

❷ デモグラフィック情報

家族構成や居住地域などペルソナの生活背景を列挙した情報。具体的な生活行動や購買行動は実質的にこの情報の範囲で規定されていく。

代表的な項目
- 世帯種別
- 家族構成
- 世帯年収

- 居住地：最寄駅（利用沿線）
- ロールモデル

❸ 登録・行動ステータス情報

商品やサービス（プロダクト）との関わりを列挙した情報。会員分析データや行動ログデータとも同期を取って決定する。

代表的な項目
- 有料サービス・課金利用状況
- グループのサービス登録状況
- ポイントのサービス登録状況
- 購入頻度
- 購入商品
- 利用目的
- 利用タイミング
- 購入商品の主利用者

❹ アプリ・ツール情報

ペルソナが使用するアプリやツールの情報。ベンチマークやケーススタディの情報と連携することで伸び代のある情報量となる。

代表的な項目
- ショッピングアプリ（事業展開している分野のもの）
- 趣味・生活系アプリ
- SNS アプリ

※アプリ（BtoC の場合のメイン）、ツール（BtoB の場合のメイン）

❺ インサイト情報

事業ドメインに対する価値観・志向性など、考え方や感じ方の基準となる情報。プロダクトの提供価値を追求するうえで最も重要な概念。

代表的な項目
- 価値観・志向性（優先度・テーマ）

- リテラシー Lv.（事業展開している分野の知識や経験）
- ブランド選好（こだわり度合い、価格と品質のバランス）
- ペイン・ゲイン（困った事象、助かる機能）

❻ ストーリー

ペルソナの生活行動・購買行動の特性をテキストでまとめた情報。組織内での情報共有にあたりそのまま読み上げて使うことができて便利な箇所。

代表的な項目
- 生活スタイル
- マネープラン（家計の方針、支出の配分、長期の展望）
- 使いこなし方（使い分け方、独自の工夫）
- ロールモデル（あこがれの人）

よくある課題

> 「どのような価値観・志向性を持つユーザーに向けて商品・サービスを提供するのか？」
> ⇒この質問に1枚で答えるためのアウトプット

① 各事業部門・機能部門でユーザー像がまちまちなケース

組織が成長して事業分割・機能分割が進むと従業員の中にあるユーザー像も分かれ始めます。プロダクト全体に関するユーザーデータを俯瞰的に見る機会が少ないため、部門ごとにユーザーの認識がまちまちで整合性がない状態に陥ります。

そうしてプロダクト全体を貫くユーザー思想が欠落していると、「よりハイクラスのターゲットに、よりハイレベルなサービス提供を」（高所得者層に高額のものを）という思考が根付き、悪い意味でもKPIドリブンな文化が形成されます。

② サービス企画時に独自性のある提案が出てこないケース

組織内で企画系のケイパビリティを持つ人材が極端に少ない場合、サービス企画時に独自性のある提案が出てこず、「〇〇が流行っていて良さそう」（例：韓国グルメ、SDGs、ワーケーション）のような提案のオンパレードになります。

こうした組織では、仮にペルソナが既に導入されていても、ユーザー要件を無視したゴムのペルソナ（自分たちにとって都合の良いユーザー像）になりやすく、現状を超える妙案が一向に出てこず議論が平行線をたどることが多いです。

③ ペルソナがあるだけの状態で業務では使われないケース

大規模なクラスター分析と全社的なワークショップを経てペルソナを作ったのに、実際の業務では使われない例もよく見かけます。こうしたケースでは、ペルソナの情報が最大公約数的なのっぺりとしたものになっていることが多いです。

特に経営課題や事業課題と向き合うシーンではペルソナの強度が問われます。ペルソナ＝データアナリティクスの延長で作られていると思考の余白を作れず活用が進みません。価値観や志向性、生活スタイルに関する情報が無いからです。

作り方

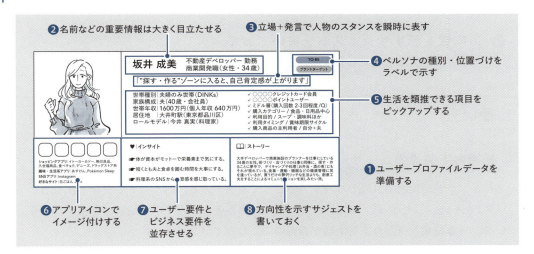

❶ ユーザープロファイルデータを準備する

ユーザープロファイル、セグメンテーションマップを作る。対象者セグメントごとのスケルトン（データセット）に見立てる。

❷ 名前などの重要情報は大きく目立たせる

名前や職業などの基本情報は大きめに表示する。

❸ 立場＋発言で人物のスタンスを瞬時に表す

キーインサイトをひと言でまとめる。

❹ ペルソナの種別・位置づけをラベルで示す

戦略上どのような位置づけなのかを表す。

❺ 生活を類推できる項目をピックアップする

予測がしやすいプロフィール情報を書く。

❻ アプリアイコンでイメージ付けする

アプリアイコンやブランドロゴを表示する。

❼ ユーザー要件とビジネス要件を並存させる

ビジネス要件も織り込んでまとめる。

❽ 方向性を示すサジェストを書いておく

ストーリーを文章形式でも参照できるようにする。

使い方

① 組織内で共通のユーザー像として活用する

ペルソナが組織内で共通のユーザー像として浸透すると、ペルソナの背景情報を活かして「○○さんは○○だから○○にしよう」（例：価格が多少上がっても品質をキープしよう）というような提案が行われ、判断軸が顧客中心になっていきます。

また、ペルソナの種類もサービスやブランドごとに拡充したり、プライマリーとセカンダリーのレベルを設けることで、プライマリーでは王道を外さず、セカンダリーではニッチながらも強いニーズに応える、などの顧客戦略を策定できます。

実務で最もわかりやすい変化としては、デザインとマーケティングコミュニケーション領域です。デザインではトンマナの一貫性を保ちやすくなり、マーケティングコミュニケーションでは表現方法をユーザーにフィットしやすくなります。

② 体験設計のアウトプットの主人公に据える

　ペルソナは単体資料として意味を持つだけでなく、他の体験設計のアウトプット（カスタマージャーニー、バリュープロポジションキャンバス、ストーリーボードなど）の中にも主人公として登場させることで利用価値が飛躍的に高まります。

　各重要資料内で常にペルソナを参照する状態を作れると、顧客理解こそがアイデアの源泉であることを実感できます。リサーチ、制作・開発などのパートナー会社との協業においても充実したユーザー像を迅速に共有することができて便利です。

③ リサーチデータの総合力を問う機会にする

　ペルソナを作成する過程ではたくさんのユーザー情報を必要とします。そのもとになるデータは、行動ログ分析、インタビュー、社会統計などの手法を駆使して収集するため、自然と組織のリサーチの総合力を問う機会になります。

　言い換えると、ユーザー情報の充実度や完成度は組織のリサーチ力の成果であり、ペルソナの作成を機に、定量・定性バランスよく運用できるかを点検してみると良いでしょう（他の成果物の作成だと単体のデータでも何とかなる）。

第**5**章　分析

06
顧客理解のアウトプット
価値マップ

　価値マップとは、インタビューの発話で得られた事実情報をユーザーの心の声として変換し、「○○できる価値」の形式で抽出した価値を（KA法）、価値同士の関係性を整理することによって（KJ法）、プロダクトの普遍的な価値を定義するアウトプットです。UXデザイン研究の第一人者である千葉工業大学の安藤昌也先生が発案したモデルがよく知られており、UXデザイナーの間に広まるユーザーモデリングの手法として使われています。

　価値マップの作成により、ユーザーに認識されているプロダクト提供価値の全体像を視覚的に捉え、価値のグループごとに集中・分散傾向を見ることができます。また、KPIに関連した価値をポジティブな価値とネガティブな価値とに判別して対応を検討できます。

　またこの成果物はインタビューの結果を要約・デザインして見せるのに最適です。生の発言録データだとよほど関心が高い人でないと見てもらうのは難しいからです。ホワイトボードツールを使って発言内容を書き出す作業の延長で完成するところも便利です。

　使用上の注意点として、もともとのプロダクトの独自性が低い場合にはユーザーの発話から独自性を発見するのは難しく、あくまで「普遍的な価値」を確認するマップとなります。見た目の情報量の割に深い考察まで行かないケースもあるので力量が問われます。

　同じく注意点として、価値マップの形態として普及している散布図（付箋を使ってネットワーク関係を描くもの）は、成果物の作成に関わった人には情報構造が伝わりますが、初見の人にとっては情報のとっかかりとなる部分がわかりづらいので注意しましょう。

　価値マップのパターン展開は複数あり、ここでは私自身も使う4種類を紹介します。

① 散布図

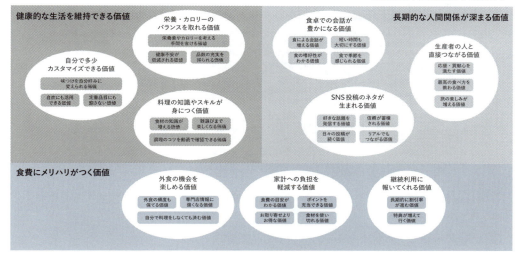

価値の集合体をグループで捉えるもの。価値の振り幅と偏り方を共有するのに向く。

② フローチャート

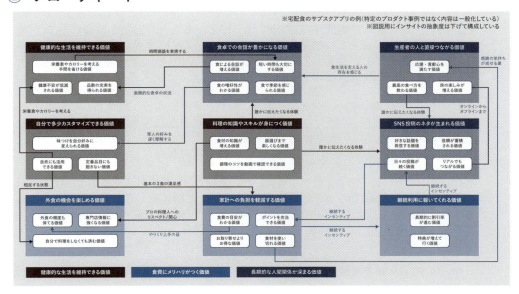

価値同士の関係性を矢印で明示したもの。全体を簡略化して思考を集約するのに向く。

価値マップ

③ リスト

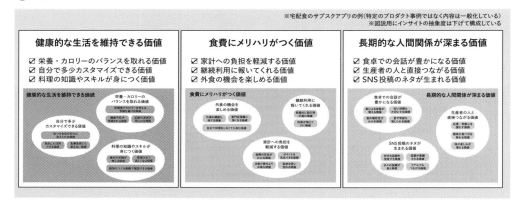

大きな価値のグループを言葉で並べたもの。調査で判明した価値を説明するのに向く。

④ ステートメント

共働きで夫婦とも仕事に忙しいDINKsの家庭では、毎日限られた時間の中で食事の準備をしたり、夫婦のコミュニケーションを上手く取ることが大切だ。生活の核となる食事がコンビニ弁当・スーパーの総菜・外食続きでは、カロリーや栄養素に偏りが出て健康面が心配だし、同じメニューでは飽きてしまう。

そこで、主菜＋副菜で構成する宅配食サービスがあると、自然と食卓の品数が充実し、調理時間は減らしつつ見た目も会話的にも満足感が高い食事を取れる。メニューは管理栄養士が監修しているため、栄養素やカロリーのバランスを考える手間も省けて、生活習慣に起因する健康不安に備えることができる。

また、スープや味噌汁のベースとなる出汁、和食・洋食に適した調味料などを選んで、メニューを自分の好みの味つけに変えることで、定番品目でも飽きずに食べ続けられる。選択できるメニューの多くは基本品目であることから、夫・妻の食への嗜好性をより深く知る機会になるのも長期的に大事な観点だ。

宅配食のメニューはそのまま食べても良いが、素材として自炊に活用することもできる。もちろん、申込時点でのサービス利用理由は自分で料理をしなくても済むことにあるが、それでは意識としてコンビニ弁当やスーパーの総菜と変わらない。料理の知識やスキルに触れることが継続する理由へとつながる。

ユーザーの生活文脈で価値を言語化したもの。ストーリーラインを示すことで思考を活性化させるのに向く。

※一般的によく使われているのは①散布図のタイプですが、報告の機会にのみ登場する拡大関係者

に内容を伝えるにはハードルが高いこともあり、運用上はその機能を補完するために②③④のタイプを併用していくのが望ましいです。

（このほか、定性調査の分析スキルが高い人の間では、個々の価値の解像度を上げるために、具体から抽象へと考察を深めていく「上位下位分析」の手法も使われています）
※価値マップの構成要素は、調査結果から導く価値情報（KA法）そのものになります。

よくある課題

> 「プロダクトに何も良いところが無い気がする…」
> ⇒この悩みに1枚で答えるためのアウトプット

① 強みですらも競合劣後にさらされているケース

トップシェアブランドの寡占が進む業界では、自分たちが強みと定義したい項目でも簡単に劣後評価になり得ます。アンケートの競合調査で相対比較をするとこの傾向はいっそう顕著に表れ、劣後項目ばかりに見えてしまうことでしょう。

参照するデータを変えてVOC（コールログや問合せログ）を見てみても、基本的には改善要求が並ぶため光が差し込んできません。この状況に陥ったら、調査のアプローチを変え自社の「普遍的な価値」を知る機会を作ることが有効です。

② 心理的ロイヤルティが形成されていないケース

KPI達成のために極端なマーケティング施策に傾倒していると、利用数値は伸長してもユーザーの偏った使い方を促進してしまうおそれがあります。こうしたユーザーには心理的ロイヤルティ（エンゲージメント）がほとんど無いのが特徴です。

例えば、キャンペーンに参加はしているがプロダクトの中身は見ていない、などの使い方をする人です。こうした状況下ではインタビューでもユースケースが画一的で、特定用途・特定時期・特定要件でのみ使用される事例が目立ちます。

第5章

分析

価値マップ　　211

作り方

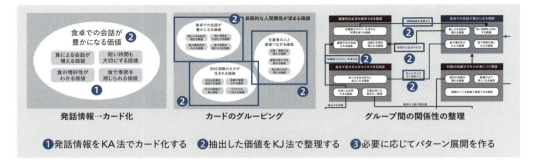

❶ 発話情報をKA法でカード化する

インタビューの発話で得られた事実情報（出来事）をユーザーの心の声として変換する。「○○できる価値」の形式で価値を抽出して、カード化する（以上、KA法のステップ）。

❷ 抽出した価値をKJ法で整理する

抽出した価値の類似性に着目してグルーピングし、グループの見出しをつける。
グループ同士の関係性を矢印の記号で整理する（以上、KJ法のステップ）。

価値・グループ同士の関係性を整理する時の着眼点

- 目的と手段の関係性
- 事前と事後の関係性
- 基本と発展の関係性
- 上位と下位の関係性
- 二律背反する関係性

※実際のプロダクト運営に関するワークショップでよく使うものを記載しています。

❸ 必要に応じてパターン展開を作る

必要に応じて成果物のパターンを作る。
※詳細は「種類」を参照

- 散布図、フローチャート、リスト、ステートメント

使い方

① 提供価値の全体像を視覚的に把握できる

　価値マップにはベーシックなものも含めた普遍的な価値が並びます。マップを見ていると、競合にかかわらず自社が展開する事業ドメインで確実に提供できている価値を認知し、自信を深める（取り戻す）ステップにつながります。

　もちろんそれだけではだめなので、どの価値群に焦点を当てるか話し合うことになります。価値マップを使うと、価値同士の関係性・価値群の偏りを参照しながら、ユーザーのインサイトベースで伸ばす部分を決めることができます。

② LTVに寄与する正しい価値を判別できる

　マップ中の価値の中でも注目したいのはKPIが関係する重要項目です。ユーザーが取る様々なアプローチ（インサイト）の中から、ポジティブなものとネガティブなものを判別して、前者を採用して、後者を回避する討議に役立ちます。

　この討議アプローチは、今あるインサイトを網羅的に可視化する価値マップならではです。一見するとKPIに貢献するアクションでも、LTV（Life Time Value/顧客生涯価値）ベースではベースではネガティブなものもあります。価値マップで正しい価値の道筋を確認しましょう。

第5章 分析

07 体験設計のアウトプット
バリュープロポジションキャンバス

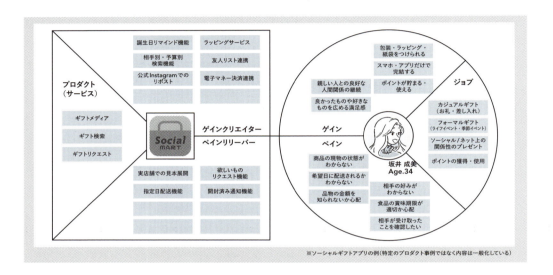

　バリュープロポジションキャンバスとは、カスタマープロフィール（図の右側：顧客情報）とバリューマップ（図の左側：提供価値）から成る図を使って、ユーザー要件とビジネス要件を突合せ、その一貫性を示すためのアウトプットです。

　具体的には、右側のカスタマープロフィールは、ジョブ（顧客が成し遂げたいこと）、ゲイン（顧客の便益）、ペイン（顧客の悩み）の要素から成り、左側のバリューマップは、プロダクト（提供サービス）、ゲインクリエイター（便益を満たすもの）、ペインリリーバー（悩みを解消するもの）の要素から成ります。

　Alexander Osterwalde/アレクサンダー・オスターワルダー氏が考案したフレームワークとして広く知られるこの成果物は、見る人の部門や職種を問わず、ブランド・サービスの全体像を簡略化して共有できるメリットがあります。

構成要素

※記入例はギフトEC/ソーシャルギフトサービスの場合で記載しています。

○カスタマープロフィール（図の右側）

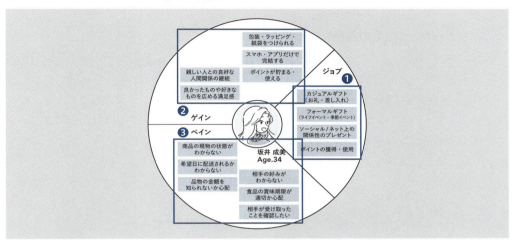

❶ ジョブ

ユーザーが商品・サービスを使用するに至る目的や願望。
（※この項目は自社に特有の内容にならないように注意）

リサーチデータからのインプト
- 重視点
- 利用目的

❷ ゲイン

ユーザーがジョブの達成にあたり望んでいる便益や利点。

リサーチデータからのインプト
- 満足点
- カテゴリーエントリーポイント

❸ ペイン

ユーザーがジョブの達成にあたり障害となる悩みや不便。

リサーチデータからのインプット
- 不満足点
- 困っていること・わからないこと

○バリューマップ（図の左側）

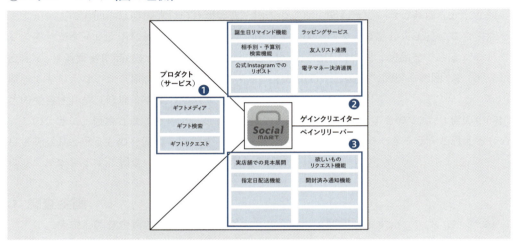

❶ プロダクト

自社のプロダクト（サービス）。

リサーチデータからのインプット
- 事業計画
- 経営計画

❷ ゲインクリエイター

ユーザーのゲインを促進する施策や機能。

リサーチデータからのインプット
- マーケティング方針
- 開発方針（バックログ）
- サイトマップ

❸ ペインリリーバー

ユーザーのペインを緩和する施策や機能。

リサーチデータからのインプット
- マーケティング方針
- 開発方針（バックログ）
- サイトマップ

○補足：項目を書き分けるコツ

　バリュープロポジションキャンバスはキャンバスの項目に沿って情報を埋めていくことで成果物の品質が保たれる構成になっています。しかし意外と「ジョブ」「ゲイン」「ペイン」の書き分けを苦手とする人は多く、基本的に書いていることがどれも同じ内容で、ポジ・ネガのトーンの違いだけという状況も見かけます。

　項目を上手く書き分けるには「リサーチデータからのインプット」を徹底します。カスタマープロフィールはユーザー情報なので、あくまでユーザーデータをもとに整理を行うようにします。そうすると、一部で共通の要素を含んだり表裏の関係になることはありますが、見本の図くらいまで精度が上がるようになります。

よくある課題

> 「ユーザーのゲイン・ペインをまとめた資料データはないか？」
> ⇒この質問に1枚で答えるためのアウトプット

① 膨大な環境分析データを参照しているケース

プロダクトを運営する組織では、ユーザーのゲイン・ペインをまとめた資料データの参照ニーズが強くあります。しかしリサーチで調べ上げられた環境分析データは、そのままだと元の報告書が何十ページにも及ぶ状態にあります。

資料ページが膨大だと、残念ながらその中に埋まっているデータはなかなか活用されません。ユーザーとサービスの在り方についてスムーズに討議に入れるよう、ユーザーのゲイン・ペインをシンプルにまとめる工夫が欠かせません。

② 事業展開ごとに報告書の仕様が異なるケース

事業成長に伴い事業展開が多角的になってくると（マルチカテゴリー・マルチブランド運営をしていると）、月次報告や期首発表などの全体報告の場では、共有する中身の情報こそ違えど、共通の報告用フォーマットが必須になります。

もしここで交通整理を行わないと、個々に好きな形式で内容が構成されてしまいます。当の報告部門には良くても、資料を参照するメンバーにはサービスやプロダクト間の比較・把握しづらくなり、高い読解カロリーが発生します。

作り方

〈STEP1：カスタマープロフィールを作成する〉

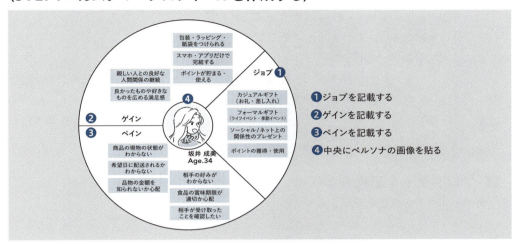

❶ **ジョブを記載する**
　ユーザーの目的や願望を記載する。

❷ **ゲインを記載する**
　ユーザーの便益や利点を記載する。

❸ **ペインを記載する**
　ユーザーの悩みや不便を記載する。

❹ **中央にペルソナの画像を貼る**
　名前・性別・年代などの基本情報を補記する。

〈STEP2：バリューマップを作成する〉

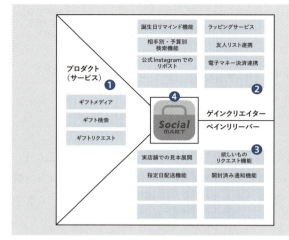

❶ プロダクトを記載する
サービスや重要機能を記載する。

❷ ゲインクリエーターを記載する
ゲインを生み出す施策や機能を記載する。

❸ ペインリリーバーを記載する
ペインを打ち消す施策や機能を記載する。

❹ 中央にプロダクトのアプリアイコンを貼る
アプリ展開が無い場合はサービスロゴで代用する。

使い方

① ユーザー要件を交えた環境分析をクイックに参照する

バリュープロポジションキャンバスがあるとプロダクトの事業環境を素早く共有することができます。インタビュー結果そのものだと情報量がありますが、この成果物があれば瞬時に関係者にプロダクト概況を共有することができます。

特に領域強化や新規事業を検討する場面で、ユーザーに関連する情報の参照率や引用率を上げる手段として有用であり、事業優先・開発優先などの自社都合でプロダクトバックログの優先順位が決まる状況を抑制する役割を果たします。

② 複合事業ポートフォリオのまとめ資料として活用する

複合的な事業展開をしている組織では、同じバリュープロポジションキャンバスのフレームワークを使って、ブランド単位・サービス単位のフォーマットに展開し、戦略検討や方針共有の場でポートフォリオ資料のように活用できます。

このフレームワークはメジャーなため、資料を閲覧する立場でも作成する立場でも、セールス・マーケティング部門から制作・開発部門まで広く通用することでしょう。組織横断の役割を担う部門にとっては重宝する成果物です。

バリュープロポジションキャンバス

第5章　分析

08 体験設計のアウトプット
カスタマージャーニーマップ

※食品ECの例（特定のプロダクト事例ではなく内容は一般化している）

フェーズ	アクセス		全体理解		情報探索		比較検討		商品購入	シェア・再購入
タッチポイント	プッシュ	クーポン	グランドトップ	カテゴリトップ	検索機能	検索結果	商品ページ	店舗ページ	カート	シェア
	メルマガ	SNS	LP	アプリタブ	閲覧履歴	購入履歴	レビュー	お気に入り	購入内容の確認	購入履歴
	検索	広告	チュートリアル	利用ガイド	特集	ランキング	レコメンド	価格比較	購入完了	カスタマーサポート
行動	毎朝出勤時にアプリを開く。ログインポイントを獲得する。		移動が多いので、その合間に気になった記事や動画を見ている。		食品は賞味期限ベースで買い替え。購入履歴を元に数量を調整。		いつもスープ・レトルト・缶詰・調味料をまとめ買いしている。		カート画面で意図しない送料が発生していないかをチェック。	めっちゃ良かった商品は御礼方々レビューを書くこともある。
思考	新着のウェブチラシを数件見てポイントが貯まるので嬉しい。		いつも似たキャンペーンばかりでトップページが見づらい。		商品情報以前に食品の品種や産地の選び方ガイドLPが役立つ。		念のためリアルのセレクトスーパーでの取扱いも確認している。		送料があといくらで無料か、シュミレーション表示が安心。	料理はInstagramにアップする。キャンプまでに改良を重ねる！
	メルマガで「TVで話題のグルメ」が届く時は欠かさず見る。		保有ポイント数と貯めるアクションが個人ページで明快で良い。		良かった記事や動画には高評価を押して見返せるようにする。		定番スープの在庫がよく切れている。入替頻度が多すぎでは？		配送日数の目安はあるものの、注文時に着荷日がわからず困る。	商品のシェア機能はたまに夫との情報交換用に使うくらい。
AS-IS ↓ TO-BE	・メルマガやSNSの発信で「次に欲しいもの」を可視化する		・貯めたポイントで何ができるか、ユースケースを提示する		・コンテンツもお気に入り保存できるようにして購入率を高める		・品揃えはリアルのセレクトスーパーを比較対象として意識する		・人気商品はお急ぎに対応するか、全体的に待つ文化を形成するか	・レビューやシェアをより簡単にできるインタラクションを検討

坂井 成美
商業施設デベロッパー（女性・34歳）　「"探す・作る"ゾーンに入ると、自己肯定感が上がります」　TO-BE　ブランドターゲット

　カスタマージャーニーマップとは、ユーザーの利用体験を時系列でスライド1枚の中に可視化して、施策運営や機能改善を通じてプロダクトで提供するユーザーシナリオを定義するアウトプットです。目的・用途によって、現在の出発点をAS-IS版として描いたり、未来の到達点をTO-BE版として描いたりして使い分けします。

　マップの横軸にはフェーズ・タッチポイントを、縦軸には行動・思考・感情・課題を設定し、インタビューやアンケート、行動ログの調査結果を当てはめていきます。特定セグメントのユーザーシナリオを描く場合はターゲット分析に、エクストリームユーザーのシナリオを描く場合はN1分析に、それぞれ役立てます。

　プロダクト運営業務における用途としては、アプリダウンロード～オンボーディング（初回訪問・初回登録など）時の作り込みや、大型施策や機能改善の企画・検証に当たって作成されることが多く、それゆえに、制作・開発部門だけでなく、サービス企画・マーケティング部門に至るまで幅広い職種で使用されています。

　カスタマージャーニーは普及が進んでいる分、総合力が問われる成果物です。プロダクトに関連する市場・事業・商品・顧客・施策・機能・導線などの構成要素を一手にまとめる必

要があり、実は難易度の高い作業になります。作成者の立場や役割により上記いずれかの情報に偏りやすいことも成果物の品質に影響します。

　バランスの取れたカスタマージャーニーを描くために有効なのが普段からのリサーチ活動です。複数部門と協力して多様なデータを揃えていると、ジャーニーを描く時に「この要素は盛り込む」「割愛する（省略する）」という判断を適切に下せるようになります。網羅性と同時に客観性のある内容は信頼につながります。

　カスタマージャーニーは調査目的・分析用途によって以下の種類に分類することができます。

① AS-IS 版

　現在の出発点を描くために作成する。現状がしっかり掘り下げられていること（事実関連の情報量が少ないと浅いジャーニーになりやすい）。

② TO-BE 版

　未来の到達点を描くために作成する。打ち手や勝ち筋を提示できていることが条件（事業者視点だけで構成してしまうと実態と乖離しやすい）。

〈ポイント〉

- AS-IS 版と TO-BE 版のどちらを描くのか、ユーザー調査の実施前に定義しておく
- 情報源となるインタビュー時間の制約から、一度の調査で両方に対応するのは難しい
- もしどちらかを描くかで迷ったら、「AS-IS のポジティブ版」にすると使い勝手が良い（AS-IS をベースにすることで実態と乖離せず、適宜 TO-BE の要素を織り交ぜる方法）

第5章

分析

カスタマージャーニーマップ

構成要素

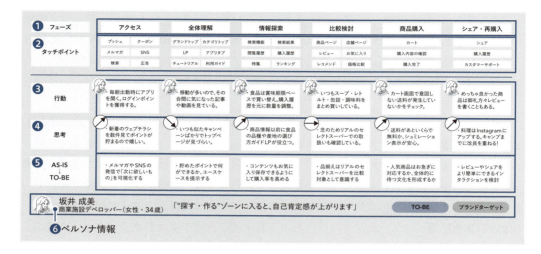

※以下の構成要素はネットショッピングのサービスモデルをベースとした内容です。業態によって構成要素は大きく変わってくるため、一例としてご覧ください。

❶ フェーズ

A.アクセス、B.全体理解、C.情報探索、D.比較検討、E.商品購入、F.シェア・再購入。

❷ タッチポイント

A.アクセス（プッシュ・クーポン・メルマガ・SNS・検索・広告）

B.全体理解（グランドトップ・カテゴリートップ・LP・アプリタブ・チュートリアル・利用ガイド）

C.情報探索（検索機能・検索結果・閲覧履歴・購入履歴・特集・ランキング）

D.比較検討（商品ページ・店舗ページ・レビュー・お気に入り・レコメンド・価格比較）

E.商品購入（カート・購入内容の確認・購入完了）

F.シェア・再購入（シェア・購入履歴・カスタマーサポート）

❸ 行動

ユーザーの行動（自身の生活そのもの）。ユーザーの行動（サービスの利用方法）。

❹ 思考

ユーザーの思考（評価・不満・疑問点）。ユーザーの思考（利用に伴う感情変化）。

❺ AS-IS → TO-BE

現状からあるべき姿に転換するためのアイデア（仮説）。

❻ ペルソナ情報

ジャーニーの主人公となるペルソナの簡易情報。

よくある課題

> 「ユーザーにどのような体験を提供するのか？」
> ⇒この質問に1枚で答えるためのアウトプット

※カスタマージャーニーは既に何らかの形で作成していることが多いと思われるため、
　以下では改善を要するケースを中心に説明します。

① 調査の報告書では討議が活性されないケース

　ユーザー調査の結果は一般的にはレポート形式で共有され、作成者はこの成果物によって討議が活性されることを期待します。しかし残念ながら、調査結果そのままのデータや発言録を羅列したレポートだとあまり参照されません。

　調査レポートに収録されるデータや発言録は基本的に読解カロリーが高く、同一プロジェクトのメンバーなら精読してくれるかもしれませんが、経営層や関係者などのステークホルダーを巻き込むには情報量が多すぎてしまいます。

　情報の共有のみを目的とする報告では上記のような提出方法も考えられますが、もし討議の時間を充実させたいと願うなら、できるだけ資料と目線が行き来する進行を避けるべく、1枚で現状と未来を伝える成果物を必要とします。

② 事業者に都合の良いシナリオになっているケース

　カスタマージャーニーは、マーケティング・セールスのようなビジネス職種を含め、幅広い職種で使用されている成果物です。それだけに、プロジェクトオーナーの想いや意見が強くてユーザーインサイトの記載が無いものもよく見かけます。

カスタマージャーニーマップ

例えば、事業者が提案するオンボーディング施策にはすべて乗ってきてくれて、販促を通じてためらないなく最後まで利用してくれる模範的シナリオがそうです。カスタマージャーニーというよりも「施策のはめ込みチャート」の趣きです。

現実にはもちろんこのような直線的なシナリオになるはずはなく、プロダクトの使い勝手も含めて紆余曲折があります。こうした例を見ていると利用フェーズの設定がユーザー体験ごとではなく自社の施策ごとになっていることが多いです。

③ 担当者により作図の品質が安定しないケース

カスタマージャーニーはベーシックな成果物でありながら、担当者により作図の品質にばらつきが出やすいアウトプットでもあります。情報がスカスカだと見ても得るものが無く、情報が多すぎると消化不良を起こします。

情報がスカスカな場合には、ユーザー情報を言語化できておらず、スペースを埋め合わせるように挿絵のオブジェクトが入っていたりします。

情報が多すぎる場合は、フェーズの区分が細かすぎて（横長で）1度に見切れず、いちいち画面の拡大・縮小の操作が必要だったりします。

このように、カスタマージャーニーの作成に当たっては、複合的な情報を1枚にまとめつつ視認性も両立させる情報整理の技術が必要です。

作り方

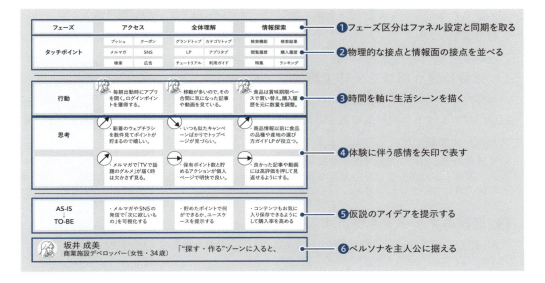

❶ フェーズ区分はファネル設定と同期を取る

フェーズ区分はファネル分析の項目と同期を取る（自社でファネル分析を行なっていない場合、展開している業態一般におけるファネル分析の項目を参照する）。ファネル分析をベースに作図することで広く関係者の共通言語になる。作成者がオリジナルの区分に変えると伝わりづらくなるので注意する。

❷ 物理的な接点と情報面の接点を並べる

ユーザーが利用するシーン・ページ・デバイスなど、接点となり得るコミュニケーションチャネルを書く（非ログイン期間も含めた想定接点）。タッチポイントの情報により具体的な課題シーンを個々人が認識できる。課題を理解したうえでアクションを考えやすくなる。

記入のヒント
- メディア
- デバイス
- ページ
- 機能
- サービス

❸ 時間を軸に生活シーンを描く

日常生活やプロダクト利用に関する時間帯の情報を書く。時間を切り口にすると商品やサービスが出てくる経緯をより自然に描ける。商品と販促に関する情報はその種類とスペックまでわかるとリアリティが出る（金額・割引率・ポイント数・クーポン額・購入点数・商品の入数や重量など）。

❹ 体験に伴う感情を矢印で表す

体験に伴って発生する感情のポジネガを矢印マークで表す（上昇・維持・下降）。感情の項目は、プロダクトの利用工程あるいは使用している機能を特定して書くのがポイント。インタビューの発話で出てきた表現を上手く活かすとリアリティが出る。

※感情の変化をカーブで描く感情曲線を使用するのも良い方法ですが、スライドやボードのスペースを大きく取ってしまう懸念があります。このフォーマットでは思考の欄に被せることで評価や変化の意味合いが伝わりやすくしています。

❺ 仮説のアイデアを提示する

AS-ISからTO-BEへと導く仮説（改善に結びつく手がかり）を提示する。

記入のヒント
- 各フェーズの課題認識
- 改善の方向性や打ち手
- ユーザー環境や競合環境の補足情報
- 定量調査や市場調査による関連情報

❻ ペルソナを主人公に据える

フッター欄にペルソナの簡易情報を添える（名前・職業・属性・キーフレーズなど）。行動欄の左上にも写真を掲示してペルソナの行動であることを意識づける。思考や感情はペルソナのボイス＆トーン（口調・性格）で表現する。

使い方

① ユーザー調査結果を説明する一枚絵に使う

　カスタマージャーニーを使うと、調査結果のまとめを1枚で説明できます。調査テーマが「利用実態調査」や「ユーザーテスト」などベーシックなものである限り、データや発言録を並べるよりもこの成果物の方がわかりやすいでしょう。

　企画会議では、カスタマージャーニーが1枚あるだけでユーザー調査を受けた課題の認識や今後の展開を皆で討議することができます。1度作成しておくとしばらくその情報は有効なので、リサーチの仕事成果が浸透しやすい面もあります。

② 体験設計・シナリオの共通理解促進に使う

　カスタマージャーニーは事業部門でも機能部門でも共通して使う成果物です。成果物を普及させるうえで、努力に関係なくもともと見る習慣・作る習慣があることは大きなアドバンテージとなります（他の成果物だとまずこうはいきません）。

　この特性を活かして、成果物の中にユーザー要件を織り交ぜて自然と吸収できるようにしておき、関係者の間で体験設計・シナリオの共通理解を促すのに役立てます。制作や開発に入る前の、リサーチ報告の場で行うのがポイントです。

③ 全部門共通の報告フォーマットとして使う

　前述のようにカスタマージャーニーは各部門ごとの目的に偏重した内容になりがちで、特にユーザー観点の情報が薄いことが少なくなく、見え方としては「施策や機能のワークフロー」とほとんど変わりがない状態になる懸念があります。

　ユーザー調査の実施はこの状況を変える格好の機会です。ユーザー観点を盛り込んだ作例を作り、それを全部門共通のフォーマットに採用しましょう。既視感のあるワークフローではなく討議が活性される新しい情報を皆が得られます。

カスタマージャーニーマップ

第5章 分析

09 体験設計のアウトプット
ストーリーボード

　ストーリーボードとは、ユーザーがサービスを利用する時の物語展開をCM制作の絵コンテのような形式で可視化するアウトプットです。ユーザーの生活習慣や消費行動を背景に設定して、サービスとの出逢いやサービスを通じたゴールの達成状態を描き出し、広いステークホルダー向けて未来像を共有していきます。

　ストーリーボードの作成ではカスタマージャーニーを参照します。カスタマージャーニーは実務での汎用性は高いものの、成り立ちがどうしてもマーケティング視点になるので、ストーリーボードの形で描き出すことで企画部門・デザイン部門をはじめ、思考の余白を必要とするメンバーにも吸収されやすくなります。

　この成果物を作成する時には、イラストレーターを起用できるか？ということが初歩にして最大の障壁になります。社内か外部に依頼できる環境があると良いのですが、一般の事業会社では人材がいない、時間を割けない、費用がかかる等の課題で難しいことが多く、そこがこの成果物が普及しない要因でもあります。

　そこで本項では、ケーススタディ・ベンチマーク・ユーザーテストの結果を組み合わせてコマ割りを埋めていくフォーマットを紹介します。この方法なら、見栄えはツギハギの中間成果物でも、マーケター・リサーチャー・デザイナーのみで十分進められます（イラストの

画力のスキル有無で実現できないということが無い）。

※とはいえ最終成果物をイメージできた方が良いのは確かなので、見本の図表ではイラスト付きで編集したものを用意しています。

構成要素

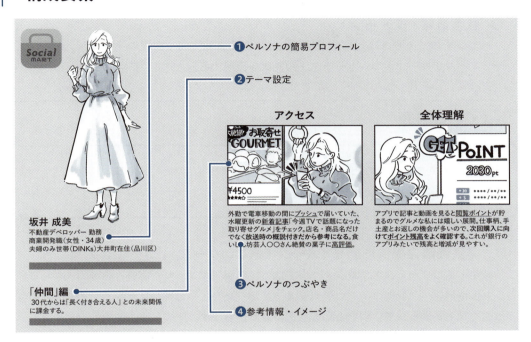

❶ ペルソナの簡易プロフィール

ストーリーの主人公となるペルソナの簡易的な情報。

（ストーリーの背景情報が無いと、関係者はどのユーザーシナリオなのかがわからない）

おすすめの記入項目

名前、職業、性別、年齢、世帯構成、居住地、口癖

❷ テーマ設定

組織で広めたい・深めたいテーマ。リサーチが伴走するプロジェクトと連動したものを設定する。

ストーリーボード

❸ ペルソナの思考発話

設定したテーマにおけるペルソナの日常。生活習慣・利用行動などをペルソナの言葉や思考で描く。ブランドガイドラインで定めるボイス＆トーン（口調）があれば参考にする。

※上記のような一人称の思考発話形式のほか、運営者の立場からナレーションのような場面説明を入れるような形式や、逆にあまり場面を定義しすぎないようにイラストのみにしてあえて説明書きを入れない形式を取っている例もあります。

❹ 参考情報・イメージ

ペルソナのつぶやきに対応する組織内外にある参考情報や実現のイメージ。ケーススタディ・ベンチマーク・ユーザーテストの結果を活用する。

よくある課題

> 「結局、私たちは自分の仕事で何をしたらよいのか？」
> ⇒この質問に1枚で答えるためのアウトプット

① 提供価値の提供形態をイメージできないケース

戦略・探索フェーズのプロジェクトでは、戦略部門がユーザー調査・市場調査から導き出した提供価値（コンセプト・コアバリュー・テーマなど）の抽象度が高く、周知された提供形態を誰もイメージできないという状況に陥りがちです。

提供価値の概念はテキストメッセージ上ではどうとでも言えてしまうため、実証段階に入ると解釈が難しく現場で消化不良を起こします。そして概してメッセージの発案者は作るところまでの関わりで、浸透にまでコミットしてくれません。

メッセージやスローガンを開発する時は、そこで表現するブランドの提供価値をユーザーの日々の生活や消費の中に置き換える必要があり、これを適切な成果物を使って描き出す作業ができないと組織での提供価値の理解は進みません。

② データから業務への落とし込み方で悩むケース

ユーザー調査の報告では、報告書内でそれなりに各所へのヒントとなるアイデアや提案事項が出ていても、結局、担当者の方で仕事への落とし込み方がわからず、「私の場合どうしたらよいでしょう……」となってしまうことがあります。

データが揃っていて生かせない状況は本質的には担当者側の課題ではありますが、大企業

では特に組織の人員構成的に運用業務担当者が中心で、全体として企画のケイパビリティが低くデータの活用まで至らないことは珍しくありません。

担当者クラスではどうしても現在の仕事や制約が念頭にあるため、なかなか新しいことを進める想像がつきません。リサーチの実行者は、調査報告から活用に移行する段階で担当者のイマジネーションをサポートする動きが求められます。

作り方

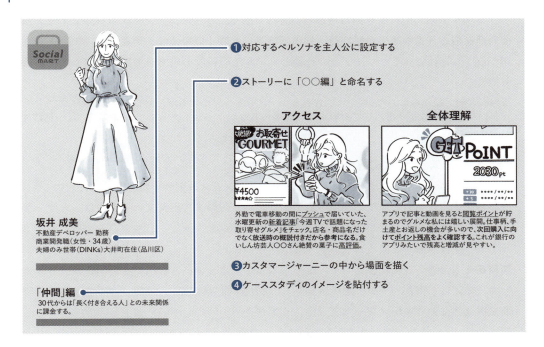

❶ 対応するペルソナを主人公に設定する

ストーリーに合ったペルソナを物語の背景に設定する。ペルソナを設定することにより提供価値がナラティブになる。

記入のヒント

- 全体戦略の場合→プライマリのペルソナ
- 中期計画の場合→TO-BEのペルソナ
- カテゴリー戦略の場合→カテゴリーのペルソナ

ストーリーボード 233

❷ ストーリーに「○○編」と命名する

「○○編」の命名はCM制作の要領で。テーマの名称は必ずユーザーの生活や日常から形成する。

「○○編」：記入のヒント

場所、場面、時間、利用プロセス、利用フェーズ、ユーザーのゲイン、ユーザーのペイン

❸ カスタマージャーニーの中から場面を描く

プロダクトの利用行動を概ね時系列の流れで描く。カスタマージャーニーのフェーズ設定と同期を取る（見本は6コマ構成）。起承転結で描きにくい場合は、春夏秋冬（季節催事や52週MD）の流れで描く。ウェブ上の行動とリアル上の行動の両方を意識して描くと行き詰まりにくい。

※単純な起承転結の4コマ形式で作成されるケースも多く見かけるが、概して情報量が少なく内容が当たり前すぎて成果物としての参照価値を得られないケースもあるので、コマ割には十分に注意すること。

❹ ケーススタディのイメージを貼付する

ケーススタディを参考イメージとして貼付する。ケーススタディの対象はベンチマーク（直接競合・手本企業）としても理解されやすい。検証段階まで終えている場合はユーザーテストの結果も活用する。

素材のヒント

サービスLP、商品ページ、記事ページ、アプリ画面、実店舗の写真、イベントの写真、SNSの投稿画像、動画メディア　など

○番外編：イラストを書き起こす場合のコツ

制作体制が整ってイラストを書き起こす場合のコツについても触れておきます。イラストを使うと、ストーリーボード上で自由な場面設定・人物や背景の描写が可能です。一方、ウェブサービスの場合、1人の人間がスマホを片手に操作する絵がずっと続いてしまい、見た目のコマ割が単調になってしまう恐れがあります。

これを防止するには1コマを縦に2分割して、片方にはスマホの画面イメージを描写して、もう片方にはペルソナの動作や表情を描写するという構図が有効です。この状態を実現するのにも上記の作成工程が有効なので覚えておきましょう。

使い方

① 体験設計イメージの可視化用に

ストーリーボードのフォーマットはCM制作の絵コンテのような作りなので、そこで描かれている業務シーンに普段接していない人でも体験設計を具体的にイメージしやすく、ユーザー体験の各場面で何をやったらよいかがよくわかります。

加えて、ストーリーボードは描く際に中身の情報量や抽象度を調節することができます。具体的に描けば施策や機能の解像度を高めた共有が可能であり、逆にあえて説明を簡素にすれば思考の余白を残した状態で共有することができます。

② 打ち手のアイデアラッシュ用に

調査データは充実しているのに活用シーンでデータが活かされない時は、ストーリーボードを使って打ち手に光を当てます。体験設計のアウトプットに乗せることでアイデアの使いどころを具体的にイメージでき、議論が前進します。

打ち手を描く時は、ケーススタディ・ベンチマーク・ユーザーテストなど過去のリサーチアセットを駆使します。いずれも単体では参照期限が短い成果物ですが、自社プロダクトの未来を描く体験設計に重ねることで再度輝きを放ちます。

第5章

分析

ストーリーボード

第5章　分析

10　体験設計のアウトプット
ユーザーストーリーマップ

※ECアプリの例（特定のプロダクト事例ではなく内容は一般化している）
【アプリダウンロードからアプリ理解まで】をクローズアップしている
※図説用にユーザーストーリーの粒度は粗めで構成している

バックボーン（フェーズ）	アプリをダウンロードする		アプリを起動する		アプリを理解する	
ナラティブフロー（ステップ）	ユーザーはアプリ版の存在を認識できる	ユーザーはアプリ版のメリットを認識できる	ユーザーはサービスにアクセスできる	ユーザーはサービスを利用できる	ユーザーは利用方法を理解できる	ユーザーはサービスに興味を持てる
ユーザーストーリー（行動変容）	PC版/SP版のバナーからアプリ版の存在を知ることができる	アプリストアページのプレビューから利用メリットを確認できる	使用端末のホーム画面からアプリを起動できる	利用規約に同意できる	オンボーディングを受けることができる（ウォークスルー）	PC版/SP版のバナーからアプリ版の存在を知ることができる
	一般のSNS・メディアからアプリ版の存在を知ることができる	アプリストアページのレビューから定量・定性評価を確認できる	ブラウザからアプリを起動できる	パーソナライズ設定を行うことができる（興味・関心）	オンボーディングを受けることができる（ツールチップ）	キャンペーン・イベント情報を見ることができる
	公式のSNS・メディアからアプリ版の存在を知ることができる	アプリストアページで更新履歴・新機能の実装情報を確認できる	プッシュ通知からアプリを起動できる	チャットボットなどでサポートを受けることができる（対話型AI）	チュートリアルを見ることができる（初めてのユーザー向けLP）	特典やクーポンを受け取ることができる
	実店舗の接客やレシートからアプリ版の存在を知ることができる	PC版/SP版や記事広告等でユースケースを知ることができる	ウィジェットからアプリの特定機能を素早く起動できる	プッシュ通知の可否・程度を設定できる	FAQを見ることができる	操作性・視認性に優れたUI体験を受けることができる（ウェブアクセシビリティを含む）

坂井 成美
商業施設デベロッパー（女性・34歳）

「"探す・作る"ゾーンに入ると、自己肯定感が上がります」

TO-BE　ブランドターゲット

ユーザーストーリーマップ（ユーザーストーリーマッピング）とは、ユーザーフローごとに発生する課題や要望をマップ上に整理して、開発フェーズごとのMVP（Minimum Viable Product/実用的で最小限の機能）を導き出すアウトプットです。Jeff Patton/ジェフ・パットン氏により考案され、UXを重視するプロダクトマネジメント（開発計画）シーンでよく使用されています。非エンジニアから見た時の成果物のイメージは、「エンジニア版のカスタマージャーニー」のような趣きです。

実際、カスタマージャーニーとユーザーストーリーマップは作成時の背景や情報に共通点が多いのですが、前者は施策の立案や接点の開拓を志向しているのに対し、後者はバックログに起票する初期のアイテムを見積もることを志向しています。

本図は単体で使用して開発計画の討議に役立てる使い方も良いのですが、同じテーマのユーザーテストやエキスパートレビューの分析成果物を用意して、アプリ・サイトのキャプチャ画面と対応させながら討議を進める方法もおすすめです。

構成要素

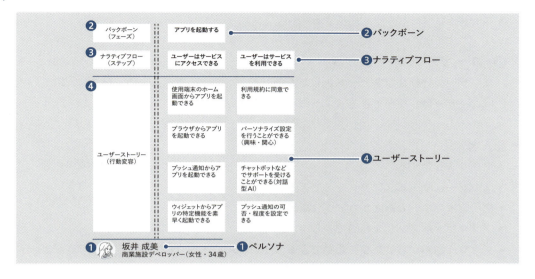

❶ ペルソナ
ユーザーストーリーの背景となるユーザー像。

❷ バックボーン
ユーザーストーリーのフェーズ（大見出し）。
（複数のナラティブフローから成るグループ）

記入例
- アプリをダウンロードする
- アプリを起動する

❸ ナラティブフロー
ユーザーストーリーのステップ（小見出し）（開発計画の単位）。

記入例
*アプリをダウンロードする
- ユーザーはアプリ版の存在を認識できる

- ユーザーはアプリ版のメリットを認識できる

＊アプリを起動する

- ユーザーはサービスにアクセスできる

- ユーザーはサービスを利用できる

❹ ユーザーストーリー

ユーザーの行動変容をカード化したもの。

「(ユーザーは) ～ができる (ようになる)」の形式で書く。

記入例

＊アプリを起動する

- ユーザーはサービスにアクセスできる

- 使用端末のホーム画面からアプリを起動できる

- ブラウザからアプリを起動できる

- プッシュ通知からアプリを起動できる

- ウィジェットでアプリの特定機能を素早く起動できる

※ユーザーストーリーのカードの書き方には様々な方法論が存在しています。ユーザーの立場や課題、あるいはプロダクトの機能を書く方法が主流ではありますが、前者だとカードの文章が長くなってしまったり、後者だと逆に単語で意味が通じづらくなったりするため、私自身は本稿の書き方で対応しています。

よくある課題

> 「新企画が構想ばかりでプロダクトへの落とし込みまで至らない…」
> ⇒この悩みに1枚で答えるためのアウトプット

① プロダクト展開の議論が後回しにされるケース

リブランディングや新コンセプトなどの企画会議では、討議のほとんどをビジョンのすり合わせに使ってしまい、プロダクトまで話が至らないことが珍しくありません。この展開だと制作や開発を担う担当者に多大な負担がかかります。

特に足元の売上やその対策などビジネス的な観点でのリリースが優先されると、期日までに公開するのが精一杯で品質が犠牲になるケースも多くあります。リリースを乗り切ったと

しても退職者予備軍を増やしてしまう悪手と言えます。

② ユーザーやリサーチが重視されていないケース

　事業部門と開発部門の間では、カスタマージャーニーが共通理解用のフォーマットとしてよく用いられます。しかしこの資料は担当者の想像で書かれることも多く、ユーザーに提供しようとするサービスが無限に盛り込まれがちです。

　かくして「鳴り物入りのプロジェクト」と「蓄積されてきた開発計画」の綱引き合戦となります。この状態でそのままバックログ上で優先度を討議してしまうと、領域や粒度が異なる話題を同列に扱う無理が生じて議論が行き詰まります。

作り方

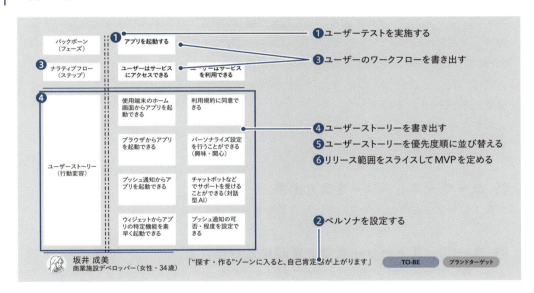

❶ ユーザーテストを実施する

　調査対象とするアプリ・サイトの画面をユーザーに提示する。ユーザーがどのように使用するか操作と会話で明らかにする。発話を書き起こして情報を整理する。
※デプスインタビューの情報からこの成果物を作成するのは難しいので注意。

❷ ペルソナを設定する

　プロジェクトに対応するペルソナを設定する（ペルソナが無い場合はN1インタビューの個

票などで対応する)。ペルソナに付随するシナリオからマップのスコープを揃える(ユーザーの行動があまりに複雑だと作成のハードルが上がるため)。

リサーチデータからのインプット

- ペルソナのステータス(プライマリ・セカンダリの要件など)
- マーケティング観点のユーザーステータス(新規・既存など)
- ユーザーテストの提示画面(アプリ・ウェブ)

※上記の分類を参考に基本となるシナリオを決定する。

❸ ユーザーのワークフローを書き出す

ユーザーのワークフロー(行動のステップ)に沿って見出しを作成する。バックボーン(大見出し)とナラティブフロー(小見出し)は、行き来しながらそれぞれの見出しの粒度を調節する。ワークフローが横に長くなってしまう場合、適度に区切れるポイントを模索する。その際、エキスパートレビューの結果(UX体験軸に基づく区切り方)やユーザーテストの設計(スタートとゴールのシナリオ設定)が参考になる。

リサーチデータからのインプット

- エキスパートレビュー
- カスタマージャーニー

❹ ユーザーストーリーを書き出す

各ステップにおけるユーザーの行動変容をカード形式で連ねていく。

❺ ユーザーストーリーを優先度順に並び替える

ユーザーストーリーを縦列の中で優先順位を並び替える。優先順位はユーザー観点、ビジネス観点から吟味する。

❻ リリース範囲をスライスしてMVPを定める

ワークフロー(横軸)の段階ごとに実現可能なリリース範囲を水平方向にスライスし、MVP(開発範囲)を定める。

使い方

① プロダクトベースで開発の優先事項を明らかにする

ユーザーストーリーマップを使うと、プロジェクトの討議で上がった施策や機能の企画案をプロダクトベースで捉え直すことができます。開発する対象物や関連する箇所をナラティブフロー（ステップ・小見出し）に沿って確認します。

その結果、真に開発対象とすべき初期のリリース範囲（＝MVP）を可視化できます。残りのリリース候補もまたスコープに入って見えているのがミソで、初期対応後も次のリリースを考える成果物として継続して使うことができます。

② 全体の中で個々の開発の優先度を相対的に判断する

ユーザーストーリーマップは事前に行うユーザーテストで得た自然なユーザー行動を論拠としており、Must（あるべきもの）とNice to have（あったら良いもの）をユーザーのワークフローに沿って見極める議論の進行を可能にします。

言い換えると、ペルソナを使って設定したシナリオ（例：新規・既存、アプリ・ウェブ）に沿って、全体の中で個々の表示や機能の優先度を相対的に判断し、そのまま開発対象のバックログアイテムも整理できる優れもののツールです。

第5章

分析

ユーザーストーリーマップ

241

第5章　分析

11 環境分析のアウトプット
3C分析

3C分析	1.Customer/市場・顧客	2.Competitor/競合	3.Company/自社
	A.市場：業界	a.競合の種類と定義	a.自社のKGI・KPI
	-a.業界の市場規模・成長率	b.競合の市場シェア	b.自社の市場シェア
	-b.業界のニュース・トレンド	c.競合の事業パフォーマンス	c.自社の事業パフォーマンス
		d.競合の競争戦略	d.自社の競争戦略
	B.市場：事業部門/ブランド/カテゴリ	e.競合の経営資源	e.自社の経営資源
	-a.事業部門別の市場規模・成長率	f.競合の市場評価	f.自社の市場評価
	-b.事業部門別のニュース・トレンド		
	C.顧客：ユーザー/消費者/生活者		
	-a.顧客の種別・規模		
	-b.顧客のジョブ		
	-c.顧客のゲイン		
	-d.顧客のペイン		
	-e.顧客の意思決定プロセス		
	D.顧客：クライアント/法人顧客		
	a.顧客の種別・規模		
	b.顧客のジョブ		
	c.顧客のゲイン		
	d.顧客のペイン		
	e.顧客の意思決定プロセス		

（図中の円）
1.Customer/市場・顧客
2.Competitor/競合
3.Company/自社

　3C分析とは、市場動向と現況把握を精緻に行うための環境分析の代表的なフレームワークで、①Customer/市場・顧客 ②Competitor/競合 ③Company/自社の要素から構成されるアウトプットです。主に中期計画や新規事業のシーンで大々的に作成され、自社プロダクトに関する市場情報のスタンダードなデータ集として情報分析の側面から経営計画や事業計画の策定に寄与します。

　戦略コンサルタントの大前研一氏がマッキンゼー在籍時の1980年代に戦略的三角関係（Strategic Triangle）として提唱し、分析の漏れや重複を防ぐことを目的に作られた経緯があります。

構成要素

3C分析	1.Customer/ 市場・顧客 ❶	2.Competitor/ 競合 ❷	3.Company/ 自社 ❸
	A. 市場：業界	a. 競合の種類と定義	a. 自社のKGI・KPI
	-a. 業界の市場規模・成長率	b. 競合の市場シェア	b. 自社の市場シェア
	-b. 業界のニュース・トレンド	c. 競合の事業パフォーマンス	c. 自社の事業パフォーマンス
		d. 競合の競争戦略	d. 自社の競争戦略
	B. 市場：事業部門/ブランド/カテゴリ	e. 競合の経営資源	e. 自社の経営資源
	-a. 事業部門別の市場規模・成長率	f. 競合の市場評価	f. 自社の市場評価
	-b. 事業部門別のニュース・トレンド		

（表中の円図：1.Customer/市場・顧客、2.Competitor/競合、3.Company/自社）

❶ Customer/ 市場・顧客

業界とユーザーに関する情報。

❷ Competitor/ 競合

競合に関する情報。

❸ Company/ 自社

自社に関する情報。

よくある課題

> 「業界情報を誰かどこかにまとめていないか？」
> ⇒この悩みに1枚で答えるためのアウトプット

① 業界研究を行う担当者が決まっていないケース

　業界情報を参照する機会は組織内の定常業務の中で多々あります。中期経営計画策定、会社概要作成、トップインタビュー、新人研修、採用説明会などなど。かき集めたら中堅メンバーひとり分の仕事量になるほど用途が多岐にわたります。

　しかし、業界研究を行う担当者は組織内で決まっていないことがほとんどです。そうする

と、使用する場面が直近で1番切迫している誰かが作ることになり、ピックアップする情報の粒度にバラつきのある品質が低い資料が出来上がります。

② 環境分析がツギハギ状態で行われているケース

環境分析を行なっている場合も、資料がツギハギ状態で作成・管理されているケースも散見されます。この状況下では、情報の種類や粒度がマクロすぎたり急にミクロになったり、あるいは担当者の関心度順に情報が並んでいたりします。

この主たる原因は資料作成の分業制にあります。分業制は作成時には合理的なのですが、出来上がった時には成果物の統一感は無くなります。内容にまとまりがないと情報の読み手には苦行となり、次第に読まれなくなる運命をたどります。

作り方

3C分析資料の作成にあたっては、個別の参考情報を羅列してしまうと読みづらくなるため、まず目次機能を果たすインデックスのページを作成しておき、次に記載内容のサマリとなるハイライトページを作成して構造的に整形していきます。

〈STEP1：インデックスのページ作る〉

❶ 3C分析のトライアングルの図を作る

全体の文字情報が多い資料のため、視覚的に位置づけを理解できるようにする。

❷ 参照項目を記載する
3Cの中身を検討するためのデータのまとまりを参照項目（見出し）として記載する。

❸ データアイテムを記載する
データアイテム（＝指標や情報の種類）の名称を記載する。

❹ 出典・引用を記載する
調査や資料の出典・引用元の名称を記載する。

インプット
- 政府統計
- シンクタンクレポート（業界白書）
- 業界最大手企業のIR資料・ブログ
- デスクリサーチ
- ユーザー調査
- 分析ツールデータ
- 自社中計、売上分析、顧客分析

〈STEP2：ハイライトのページを作る〉

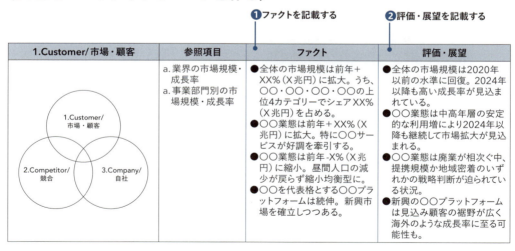

❶ ファクトを記載する

データアイテムの要点を記載する。

❷ 評価・展望を記載する

ファクトに対する自社におけるポイントを記載する。

使い方

① 業界情報をまとめるインデックスとして活用する

3C分析の情報構造を業界情報（自社・競合情報）をまとめるインデックスとして活用します。本稿の図表のように3C分析の分析項目とそれに対応するデータアイテムを目次として活かすと、資料全体に流れを作ることができます。

この資料は経営・人事・広報・事業部が共通して参照する場所に配置し、必要な人が必要なところだけ切り出せるよう網羅性を高めていきます。新人研修の準備などを機に年次でアップデートしていく体制で運営できるとベストです。

② 経営企画か事業企画の音頭で話題の粒度を整える

あまたの情報を取り扱う3C分析の資料を読みやすくするには、あらかじめ比較の観点や競合の範囲などを設定しておくことがポイントです。これで、それぞれの項目では別々の話を扱っていても全体を流れで見せることができます。

この設定を行うのは組織内で横断的な役割を担っている人物が適任で、経営企画か事業企画のリーダーがオーナーに向いています。比較の観点や競合の範囲を上手く設定して内容が抽象的すぎたり具体的すぎたりするのを防ぎましょう。

第5章　分析

12 環境分析のアウトプット
リーンキャンバス

2-a. 顧客の課題 /Customer Problem ◆		4. ソリューション /Solution ☐		3-a. 独自の価値提案 /Unique Value Proposition ★	9. 圧倒的な優位性 /Unfair Advantage		1-a. 顧客セグメント /Customer Segment ◆
栄養が偏る食事を止めたい		カテゴリー戦略	アップグレードプラン	主菜+副菜独立パック	バイヤーネットワーク	R&D体制	30代前半～50代前半（平均42歳）
調理に時間をかけたくない		診断ツール	AIアシスタント	基本診断+好み提案	オウンドメディア力	ユーザーコミュニティ	男女比女性6：男性4
食費・光熱費を節約したい		SNS動画活用	長期契約割引	味変レシピ動画配信	直営店	業界の老舗イメージ	自社グループユーザー（グループID）
2-b. 既存の代替品 /Existing Alternatives		7. 主要指標 /Key Metrics		3-b. ハイレベルコンセプト /High Level Concept ★	5. チャネル /Channels		1-b. アーリーアダプター /Early Adopters ◆
外食	出前・デリバリー	売上	会員数	大人の給食	アプリ / ウェブ	会員ページ	夫婦のみ世帯（QOLを追求するDINKs）
惣菜・弁当（スーパー・コンビニ）	冷凍食品	カテゴリー第一想起率	カテゴリー商品充足率	進化するパーソナライズ食	メルマガ→LP	SNS	食事の品数と時間を増やしたい働き盛り世代
食材宅配サービス	ミールキット（献立・食材セット）	LTV	お気に入り登録率	食卓でつながるメディア	直営店	PRツアー	コミュニティ会員（掲示板/ポイント/メルマガ）

8. コスト構造 /Cost Structure ☐	6. 収益の流れ /Revenue Streams ☐
記事広告販促費抑制	サブスク事業
直営店業務効率改善	広告事業
倉庫在庫稼働率改善	イベント事業

記号＝プロダクトマネジメント業務の Core・Why・What（本表では How の要素も含む）　※宅配食のサブスクアプリの例（特定のプロダクト事例ではなく内容は一般化している）
★Core—提供価値・CEP◆Why—市場環境・要求理解｜☐What—打ち手・重要施策

　リーンキャンバスとは、プロダクトの運営戦略を考える時に特に重要な9つの論点を1枚のキャンバスにまとめ、多様なステークホルダーに向けてプロダクトマネジメントの Core・Why・What（How）を伝えるアウトプットです。

　キャンバスでは顧客情報・市場情報・経営環境を整理し、その中央に提供価値・コンセプトを定める構成を取ります。これらの情報は経営者にも開発者にも重要であり、ビジネス観点とユーザー観点を同じ土俵で討議するのに最適です。

　また、キャンバス内のデータソースはほぼ調査結果から作り上げるため、リサーチの貢献度がとても高い成果物でもあります。取り扱う調査手法も定番のものだけでなく、ステークホルダーインタビューや市場調査なども必要とします。

　USERcycle の創業者であるアッシュ・マウリャ氏が著書『Runnnig Lean』で紹介して以来、スタートアップで活用されているフレームワークですが、分厚い事業計画書を紙1枚にまとめるという趣旨においてはむしろ大企業でも有効です。

構成要素

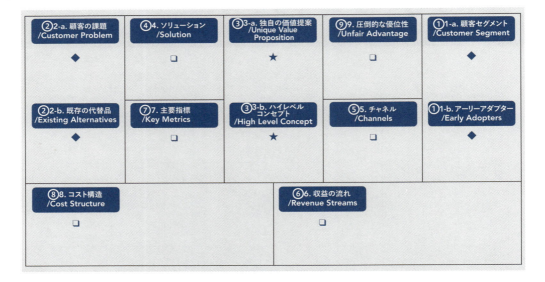

❶ a 顧客セグメント/Customer Segment
ターゲットとする顧客のデモグラ属性や主要ステータス。

記入イメージ
- 年代幅
- 男女比
- 自社グループのステータス

リサーチデータからのインプット
- ユーザープロファイル（アンケート、会員データ）

❶ b アーリーアダプター/Early Adopters
初期市場で積極的に利用してくれる初期採用者。

記入イメージ
- ロイヤルユーザーの要件

- ターゲット層の価値観・志向性
- ターゲット層の立場・権限

リサーチデータからのインプット
- セグメンテーションデータ
- インサイトデータ
- ブランドイメージ調査
- エスノグラフィ調査

❷ a　顧客の課題/Customer Problem
顧客が抱えている課題（上位項目）。

記入イメージ
- ○○ができない
- ○○ができない
- ○○ができない

リサーチデータからのインプット
- 事業ドメインにおけるユーザーペイン（市場調査）
- 事業ドメインにおける重視点（市場調査）

❷ b　既存の代替品/Existing Alternatives
同じ課題を解決している既存の代替品（競合の商品・サービス）。

記入イメージ
- A社の商品・サービス（ウェブ同業他社）
- B社の商品・サービス（ウェブ同業他社）
- C社の商品・サービス（ウェブ同業他社）
- D社の商品・サービス（リアル同一商圏）

リサーチデータからのインプット
- 事業ドメインにおける認知率・利用率（競合調査）
- 事業ドメインにおける想起集合（競合調査）

❸ a　独自の価値提案/Unique Value Proposition

プロダクトの提供価値（品質・価格・利便性などに関する競争力の源泉）。

記入イメージ

- 顧客のインサイトを満たすサービス企画
- 商品や販促の良さを後押しする便利機能
- アクセスする価値がある情報コンテンツ

リサーチデータからのインプット

- N1分析
- カテゴリーエントリーポイント調査
- シンクタンクの生活者レポート

❸ b　ハイレベルコンセプト/High Level Concept

ポジションステートメント（ナラティブなメッセージ）。

記入イメージ

※3-a.独自の価値提案を生活者のメリットベースでキャッチーなメッセージになるよう置き換える

リサーチデータからのインプット

- 3-a.独自の価値提案
- 1-b.アーリーアダプター
- 4.ソリューション

❹ ソリューション/Solution

顧客の課題を解決する打ち手（サービス/機能/施策/アイデア）。

記入イメージ

- 商品戦略
- 機能戦略
- 販促戦略
- コミュニケーション戦略
- 会員戦略

リサーチデータからのインプット

- 事業運営方針資料
- ブランドの認知経路
- 広告・販促施策ごとの認知率・寄与率
- ケーススタディ

❺ チャネル/Channels

　ターゲット顧客にアプローチする販路・コミュニケーション方法（販売チャネル/SNS/オンライン施策/オフライン施策）。

記入イメージ

- ネイティブアプリ
- グループ企業のミニアプリ
- アプリタブ
- SNS
- コミュニティ
- PR企画

リサーチデータからのインプット

- ブランドの認知経路
- 広告・販促施策ごとの認知率・寄与率
- 中期経営計画資料

❻ 収益の流れ/Revenue Streams

　ビジネスモデル、取引形態、提供価格。

記入イメージ

- 物販事業
- 広告事業
- イベント事業

社内資料からのインプット

- IR資料、アニュアルレポート、中期経営計画資料

リーンキャンバス　　　　251

- 広告事業方針書類
- セールスガイド、営業資料

❼ 主要指標/Key Metrics

ソリューションに対応するKPI（中間目標指標・最終目標指標）。

記入例

- 売上
- NPS
- LTV
- カテゴリー第一想起率
- カテゴリー商品充足率
- お気に入り登録率

社内資料からのインプット

- KPI管理表
- 事業運営方針資料
- サービスの企画書

❽ コスト構造/Cost Structure

開発費、人件費、販促費。

記入イメージ

- 在庫稼働率の改善
- クーポン販促費の抑制
- 技術的な負債の解消
- 類似したツールの整理
- 重複した役割機能の整理
- オフィス固定費削減

社内資料からのインプット

- IR資料、アニュアルレポート、中期経営計画資料
- 経費・投資の構造改革プロジェクト資料
- マーケティング計画資料

❾ 圧倒的な優位性/Unfair Advantage

他者が模倣・追随できない優位性、顧客基盤/インフラ/コミュニティ/ネットワーク/ケイパビリティ/ノウハウ/専門技能/サポート/実績など。

記入イメージ

- 所属企業グループの顧客基盤
- 提携先からの流入導線
- ブランドイメージ資産
- 特定領域における認知
- 自然発生的な顧客評価

社内資料からのインプット

- IR資料、アニュアルレポート、中期経営計画資料
- ブランドイメージ調査
- サービスLP、採用方針資料

よくある課題

> 「社内に色々な動きはあるけど、全体の方針がまとまらない…」
> ⇒この悩みに1枚で答えるためのアウトプット

① 全体方針がその時々のトレンドに振り回されるケース

全体方針を考える時に登場するのが、NPS、パーパス、デザイン思考、N1分析などの概念です。これらは無論重要な概念ですが概して手段や手法に囚われやすく、一周して全体像がわからないという話に立ち戻るケースが少なくありません。

近年のトレンドでは、サステナビリティ経営、AIなどもそうです。何となく他所でよく聞くから、という理由で上がってきやすいのですが、トレンドよりも重要なのは自社の判断軸であり、使う場合も自社なりのフィット力が問われます。

リーンキャンバス

② 戦略が社内向けのアドバルーン集になっているケース

戦略を考えるシーン、とりわけ期首の発表に向けた時期には、戦略を具体的に描こうとするあまり既にわかりきっている個別具体的なプロモーション施策をアドバルーン集として用意するケースが散見されます（ほとんどは会議答弁用）。

説明のフレームワークとしてマーケティングの4Pや4Cを採用している場合は特に注意で、ページを分担して作成しているとまさに個別施策の寄せ集めになり、そうした資料は会議は乗り切れてもWhyの要素が弱いため現場では機能しません。

作り方

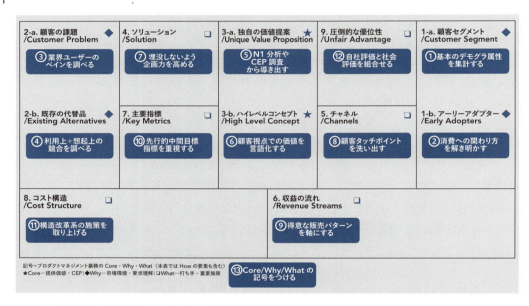

❶ 基本のデモグラ属性を集計する

ユーザーの基本的なデモグラ属性情報を揃える。デモグラ情報はベースとなる元データの影響を受けやすいので、データのサンプルサイズと集計期間には十分注意する。ステータスに関する情報は続くアーリーアダプターの項と重複しやすいので、ここではベーシックな情報のみ記載する。

❷ 消費への関わり方を解き明かす

アーリーアダプターとなり得るユーザーの消費への関わり方（当事者性や価値基準）を中心に特徴的な事項をまとめる。言い換えると、生活スタイルによって生み出される消費スタ

イルを書けていると顧客セグメントとの違いを出せる。サービスモデル上、会員戦略の要素が大きい場合は、会員ステータスに関する情報を記載するのも有効。

❸ 業界ユーザーのペインを調べる

アンケート調査により所属業界のユーザーが感じるペインを量的に把握する。自社プロダクトを対象に自社ユーザーに実施した調査結果を適用してもよいが、市場の実態とブレる懸念があるため、できれば業界のユーザーに対する調査結果がよい。記載する項目はペインの上位を抜粋して書けば良いが、一般的に下位の項目でも自社の戦略に関連するものはピックアップしておくと良い。

❹ 利用上＋想起上の競合を調べる

定量的な競合調査をベースに考える（売上や客数など）。想起集合データがあると実態がよりわかりやすい（自然発生的なブランド認知）。ウェブサービスの場合はリアルのサービスも意識する。市場に生じる変化を定点的にウォッチする。

❺ N1分析やCEP調査から導き出す

独自価値の追求はN1分析が判断しやすい（優良顧客へのデプスインタビューなどの手法）。生活者側から上るにはCEP調査を活用する（利用シーンについてのアンケート自由回答調査）。自社都合だけでなく社会の変化にも目を向ける。

❻ 顧客視点での価値を言語化する

もっともらしいもの（生活が豊かになる、素敵な思い出を、ここにしかない体験、日々の暮らしに役立つ、エモみ、カスタム提案、コミュニティ）が入ってしまう傾向にある。象徴的なのは、トレンドの一部分だけをとらえた言葉遊び、しゃれた造語など。

一方、調査データは良くも悪くも過去のものなので、あまり参照しすぎるとマジョリティの声（価格が高いので割引して欲しい・TVCMでも出して知られるべき）に左右されてしまう懸念あり。コンセプトの箇所は主導的な判断が良い。

❼ 埋没しないよう企画力を高める

広告・販促の手法ばかりになってしまうことが多いので、単一で打ち出さず、企画と組合わせる。一般化していないかはWhyに照らし合わせて考える。

❽ 顧客タッチポイントを洗い出す

ウェブサービスは一般的に書き出すのに苦戦する項目。逆に頑張って考えることでチャネルを増強する動きに。担当社員のケイパビリティに依存して結果的に偏っていることも多い。流入経路として知る人ぞ知るクローズドなものになっていないか点検する。特定商品、特定ネットワークに頼っていると努力が浅くなる項目でもある。

❾ 得意な販売パターンを軸にする

売上貢献商品、利益貢献商品、集客貢献商品のポートフォリオ。サービスの付帯収入モデルを考える。

❿ 先行的中間目標指標を重視する

事業評価指標の大きなKPIは重要には違いないが、概念が大きすぎて社員がイメージしづらくなる。自社の目標基準（割当など）だけで構成していると市場からの評価実態とのズレが大きくなってくる。大企業だとソリューションとメトリクスだけはなぜか初期設定で存在する。ソリューション＝提供価値に対応した中間目標指標を入れることがおすすめ（行動目標と連動しやすい）。

⓫構造改革系の施策を取り上げる

管理側面が強い項目。経営企画が音頭を取って経理財務が実行していたりするのでヒアリングを行う。ソリューションや主要指標が偏っている場合、コストのかけ方がわかりやすい何かに依存している構造になっていることが多い。

⓬自社評価と社会評価を組合せる

事業会社では、実際には項目がわかっても該当するものがほとんど無くて書けないケースが多い。大企業ではネットワークや流通規模はもちろん、それ以外に誇示できる優位性が必要。世の中的に独自性を認められるがスケール不足のサービスの引き上げなど。支援会社の場合は競合他社のサービスLPの訴求内容も参考に。

⓭Core/Why/Whatの記号をつける

プロダクトマネジメント業務の重要概念要素間の関係性を理解しやすくする。

★ Core—提供価値・CEP

- 3-a. 独自の価値提案/Unique Value Proposition
- 3-b. ハイレベルコンセプト/High Level Concept

◆ Why—市場環境・要求理解

- 1-a. 顧客セグメント/Customer Segment
- 1-b. アーリーアダプター/Early Adopters
- 2-a. 顧客の課題/Customer Problem
- 2-b. 既存の代替品/Existing Alternatives

□ What—打ち手・重要施策

- 4. ソリューション/Solution
- 5. チャネル/Channels
- 6. 収益の流れ/Revenue Streams
- 7. 主要指標/Key Metrics
- 8. コスト構造/Cost Structure
- 9. 圧倒的な優位性/Unfair Advantage

使い方

① 意思決定をオープンにし、判断の蓋然性を高める

リーンキャンバスを使うと、プロダクトマネジメントのCore（提供価値）・Why（市場環境・要求理解）・What（打ち手）を決断するための情報が出揃い、全体方針を決める時の意思決定の思考回路が組織全体に対してオープンになります。

キャンバス内の情報をまとめていく大変さはありますが、良い意味で枠内の情報を埋める強制力が働くため、情報が出揃わなくて結論が曖昧になってしまう展開を回避して、全体方針を判断する時の蓋然性（納得感や必然性）も高まります。

これを健康診断のように毎期アップデートしていくと、事業や顧客の解像度が上がったり、プロダクトのプレゼンスの変化に気づいたりします。すなわち、自社プロダクトの微細なポジションの変化に対し鋭敏でいられることができます。

② 提供価値を起点として打ち手のベクトルを揃える

リーンキャンバスの構成は、図の中央にプロダクトのCoreとなる提供価値があり、それを囲むようにしてWhy & Whatの情報が並びます。すべては提供価値を起点とする厳選された情報なので、打ち手のベクトルも噛み合いやすくなります。

もしリーンキャンバスを使うことなく提供価値が定まっていない状態で全体方針を考えようとすると、How（方法論・マーケティング施策）だけがリストアップされたり、ターゲットの話だけがクローズアップされたりしてしまいます。

討議段階では具体性もまた大事になります。リサーチ担当者はリーンキャンバスを1枚のフレームワークとして完成させたら、今度はこれを目次として各項目に対応するデータや打ち手の説明ページを作り論説を補強していきましょう。

※フレームワークとしてのリーンキャンバスは軽量な状態を維持すべき成果物であることが原著の『Runnnig Lean』でも強調されています。ただ実際の討議用には各要素をブレークダウンできるページが同一ファイル内にあると便利です。

第5章　分析

13 環境分析のアウトプット
競合調査

　本項で解説する競合調査とは、競合プロダクトの状況を企業・機能・特典・商品などの単位で調べ、結果をマトリクス形式の一覧表にまとめるアウトプットです。

　競合調査を通じて、競合プロダクトの営業的な展開状況、機能的な対応状況を把握し、相対的な比較により自社プロダクトの対応アクションを検討していきます。

　もとになる情報収集の方法には以下のような手段があります。

a. リサーチ担当者がウェブや資料集を通じて直接データを探すデスクリサーチ
b. UI/UXの専門家に依頼して評価の観点を固定して知見や経験に照らして分析するヒューリスティック調査
c. 事業ドメインに詳しい専門家にヒアリングを行う専門家インタビュー

　また種類は以下のものがあります。

- 企業版：競合他社のアセットやパフォーマンスの比較
- 機能版：競合プロダクトの機能実装や表示対応の比較
- 特典版：競合プロダクトの会員特典や販促施策の比較
- 商品版：プロダクト内で取り扱う販売品目の特性比較

構成要素

○企業版　※物販業態の場合の一例

	A社	B社	C社	D社
❶企業プロフィール サービスLP	https://www.xxxx.co.jp	https://www.xxxx.co.jp	https://www.xxxx.co.jp	https://www.xxxx.co.jp
サービスイン	20XX年X月	20XX年X月	20XX年X月	20XX年X月
運営プロダクト	○○○○	○○○○、○○○○、○○○○	○○○○、○○○○	○○○○、○○○○
コンセプト	○○○○○○○○	○○○○○○○○	○○○○○○○○	○○○○○○○○
キーワード	○○○○、○○○○、○○○○	○○○○、○○○○、○○○○	○○○○、○○○○、○○○○	○○○○、○○○○、○○○○
資本金	XXXX億円	XXXX億円	XXX億円	XX億円
従業員数	XXXX名	XXXX名	XXX名	XX名
営業拠点	○○、○○、○○、○○、○○、○○	○○、○○、○○、○○、○○、○○	○○、○○、○○、○○	○○、○○
アライアンス	○○○○グループ	○○○○グループ	○○社と提携	独立系
❷業績パフォーマンス 売上高	XXXX億円	XXXX億円	XXX億円	XX億円
売上シェア	35.0%	35.0%	10.0%	3%
会員数	XXXX万人	XXXX万人	XXX万人	XXX万人
取引社数	XXXX社	XXXX社	XXX社	XXX社
❸アンケート調査結果 認知率	80.0%	80.0%	40.0%	20.0%
利用率	50.0%	50.0%	15.0%	5.0%
利用金額（月次平均）	X,XXX円	X,XXX円	X,XXX円	X,XXX円
満足度（上位項目）	①○○○○○②○○○○○③○○○○○	①○○○○○②○○○○○③○○○○○	①○○○○○②○○○○○③○○○○	①○○○○○②○○○○○③○○○○
満足度（独自項目）	○○○○、○○○○	○○○○、○○○○	○○○○	○○○○

○機能版　※検索機能の場合の一例

		A社	B社	C社	D社
❶主要な検索方法	キーワード検索	○	○	○	○
	カテゴリー検索	○	○	○	○
	ランキング検索	○	○	○	○
❷絞り込み機能	絞り込み機能				
	┗カテゴリー	○	○	○	○
	┗ブランド	×	○	×	○
	┗価格帯	○	○	○	○
	┗在庫状況	○	○	×	×
	┗送料無料	○	○	○	○
	┗配送方法	○	○	○	×
	┗レビュー点数	○	○	○	○
❸並び替え機能	並び替え機能				
	┗価格順（高い・安い）	○	○	○	○
	┗新着順	○	○	○	○
	┗レビュー件数順	○	○	○	○
	┗レビュー評価順	○	○	○	○
	その他の機能・表示情報	音声検索（アプリのみ）スポンサー広告表示ランキング商品表示	音声検索（アプリのみ）類似商品比較表示画像拡大表示	音声検索（アプリのみ）ギフト対応表示割引率表示	音声検索（アプリのみ）ポイント内訳表示利用可能クーポン表示

第5章

分析

競合調査　　261

○特典版　※会員特典の場合の一例

		A社	B社	C社	D社
❶サービス体系	会員数	3000万人（2023年1月）	180万人（2023年11月）	150万人（2023年3月）	非公開
	サービスモデル	会費制	会費制	会費制	ステージ制
	料金	年会費3,600円（税込）	月額300円（税抜）	月額300円（税抜）	直近6ヶ月の累計購入金額が*万円以上
	キャンペーン	提携割引キャンペーン	初月無料キャンペーン	クレカ登録で初月無料	-
❷特典	特典				
	└優待情報	-	-	-	希少商品の数量限定販売
	└優先利用	先行タイムセール	-	-	先行発売・特別割引
	└デリバリー便宜	一部対象商品の送料無料	-	-	
	└コンシェルジュ	ウェブサポートデスク	-	-	コンシェルジュデスク
	└イベント招待	-	新商品展示会招待	ユーザー会招待	-
	└限定コンテンツ	-	会員限定表示開放	会員限定メッセージ	シークレットセール
	└割引・ポイント還元	-	20%オフクーポン配布	-	ポイント還元率アップ
	└アップグレード	-	-	-	飲食・宿泊アップグレード
	└機能カスタマイズ	レビュー連動検索機能	お気に入り編集機能	-	
	└オリジナル特典	-	-	周年記念グッズ配布	会員証発行
	└期日条件緩和	キャンセルフリー	-		ポイント有効期限延長
	└提携サービス特典	コンテンツサブスク見放題	グループサービス割引	セキュリティサポート	提携宿泊施設招待

○商品版　※日用品の場合の一例

		①マスク	②サプリメント	③プロテイン	④コンタクトレンズ/洗浄液
❶価格情報	プライスポイント	600円（1枚12円）	2,000円	8,000円	1,000円
	プライスライン	600円 50枚	1,000円 ビタミンC 60日分 1,500円 マルチビタミン 60日分	2,000円 カゼインプロテイン 250g 5,000円 ホエイプロテイン 1kg	800円 洗浄液 500ml 2,000円 洗浄液 500ml×3
	プライスゾーン	400円〜5,000円	1,000円〜5,000円	2,000円〜8,000円	700円〜5,000円
❷顧客情報	一回あたり購入個数	50枚〜100枚（1-2箱）	2個	1個	1個
	一般的な購入周期	3〜6ヶ月	3ヶ月（内容量による）	1ヶ月	2〜3ヶ月
	ユーザーリーチの広さ	広い	広い	広い	広い
	購入者のデモグラ属性	単身世帯/家族世帯	健康が気になる老若男女	特になし	20〜50代男女
❸購買特性	仕入れのしやすさ	しやすい	しやすい	しやすい	良い（レンズは販売資格必須）
❹管理特性	一般的な在庫稼働率	高い	高い	高い	高い
	商品の管理環境特性	特になし	高温を避ける	高温多湿を避ける	高温を避ける
	配送の取り回しやすさ	単価の割に大きいので悪い	比較的小さく扱いやすい	重量により配送費が上がる	60〜80サイズが多く扱いやすい
❺販売特性	ウェブでの売れやすさ	売れにくくなっている	仕入品は価格勝負になる	重量があるほど高額になる	価格勝負になる
	競合のイメージの強さ	A社	A社	A社、B社	A社、C社、ほか
	ギフトとの相性	悪い	悪い	悪い	悪い
	定期便との相性	良い	良い	良い	良い
	セール期の位置づけ	まとめ買い、割引	まとめ買い、割引	まとめ買い、割引	まとめ買い、割引
	季節商品の投入回数	花粉症シーズン	特になし	特になし	特になし
	量販店の売り出し方	DgS/CVSで少量販売/安売り	DgSで1個単位の販売/ポイント割引	DgS/CVSで少量販売/安売り	DgS/CVSで少量販売/安売り
	メーカー協賛の得やすさ	大手企業の場合可能性あり	大手企業の場合可能性あり	大手企業の場合可能性あり	大手企業の場合可能性あり

作り方

○企業版

❶調査範囲の競合を定義する

	A社	B社	C社	D社
サービスLP	https://www.xxxx.co.jp	https://www.xxxx.co.jp	https://www.xxxx.co.jp	https://www.xxxx.co.jp
サービスイン	20XX年X月	20XX年X月	20XX年X月	20XX年X月
運営プロダクト	○○○○	○○○○、○○○○、○○○○	○○○○、○○○○	○○○○、○○○○
資本金	XXXX億円	XXXX億円	XXX億円	XX億円
従業員数	XXXX名	XXXX名	XXX名	XX名

❷調査結果の情報を記載する

○機能版

❶

	A社	B社	C社	D社
キーワード検索	○	○	○	○
カテゴリー検索	○	○	○	○
ランキング検索	○	○	○	○

❷

❶ 調査範囲の競合を定義する

競合となる運営会社3社〜5社程度を表の列タイトルに並べる。

（網羅性が高いほど役に立つが、作成負荷にも気をつけること）

❷ 調査結果の情報を記載する

基本的には各社のステータスをテキストで記載する（○○円、○％など）

機能実装や表示情報への対応状況は記号で記載する（○、×）

該当なしの空欄セルは「－」などの記号を記載する（※空行にしない）

第5章　分析

14 アイデア探索のアウトプット
カテゴリーエントリーポイント

カテゴリーエントリーポイント（CEP）とは、消費者の間に自然に存在している「購買につながる生活シーン」を参照して、カテゴリー（領域強化や新規参入を目指す市場）の中でブランド（自社プロダクト）が選ばれる機会を定義する概念です。ブランド戦略における近年の重要概念で、書籍『ブランディングの科学』シリーズで広く知られるようになりました。

自社で特定・選択したCEPの提供価値を高めたり、CEPの数（振り幅）を増やすことで、「○○という商品カテゴリーと言えば、○○という商品ブランド」というように、ユーザーの想起（選択肢）の中に入りやすくして市場浸透を狙う効果があります。CEPの成功例では提供価値の中でも特に「新奇性が高いもの」を特定して独自性を引き上げる方法論が取られています。

基本的には市場調査（経営企画・広告宣伝）寄りの概念であり、実際に大元では流通やサービスの業態を想定したフレームになっているので、プロダクトマネージャーやデザイナーの方には少し遠いテーマと感じられるかもしれません。そこで本稿ではプロダクトリサーチに馴染むようアレンジを加えた使い方も紹介していきますので、プロダクト運営文脈での理解を深める一助としてください。

構成要素

CEPの概念が広く知られるきっかけになった書籍『ブランディングの科学』シリーズでは、CEPを特定するためのフレームワークとして、次のような手順が紹介されています。

〈CEP特定のためのフレームワーク〉
1.Why？/目的は？
2.When?/いつ使う？
3.Where？/どこで使う？
4.With whom？/誰と一緒に使う？
5.With that？/何と一緒に使う？

出典：『ブランディングの科学｜新市場開拓篇』（バイロン・シャープ ジェニー・ロマニウク共著 朝日新聞出版 刊）※シリーズ2冊目に刊行された青い表紙の本です。

ただ、上記のフレームをそのまま使おうとすると実生活のシーン要素が強すぎて、ウェブ空間でのユーザーコミュニケーションを主とするプロダクトリサーチには当てはまらない項目も出てきます。そのため、私はCEPのフレームワークを形成するためのリサーチクエスチョンを少しアレンジして次のように使用しています。

〈プロダクトリサーチに適したCEP調査用のリサーチクエスチョン〉

1.CEP：商品

○○［調査テーマ］をどのような生活シーンで必要としている？（誰が、何を、どのような目的で）

2.CEP：機能

○○［プロダクト名称］での○○［購入・利用］で便利だと感じた機能（表示情報・仕様）は？

3.CEP：特典

○○［プロダクト名称］での○○［購入・利用］でお得だと感じた特典（割引・クーポン・ポイントなど）は？

※調査票サンプルの図表に具体的な質問法を記載しています。

よくある課題

> 「商品や機能をひと通り揃えたはずなのに、なぜ使われないのか？」
> ⇒この質問に1枚で答えるためのアウトプット

① ビジネス主導のグロースに陰りがあるケース

ビジネス主導の戦略、つまり、大型セールや会員優待特典などの獲得マーケティングはプロダクトのグロースに欠かせない取り組みですが、目標設定のあり方が自分たち（自社）ベースのため、やがてグロースの勢いに陰りが差してきます。

また、このような時の打開策として「ブランド戦略」を打ち立てるケースも多いのですが、概念的で具体性に欠けるため実効性が無く事態の打開には至らない展開もセットで発生しがちです。ユーザー観点が薄いとすべて絵に描いた餅です。

② 組織内で定性調査への期待役割が低いケース

日系企業は問題解決の手段において伝統的に数字を重視しています。根拠となる数字を導くリサーチ手法はデータ分析とアンケートが主となり、定期観測で集めたデータを材料にして、すべて数値の増減から事象を捉える傾向があります。

この文化が強いがために、定性調査（インタビュー）が行われる機会が少なく、実施を検討したとしても、「実施方法がよくわからない、数人に聞いたとて判断材料にならない、時間をかけるだけ無駄」という位置づけになってしまいます。

作り方

〈STEP1：CEP調査の実施〉

a.CEP：利用内容 （自由回答）	b.CEP：利用メリット （自由回答）	c.CEP：機能・特典 （自由回答）
あなたが直近でオンラインギフト（eギフト・ソーシャルギフト）を利用した時のことについてお伺いします。誰に、どのような商品を、いくらくらいで購入しましたか。具体的にお書きください。 回答例：同僚にスタバのコーヒーチケット700円を仕事のちょっとしたお礼として贈った 回答例：お酒好きの友人に3,000円のクラフトビールセットを誕生日ギフトとして贈った 回答例：母親に12,000円のエステ体験を母の日ギフトとして贈った	前問の贈答シーンでオンラインギフト（eギフト・ソーシャルギフト）を利用したのは、どのようなところに良さを感じたからですか。できる限り、当時のエピソードを交えてお書きください。	オンラインギフト（eギフト・ソーシャルギフト）の検討や購入にあたり、これまでに便利だと感じたサイト・アプリの【機能】（表示情報・仕様など）や【特典】（割引・クーポン・ポイントなど）はありましたか。 【機能】どのような場面で、どのような表示や操作によってスムーズな購入へとつながったか、具体的にお書きください。 【特典】どのようなタイミングで、どれくらいの割引率や還元率がスムーズな購入へとつながったか、具体的にお書きください。

❶ リサーチカテゴリーを定義する

リサーチカテゴリー＝事業展開するビジネスカテゴリーを定義する。実査上はスコープの設定が成否を分けるためカテゴリー理解が重要。分析で苦慮する場合に備えてデスクリサーチで解像度を高めておく。

❷ CEP調査を行う

自由回答形式のアンケート調査をCEPテーマに特化して実施する。

※回答負荷が高い調査形式のため、単独実施での本調査が望ましい。

第5章

分析

カテゴリーエントリーポイント　　267

〈STEP2：CEP調査の分析〉

❶商品・機能・特典の回答傾向を列挙する　❷事実情報や特記事項をコメント入れする　❸質問文や補足を記載する

❷

✓【1】商品｜オンラインギフトで購入される商品は、①ファッション類、②グルメ類、③ビューティ類、④ゲーム類に関するものが見られる。

✓【2】機能｜オンラインギフトを促進する機能は、①表示・通知、②検索・共有、③購入・発送に関するものに分類される。

✓【3】特典｜オンラインギフトを促進する特典は、①クーポン・割引特典、②ポイント、③セール・キャンペーンに関するものに分類される。

❶

商品	❶ファッション・ファッション小物	❷食品・飲料・スイーツ・お菓子	❸ビューティ・コスメ	❹ゲーム・音楽ソフト・映像ソフト
	○○○○,○○○○,○○○○ ○,○○○,○○○○,○○○○	○○○○,○○○○,○○○○ ○,○○○,○○○○,○○○○	○○○○,○○○○,○○○○ ○,○○○,○○○○,○○○○	○○○○,○○○○,○○○ ○○○○,○○○○

機能	❶表示・通知	❷検索・共有	❸購入・発送	
	・誕生日・記念日リマインダー ・発送通知、受取通知 ・欲しいものリスト（公開型） ・リクエスト機能（相談型） ・対象商品のクーポン自動表示	・おすすめ（年代・間柄・用途ごと） ・テーマ別ランキング ・予算別検索 ・商品情報シェア機能 ・商品レビュー	・購入履歴・前回購入日時・再購入 ・QRコード決済・電子マネー決済 ・ポイント充当 ・ラッピング対応 ・メッセージ対応	

特典	❶クーポン・割引特典	❷ポイント	❸セール・キャンペーン	
	・誕生日・記念日クーポン ・○％OFF（10〜50％） ・○円割引（300円〜1000円） ・早期購入割引（5〜15％） ・まとめ買い割引	・ポイント還元率アップ（3〜10倍） ・ポイント増量キャンペーン ・ポイント○倍キャンペーン	・大型セール ・タイムセール ・初回利用キャンペーン ・贈ったものを自分ももらえる特典	

❸ オンラインギフト CEP：商品・機能・特典（自由回答）(n=1,200)

Q. あなたが直近でオンラインギフト（eギフト・ソーシャルギフト）を利用した時のことについてお伺いします。誰に、どのような商品を、いくらくらいで購入しましたか。

Q. オンラインギフト（eギフト・ソーシャルギフト）の検討や購入にあたり、これまでに便利だと感じたサイト・アプリの【機能】（表示情報・仕様など）や【特典】（割引・クーポン・ポイントなど）はありましたか。

❶ 商品・機能・特典の回答傾向を列挙する

回答件数が多いものを分類して箇条書きでまとめる。数値が関連する項目では目安の数値を記載する（割引額や割引率など）。

❷ 事実情報や特記事項をコメントする

回答傾向の考察を上部のコメントスペースに記載する。

❸ 質問文や補足を記載する

元質問を含む調査概要情報を記載する。

〈STEP3：CEPアイデアの選択〉

❸ 探求マップ （アイデアの評価方法）	❶ アイデア （訴求ファクトベース）	Pros（○） ❷	Cons（×）
高 サービス価値の新規性 ダークゾーン リスクゾーン ストレッチゾーン コンフォートゾーン 低　ユーザー体験の新規性　高	【A案】スマホ一つで手軽にギフトを贈れる		
	【A-1】親しくても相手の住所まで知らない	○○のアセットを活かせる、○○の強化方針と合致	○○の開発負荷が発生する、○○との一貫性を検討
	【A-2】直接会えない友人・知人にも渡せる	○○のアセットを活かせる、○○の強化方針と合致	○○の開発負荷が発生する、○○との一貫性を検討
	【A-3】商品を店に買いに出かけなくて良い	○○のアセットを活かせる、○○の強化方針と合致	○○の開発負荷が発生する、○○との一貫性を検討
	【A-4】いつでも思い立った時に購入できる	○○のアセットを活かせる、○○の強化方針と合致	○○の開発負荷が発生する、○○との一貫性を検討
	【B案】ありとあらゆる贈答シーンで使える		
	【B-1】予算別にプチギフトが揃っている	○○のアセットを活かせる、○○の強化方針と合致	○○の開発負荷が発生する、○○との一貫性を検討
	【B-2】季節行事ごとに特集を行っている	○○のアセットを活かせる、○○の強化方針と合致	○○の開発負荷が発生する、○○との一貫性を検討

❸ 探求マップを参考に
CEPを選択する

❶ 調査結果をもとにアイデアを洗い出す

❷ 各アイデアにPros/Consの評価を行う

❶ 調査結果をもとにアイデアを洗い出す

　プロダクトを利用するアイデアを3〜4案くらい書き出す。各メリットに紐づくユーザーゲインを3〜4点ほど書き出す。

※訴求ファクトが明快なものを選ぶ（実態が無い概念情報は不向き）

❷ 各アイデアにPros/Consの評価を行う

　それぞれのアイデアにPros/プロス（賛成意見・メリット）Cons/コンス（反対意見・デメリット）を書き込む。

記入例

- Pros（賛成）：○○のアセットを活かせる、○○の強化方針と合致
- Cons（反対）：○○の開発負荷が発生する、○○との一貫性を検討

❸ 探求マップを参考にCEPを選択する

　自社に望ましい（好ましい）連想をCEPとして選択する。探求マップを参照しながらチャレンジ度合い（新奇性/新規性）を論じる。

カテゴリーエントリーポイント　　269

使い方

① ユーザー目線の新奇性から独自性を設定する

CEP調査を行うと、商品が使用される生活シーンや利用を促進するプロダクトの機能・特典が何かの情報を得られます。消費者の生活感・景況感・人生観を踏まえて、ユーザー目線で導き出したカテゴリー戦略を立てることが可能です。

実務では新規事業や領域強化のアイデア探索シーンで真価を発揮します。こうしたシーンでは独自性の追求が第一の与件に上がりますが、CEP調査ではユーザー目線の新奇性を確保してそれを基調に独自のポジショニングを設定できます。

組織の既存活動やアセットをベースにしていると思考の制約がついて回りますが、CEPは既にユーザーにフィットしているアイデアを吸収するアプローチを取るので、プロジェクト展開時にストーリーも組み立てやすいのが利点です。

② 数字中心の組織で質的な分析の価値を広める

CEP調査は、調査手法の分類は量的なアプローチを取る定量調査でありながら、実態としてはインサイトの探索を目的とする質的なアプローチを取る定性調査に近く、数字文化の組織が定性調査の価値に触れる格好の入口になります。

得られた調査結果は戦略構築や体験設計のアウトプット（リーンキャンバス、SWOT分析、カスタマージャーニーマップ、ユーザーストーリーマップなど）へ接続がしやすく、提供価値を定義する決定的なインプットになります。

組織でのCEPの理解が上手く進むと、定性文化の会社で定量調査を行うきっかけになったり、定量調査オンリーの会社で定性的なアプローチを取り入れるきっかけになります。デザインリサーチ中心の組織とも相性が良い調査手法です。

第5章　分析

15 アイデア探索のアウトプット
コンセプトテスト

コンセプトテストとは、商品・広告をリリースしたり施策・機能をプロダクトに実装する前に、コンセプト（＝提供価値の概念要件を言語化・可視化したもの）の段階でユーザーの受容性を確認するリサーチ方法です。

調査ではテスト対象となる企画や機能を文章や画像の形で提示し、単一の案または複数の案について点数や印象を尋ねます。評価の観点には受容性だけでなく、新奇性、独自性、購入意向、利用意向などもよく用いられています。この手法は調査対象物が現時点では提供されていない段階や物理的に体験するのが難しい環境でも仮想実験できるのが特徴で、プロダクト運営業務では、新サービス開発、リブランディング、広告制作などのシーンで使用されます。

コンセプトテストは定性調査でも定量調査でも実施可能です。インタビュー調査では印象評価を細かく聞けるのが特徴で、好き・嫌いの理由を回答者の生活文脈に照らして納得感または意外性のある回答を参照することができます。

アンケート調査では5段階の尺度評価（例：大変魅力的〜全く魅力的ではない）で尋ね、ポジティブサイドの選択肢の合計スコア（TOP2BOX）を計測します。このスコアを各案同士で比較したり属性ごとの傾向を調べたりします。

テストの形式について、本来は1人の回答者（または1グループ）に1つのコンセプトだけ提示・評価する単一評価のテスト方法が理想的とされていますが、この実査環境を実現しようと思うとかなりの時間と費用がかかります。そのため現実的には、1人の回答者（または1グループ）に複数のコンセプトを提示・評価してもらう方法がよく取られています。効率性の観点からこのやり方が普及していますが、提示物が3案以上になる時は注意しましょう。

※コンセプトテストの実施方法は、調査手法と提示物の組合せ方により様々なやり方があります。本項ではシンプルに単一案を絶対評価で尋ねる方法を中心に解説します（複数案で相対評価を行う時のポイントは適宜補います）。

またコンセプトテストの種類（調査手法別の特徴）は以下のようになります。

第5章

分析

コンセプトテスト　271

① 定量調査

　サービスの構成要素を文章形式で組み上げ、ポイントとなる箇所ごとの魅力度＋全体での利用意向を尋ねる方法。商品開発からサービス設計、マーケティング・セールスまで貫く展開構想がある場合に理想的な形式。サービスの構成要素別に評価を尋ねるため、特徴ごとの期待感や貢献度を見比べる用途で役立つ。

② 定性調査

　コピーテキスト、サービスLP、広告バナー、カード型UIなどのプロトタイプを提示し、各案の絶対評価と相対評価を利用意向などの観点で尋ねる方法。各案の理解度・改善点・支持するユーザー層などを見極めることができる。テスト対象物が3案を超えると回答者側で相対評価の整理に矛盾が生じやすくなるので留意すること。

構成要素

○定量調査

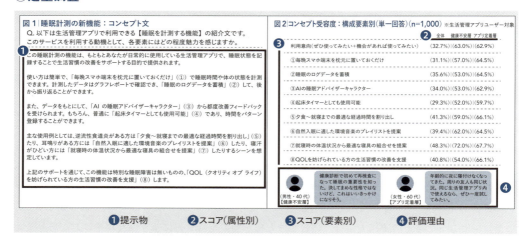

❶ 提示物

　コンセプト文（メッセージやスローガンの1文）。
　テスト用画像（P案・Q案・R案など、3案までを上限の目安にする）。

❷ スコア（属性別）

　全体、基本属性別、登録ステータス別、行動ステータス別のスコア。尺度評価におけるポジティブ項目の合算値を記載（5段階評価の上位2項目など）。

❸ スコア（要素別）

　コピーテキストの構成要素別のスコア。

❹ 評価理由

　ポジティブな意見（抜粋）。ネガティブな意見（抜粋）。

○定性調査

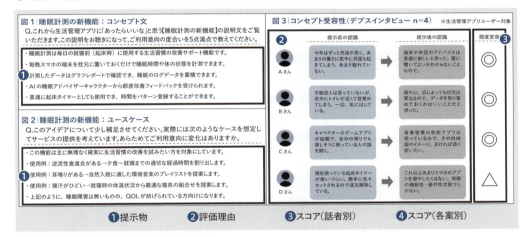

❶ 提示物

　コンセプト文（メッセージやスローガンの1文）。
　テスト用画像（P案・Q案・R案など、3案までを上限の目安にする）。

❷ 評価理由

　ポジティブな意見（抜粋）。ネガティブな意見（抜粋）。

❸ スコア（話者別）

　話者別のスコア。5段階評価の数値または評価の印（○×など）を記載。

❹ スコア（各案別）

各案別のスコア。相対評価で選ばれる順番を記載。

※複数案を比較する場合（見本の図では対応していない）。

よくある課題

> 「このアイデアはどのような展開ならユーザーに受け容れられやすいだろうか？」
> ⇒この質問に1枚で答えるためのアウトプット

① 着想したアイデアに対して誰も確信が無いケース

企画会議のシーンでは、「やりたいことの方向性は何となくあるが、ユーザーがどの程度反応してくれるか未知数」なことがほとんどです。それゆえに、制作活動も販促活動もどこに焦点を当てて作り込むべきか暗中模索になります。

この状況では上手くいかなかった時の責任をプロジェクトの推進担当者が負うリスクが高過ぎます。開発・実装までしてしまうと改修・撤退などの後戻りがしづらくなるため、アイデア段階で検証するリサーチ体制が重要になります。

② 決裁者や制作者の主観で判断されてしまうケース

同じく企画会議のシーンでは、当然ながら決裁者や制作者の意見は重みを持ちます。一方で、「○○の方向性は違う、私自身は○○だから」という具合に、主観（自身の経験と見聞）に基づいて判断が下される場合もかなり見受けます。

決裁者や制作者の得意領域である場合は良いのですが、大抵は行き過ぎた意見になってしまいます。ですので、出たアイデアをいきなり叩き潰さずに、1つの案として残しながら議論を重ねられるようリサーチの環境設計が重要です。

作り方

○定量調査

> ✓【図2】全体の利用意向は32.7％。健康不安層・アプリ定着層は63％で特に高い。（年代別でも40代〜60代は40％以上で安定している）
> ✓【図2】生活管理アプリユーザー対象の調査であることを考えると全体ではやや低めだが、事業のターゲット層の反応は好感触である。

図1｜睡眠計測の新機能：コンセプト文

Q. 以下は生活管理アプリで利用できる【睡眠を計測する機能】の紹介文です。
このサービスを利用する動機として、各要素にはどの程度魅力を感じますか。

❶ この睡眠計測の機能は、もともとあなたが日常的に使用している生活管理アプリで、睡眠状態を記録することで生活習慣の改善をサポートする目的で提供されます。

使い方は簡単で、「毎晩スマホ端末を枕元に置いておくだけ」（①）で睡眠時間や体の状態を計測できます。計測したデータをグラフレポートで確認でき、「睡眠のログデータを蓄積」（②）して、後から振り返ることができます。

また、データをもとにして、「AIの睡眠アドバイザーキャラクター」（③）から都度改善フィードバックを受けられます。もちろん、普通に「起床タイマーとしても使用可能」（④）であり、時間をパターン登録することができます。

❹
[出典]『新機能受容性調査（定量調査）』20XX年X月実施 生活管理アプリユーザー対象アンケート調査
（本調査規模 n=1,000）

図2｜コンセプト受容度：構成要素別（単一回答）（n=1,000） ※生活管理アプリユーザー対象

	全体	健康不安層	アプリ定着層
利用意向（ぜひ使ってみたい＋機会があれば使ってみたい）	(32.7%)	(63.0%)	(62.9%)
①毎晩スマホ端末を枕元に置いておくだけ	(31.1%)	(57.0%)	(64.5%)
②睡眠のログデータを蓄積	(35.6%)	(53.0%)	(64.5%)
③AIの睡眠アドバイザーキャラクター	(34.0%)	(53.0%)	(62.9%)

❷ ❸

（男性・40代）【健康不安層】 健康診断で初めて再検査になって睡眠の重要性を知った。決してまめな性格ではないけど、これはいいきっかけになりそう。

（女性・60代）【アプリ定着層】 年齢的に夜に寝付けなくなってきた。周りの友人も同じ状況。同じ生活管理アプリ内で使えるなら、ぜひ一度試してみたい。

※コンセプトの総合評価＝[利用意向]：ぜひ使ってみたい＋機会があれば使ってみたいの合算値
※構成要素別の個別評価＝[魅力度]：かなり魅力的＋やや魅力的の合算値

❶ コンセプトの構成要素を記載する

コンセプトの構成要素を1行ごとに記載する。スペースは取るものの、省くと結果を理解しづらくなるので記載しておく。

❷ TOP2BOXのスコアを記載する

スコアのデータはポジティブ項目の合算値のみ記載する。上記の措置により、グラフほど場所を取らずに結果を一覧で表示できる。

❸ 数値を裏づける意見を記載する

定量データを解釈するのに役立つ自由回答コメントを記載する。

❹ 質問文や補足を記載する

元質問を含む調査概要情報を記載する。

○定性調査

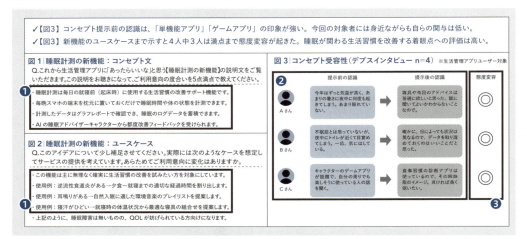

❶ コンセプトの提示内容を記載する
提示物として使用した文章や画像を記載する。

❷ 対象者のグループごとの意見を記載する
対象者のグループごとの主だった意見を記載する。
（グループ：性別・会員などによるくくり）

❸ 各案ごとの講評（態度変容）を記載する
対象者ごとに絶対評価で得た案の印象を記載する。

❹ 相対評価の順番を記載する
対象者ごとに相対評価で得た案の順番を記載する。
※複数案を比較する場合（見本の図では対応していない）。

使い方

① アイデアを数値と意見の両面から俯瞰して検証できる

コンセプトテストを行うことで、各案ごとの評価（受容性）を数値と意見の両面から可視化できます。事業者・運営者の立場だと慣れすぎて気づかない箇所も含め、ユーザーの意見を踏まえて客観的にリスクを評価することができます。

また、対象者属性ごとに結果をブレークダウンして見ると、施策や機能に反応してくれている人の層とその傾向を分析することができます。こうすることで、業界で流行している物事や手法が自分たちにも当てはまるか検証ができます。

② アイデアに備わるポテンシャルを多面的に評価できる

構成要素ごとの評価をテストする方法では、サービス企画やメインの機能について構成要素単位でそのニーズを確認することができます。調査結果は、全体としての傾向、著しく低い項目、特定層に高い項目に注目して分析しましょう。

評価観点ごとの評価をテストする方法では、新奇性、独自性、購入意向や利用意向など、評価の観点を変えて聴取できます。このバリエーションは施策や機能のKPIやアウトカムにつながる、プロダクトの出来を占う指標を設定しましょう。

第5章

分析

コンセプトテスト 277

第5章 分析

16 アイデア探索のアウトプット
探求マップ

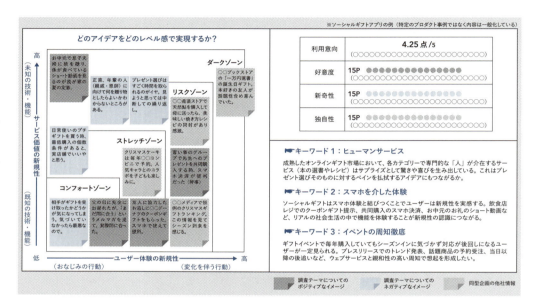

　探求マップとは、サービス機能の新規性（縦軸）とユーザー体験の新規性（横軸）から成るマップを、コンフォート・ストレッチ・リスク・ダークの4つのゾーンに区分して、その中に発話から得られた複数のアイデアを並べて活用法を吟味するアウトプットです。

　本来は実験を経てプロトタイプを徐々に不確実性が高い外側へと離していくアプローチが正しいのですが、本稿ではインタビューで得られた代表的な発話をそのままプロットして、どのアイデアをどのレベル感で実現するのかを検討する分析モデルとして扱います。

※探求マップについて言及している情報源は国内ではあまり見かけませんが、以下の書籍では詳細な説明を見ることができます。本稿の探求マップはこうした本の翻訳内容を参考にしながら、リサーチのプロジェクトにフィットするよう独自の調整を行っています。
『デザインシンキング・ツールボックス 最強のイノベーション・メソッド48』（翔泳社）
『デザイン思考 マインドセット＋スキルセット』（日経BP/日本経済新聞出版）

構成要素

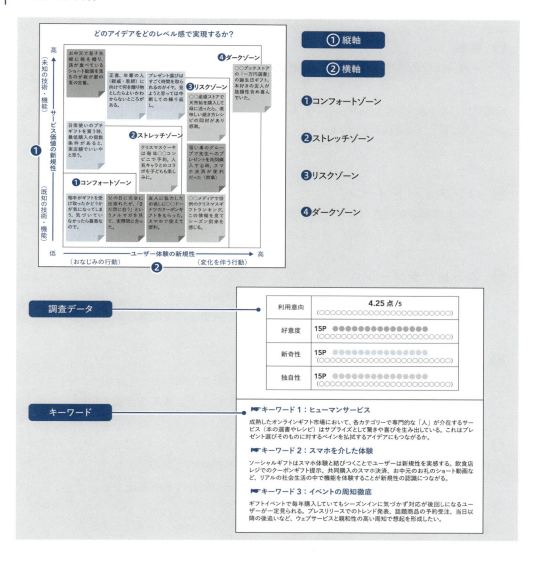

探求マップ

○縦軸・横軸

❶ 縦軸

サービス価値の新規性（既知の技術／機能←→未知の技術／機能）。

❷ 横軸

ユーザー体験の新規性（おなじみの行動←→変化を伴う行動）。

※新規性：まったく新しい状態（ここでは「目新しい」程度のイメージ）。

※図表内にある「新奇性」とは、珍しい・まれな状態を意味している。

○ゾーニング

❶ コンフォートゾーン

サービス機能の新規性（低）×ユーザー体験の新規性（低）

→現状に近い安全な世界線。対応することは易しいが成果もまた少ない。

❷ ストレッチゾーン

サービス機能の新規性（中）×ユーザー体験の新規性（中）

→現状の延長にある世界線。小さな挑戦で小さな成果を確実に得られる。

❸ リスクゾーン

サービス機能の新規性（高）×ユーザー体験の新規性（高）

→現状を超越できる世界線。大きな挑戦で計画的に大きな成果を目指す。

❹ ダークゾーン

サービス機能の新規性（未知）×ユーザー体験の新規性（未知）

→未知の世界線。不確実性は高いが、大きな挑戦で新たな鉱脈を当てる。

○調査データ

インタビュー調査のサマリ（例示はコンセプトテスト調査時のもの）。

○キーワード

探求マップと調査データの分析から導かれるキーワード（3点ほど）。

よくある課題

> 「意見の発散が起きない、意見の収集がつかない…」
> ⇒この悩みに1枚で答えるためのアウトプット

① コストや実現性の観点からアイデアが全滅するケース

アイデアを討議する場面では、リサーチを経て得た企画のアイデアが、コストや実現性の観点から一挙に全滅することがあります。こうした既存の物差しに照らした状態が続くと、次第に利害関係のある部門最適化が進み、イノベーションは起きづらくなります。

また、トップダウンやウォーターフォール型のプロジェクトでは、最初からアイデアを絞り込みすぎて、MVP（Minimum Viable Product）が弱いケースも見受けます。施策や機能に広がりがなく、「何となく作って終わり」という状態を繰り返す懸念があります。

② HMW（How might we）の手法が行使できないケース

デザインリサーチのブレストの場面では、「HMW（How might we）/我々はどうすれば○○できるか」という問いの投げかけがよく使われます。ところが、組織にデザイン思考が浸透していないと、「あなたが答えを持ってきなさい」と言われてしまいます。

調査結果の活用法を見出すにあたり、ワークショップを設定して皆からの意見を募るのはだめ、ただし活用提案は分析者が決め込みすぎてもだめ、そしてステークホルダーとは連携して進めなければだめ、という非常に難しい舵取りをリサーチャーは迫られます。

作り方

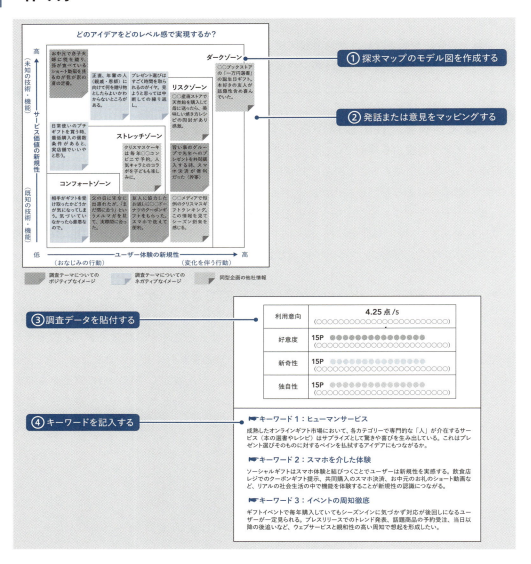

5-16 アイデア探索のアウトプット

❶ 探求マップのモデル図を作成する

大小の四角形を並べて4つの領域を作成する。縦軸・横軸を記入する。

❷ 発話または意見をマッピングする

インタビューで得られた発話をマッピングする（いったん分析者が初期状態を作る）。発話の種類によって付箋カードを色分けする。

例

- 調査テーマについてのポジティブなイメージ→赤
- 調査テーマについてのネガティブなイメージ→青
- 同型企画の他社情報→黄

※必要に応じて、組織内にある既存のアイデアやブレストから得られた意見を足す。

❸ 調査データを貼付する

元のインタビュー調査のまとめに相当するデータを掲載する。

（図表はコンセプトテストの調査結果を貼付しているイメージ）。

❹ キーワードを記入する

初期状態のマップから読み取れるキーワードとその説明を書く。

※組織文化や分析能力に応じてこの箇所は割愛してよい（一切の私見を交えない場合や分析者に自信が無い場合など）。

使い方

① 初期アイデアに対して段階的な意思決定ができる

探求マップは、リサーチ結果から取り得る判断のオプションを一定範囲のマップに留めたうえで、それぞれのアイデアのレベル感を考えるモデルになっており、「どういう方法や条件だったらこのアイデアを活かせるか?」というマインドセットに持ち込めます。

発話をポジ・ネガ（≒ゲイン・ペイン）に分けて扱うこともポイントで、両方の観点からイノベーションにつながるアイデアを検討することができます。領域のグラデーションによってリスク管理をできていることがポイントで、大企業向きのモデルと言えます。

② 調査報告会内での短時間のブレストが可能になる

本稿で示す探求マップの形式は、考える材料（インタビューで得た発話）、考えた先の着地（探索マップの各領域）、困った時のヒント（分析・示唆）が1ページに集まっているため、調査報告会内の短時間で多くの関係者を議論に呼び込むことができます。

インタビューで収集した発話をそのまま使えるところもポイントです。ワークショップの開催には事前の準備や、事後もKA法・KJ法などでまとめる時間を要しますが、探索マップは調査レポートに入れておいてブレストのみで進められるメリットがあります。

第

6

章

報告・共有

All About User Research

本章では、ユーザーリサーチの報告・共有で使うレポートドキュメントの作り方（全3点）、調査報告会の運営ドキュメントの作り方（全2点）、参照・引用機会を広げるリサーチのデータベースの作り方（全2点）を紹介します。調査報告時にステークホルダーへのインプットのコミュニケーションを高める工夫を通じて、データの活用度を上げる方法論としてご活用ください。

第6章　報告・共有

01 調査報告書のドキュメント
定量調査のまとめページ（グラフ・チャート）

　定量調査のまとめページ（グラフ・チャート）とは、アンケート結果の中でも特にテーマとの関連が深いデータをグラフをはじめとした図解で伝えるアウトプットのことです。このページで調査目的に対する分析の成果を示します。

　リサーチ業務では分析の成果を報告書としてまとめるのが慣例です。もしも調査の直接的な成果物であるグラフデータ・数表データ・自由回答データだけだと、報告相手が羅列されたデータをすべて見ることになってしまうからです。

　定量調査のまとめページのパターン展開は複数あり、ここでは私自身が使う4種類を紹介します。

① 質問間のクロス集計（グラフ）　　② 割付軸のクロス集計（マトリクス表）

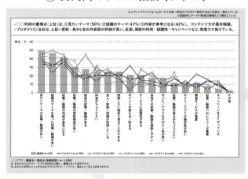

③ 特定質問の自由回答（自由回答集）　　④ デスクリサーチ（マトリクス表）

① 質問間のクロス集計

- 重要質問間のクロス集計のグラフレポート
- 重視点×満足点などの質問が対象

② 割付軸のクロス集計

- 分析グループ単位のクロス集計のマトリクス表
- 割付や基本属性で主要質問の結果を総覧にする

③ 特定質問の自由回答

- イメージや選択理由についての自由回答リスト
- ブランドイメージ、利用意向などの質問が対象

④ デスクリサーチ

- プロダクト、商品、サービス等のマトリクス表
- 規模や金額など既知のスペック情報をまとめる

※まとめ方に決まりがあるわけではないので、案件特性に応じて使い分けてみてください。いずれの形式でも付加分析（考察・提言）の討議に耐え得る情報量をページ内に担保することがポイントです。

第6章

報告・共有

定量調査のまとめページ（グラフ・チャート）

構成要素

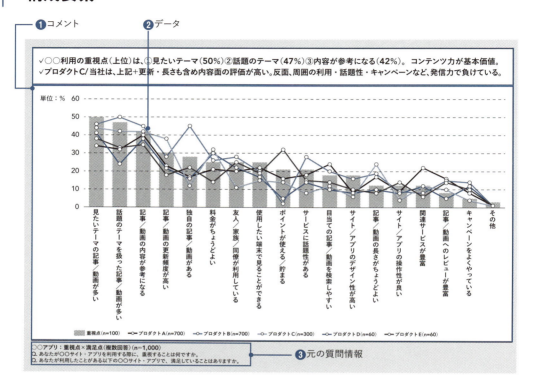

❶ コメント
- データの要旨（事実）
- 分析者の意見（考察）

❷ データ
- 各種グラフ
- 凡例
- 自由回答集（またはユーザーによる発話の抜粋）

❸ 元の質問情報
- 質問項目・質問タイプ・回答者数
- 質問文

よくある課題

> 「報告時に調査データの基本説明に時間がかかってしまう」
> ⇒この悩みに1枚で答えるためのアウトプット

① 報告しながら発表内容を頭で考えているケース

　調査報告を行ったことがある方はその難しさをよくご存知でしょう。報告書には様々なデータが存在し、スライドの一枚一枚に対してデータの構成、要点、意見についての記憶を保持しながら聞き手に説明する必要があるからです。

　日頃の分析や商談で話し慣れている話題やデータであれば良いのですが、たいていはページを見て瞬時に要領よく話すことは難しく、自身でも再度記憶を呼び起こしながら説明を行うので、発表がたどたどしくなってしまうものです。

② 社長や役員が調査データを部分引用するケース

　調査報告書は社長や役員がデータの一部を切り出して引用する機会があります。例えば、業界展示会での登壇、経営方針の発表会、個別のメディア取材、大口顧客との商談など、いずれもステークホルダー向けに話す場面が該当します。

　公（おおやけ）の場面で自身も初見に近い状態でステークホルダー向けに説明するハードルは極めて高く、一般的に社長や広報担当部長のプレゼンスキルは高いものの、事前に内容をすべてインプットしてもらうのは基本的に困難です。

第6章

報告・共有

作り方

❶ 事実と考察を書き分ける

〈コメントの例文〉

✓ ○○アプリ利用の重視点の上位は、①○○ができる（＊%）②○○が多い（＊%）③○○がわかりやすい（＊%）となっている。↑上位項目の抜粋

✓ 当社の満足点の上位は、①○○が使える（＊%）②○○を使えるシーンが多い（＊%）。競争戦略上は②の方が重要となる。↑事実情報
↑考察情報

　1行目は調査結果そのものを事実としてまとめる。2行目はファクトのデータから導ける考察を書く。

※見本として掲載している図表の例文では、競合と自社との比較、メインとサブの分析軸での比較などを記載している。

　箇条書き形式でそれぞれ1文で読めるよう収める。

❷ 事実コメントは上位を抜粋して記載する

〈コメントのバリエーション〉

✓ ギフトの平均予算は、①結婚記念日が最も高く（10,300円）、次いで、②クリスマス（7,800円）③誕生日（7,600円）の順。　↑基本の書き方

✓ 男女別では、男性は父の日・クリスマスで女性より1,500円程度予算が上がっている。

✓ セールの平均購入金額は11,000円で、分布は3,000円〜1万円がボリュームゾーン。1万円未満の合計は（68.0%）である。

✓ 家電の回答個数平均（2.0個）は全カテゴリー中で最も低く、各品目別の購入率もほとんどが15%を下回っていて低い。

事実コメントは結果の上位を抜粋して記載する形式を基本とする（もしくは意味のある区切り方に＝一定のライン、平均、分布など）。書き方の基本形は、「最も高いのは○○で、次に高いのは○○」のようにする。順位の表現は丸数字を駆使する（「最も高い」を「①」のように省略する）。割合（パーセント）もコメントに入れる（具体的に差をイメージしやすい）。

❸ 「高い」「多い」などの表現は統一する

〈良くないコメントの例〉

●結婚式の二次会で実施されている演出
・トップは「ビンゴ」の52%で一番多く実施されている。
・2番手は「ウエルカムボード」でこちらも4割弱と大きい値になっている。
・3番目に高いのは「ケーキカット」の35%で、「クイズ」も34%で続いている。

数値の述語（高い・多い・大きい）は同じ表記を使用する。同じ表記を使用することで印象が変わらず比較もしやすい。その時々の気分で書いていると混合になり読みづらくなる。

❹ 考察コメントは自社での解釈を記載する

〈各ページの考察とまとめページの関係性（イメージ）〉

●Q8　セールを知る情報源
・ユーザーがセールを知る情報源の上位は、①公式サイト（55.0%）②テレビCM（33.0%）③アプリ内バナー（33.0%）④アプリの通知（32.0%）⑤メルマガ（25.0%）である。
・総合的にプッシュ型のコミュニケーションチャネルからの導線が多く、SNSの投稿（21.5%）も一定の割合であるため、現在のオウンドメディア戦略の強化方針が活かせる。

●まとめ：ユーザーコミュニケーション戦略パート
・セール認知のユーザーコミュニケーションは、従来通りLP・バナー・メルマガ・アプリ・SNSなどを軸に、話題性のある参加促進企画を交え、事前エントリーの参加率を高める。
・中でも、随意対応しやすいSNSを最重要のコミュニケーションチャネルとする。次回調査では複数のチャネルで安定的に20%程度の認知を得られるよう、業務の対策を講じる。

考察のパートは自社プロダクトの観点で特に着目するポイントを書く。

定量調査のまとめページ（グラフ・チャート）

（業務や戦略におけるデータの活かし方の提言）

各ページごとの考察ができていると総まとめの作成もスムーズになる。

〈今回調査の場合〉※同一調査内の実施概要を再掲する趣旨

❺ ○○アプリ：重視点×満足点（複数回答）（n＝1,000）
　　Q. あなたが○○サイト・アプリで買い物をする際に、重視することは何ですか。　❻
　　Q. ご利用された以下の○○サイト・アプリで、満足していることはありますか。

〈過去調査の場合〉※エビデンスデータとして引用する趣旨

【出典】「睡眠計測の新機能受容性調査」20XX年X月実施
生活管理アプリユーザー対象 ウェブアンケート調査（本調査規模 n＝
1,000）
生活管理アプリユーザー対象 デプスインタビュー調査（本調査規模 n＝4）

❺ 質問の前提情報を記載する

　質問の前提情報となる質問項目・質問タイプ・回答者数を記載する。質問タイプは図から自明でも認知の相違が生まれないよう記載する。回答者数を気にする確認者は多いので少し面倒でも全図に記載する。

❻ 元の質問文を記載する

　もともとの尋ね方は結果を見るうえで重要な前提情報なので記載する（質問リストを別途参照しなくても大丈夫なように同一ページに記す）。この元情報は報告者だけでなくデータを引用する人にとっても便利。

使い方

① 要旨と意見を組み合わせてプレゼンにテンポ感を出す

事実情報は淡々と読むことで発表の基本リズムを作ります。事実情報は必要情報なので、結果的にあまり特徴がないデータだとしても各質問項目ごとに記載しておきましょう（目立った結果だけを書く方法だとリズムが損なわれます）。

反対に、考察情報は情感を持って伝えることで、報告者が話していることの意義が伝わります。ページの中で見るべき場所と読み解き方を口頭で伝えることで話にメリハリが生まれ、双方に気だるい一問一答式の報告を卒業できます。

② プレゼンターにコメントをそのまま読み上げてもらう

組織を代表して話すプレゼンターには、報告書の各ページのコメント欄をそのまま読み上げてもらうようにします。そうすることでプレゼンターの立場にかかわらずデータが正確に伝わり、解釈のポイントもそのまま訴求できます。

プレゼンシーンは調査報告の中でも特殊な環境で、見えているページだけで勝負することになります。事実と意見から成るコメント欄が充実していると、プレゼンターは事前インプットや手元のカンペなしで堂々と見て話せます。

第6章

報告・共有

定量調査のまとめページ（グラフ・チャート）　293

第6章 報告・共有

02 調査報告書のドキュメント
定性調査のまとめページ（インタビュー個票）

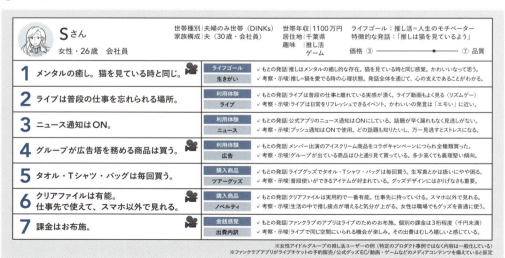

定性調査のまとめページ（インタビュー個票）とは、インタビューで得た発話データを主要な質問項目に沿って対象者ごとに整理するアウトプットのことです。

　個票の作りに厳密な定義はなく、本項ではプロファイルをまとめる時の方法を紹介します。個票は2枚1組で構成します。1枚目は主にファクトを扱うシートとして、生活習慣や購買行動などの事実情報を並べます。2枚目は特徴的な発話を扱うシートとして、対象者の信条・習慣をまとめます。

構成要素

○共通のヘッダー：人物の基本情報

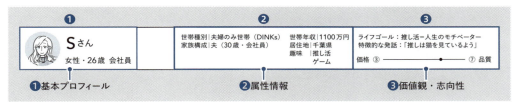

❶ 基本プロフィール
名前、性別、年齢、職業

❷ 属性情報
世帯種別、家族構成、世帯年収、居住地、趣味

❸ 価値観・志向性
ライフゴール、特徴的な発話、価格：品質のスライダー

○**1枚目：ファクトシート**

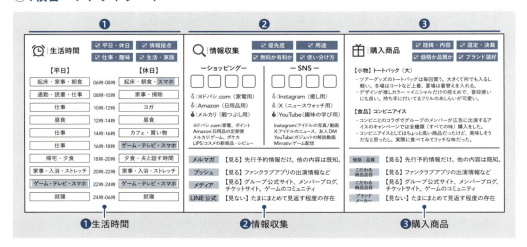

❶ 生活時間

平日の生活行動、休日の生活行動。

❷ 情報収集

よく使う事業ドメインのアプリ・ウェブサービス（例示ではショッピングサービスとしている）、よく使うSNSのアプリ・ウェブサービス、よく見るプッシュ情報（メルマガ・プッシュ通知・記事メディア・LINE公式など）。

❸ 購入商品

代表的な商品購入エピソード、価格と品質のバランス、こだわりがある品目、こだわりがあるメーカー・ブランド。

○2枚目：マイルール

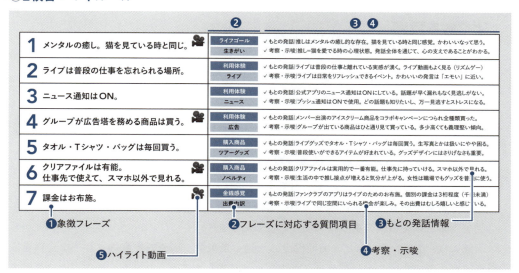

❶ 象徴フレーズ
調査対象者の特徴的・印象的な発言。

❷ フレーズに対応する質問項目
インタビューガイドにおける質問項目（大トピック・小トピック）。

❸ もとの発話情報
調査対象者の発話の原文（もとの言葉）。

❹ 考察・示唆
リサーチ担当者の見解（事業運営や機能開発で活用するための提言）。

❺ ハイライト動画
報告会で再生する発話箇所のマーキング（ビデオの絵文字）。

定性調査のまとめページ（インタビュー個票）

よくある課題

> 「インタビュー結果が一人歩きしてしまう…」
> ⇒この悩みに1枚で答えるためのアウトプット

① 内部で都合の良い発言内容だけ採用されるケース

インタビューはアンケート以上に出てくる情報のインパクトが強いリサーチ手法です。そのため、実査同席者（社内見学者）の中にはまるで「言質を取った」かのように、都合の良い発言内容だけを持論の裏づけに使うこともあります。

実際には、1人のインタビュー時間全体を通じた見解、調査対象者のグループ全体を通じた見解が重要です。しかしステークホルダーは必ずしもこうしたリサーチプロセスに明るくないため、悪い意味で印象や解釈にバラつきが出てきます。

② ユーザーモデルのエビデンスが求められるケース

インタビュー調査では、発話データをもとにペルソナ・カスタマージャーニーなどのユーザーモデリングの成果物を作る機会が多くあります（あるいは、共感マップ・価値マップなどデザインリサーチの領域でメジャーな成果物なども）。

大企業では特にこうした成果物の合意形成にあたり決定の根拠としたエビデンスの提出が要求されます。最終成果物だと既に抽出した要素が凝縮された状態にあるため、それ以前に戻って決定の根拠に対応するデータソースが必要です。

作り方

○1枚目：ファクトシート

① 調査対象者の基本情報を記載する　　※調査目的に照らして揃える項目を吟味する（特に性別・家族・年収・居住地の必要性）

Sさん
女性・26歳　会社員

世帯種別｜夫婦のみ世帯（DINKs）　世帯年収｜1100万円　ライフゴール：推し活＝人生のモチベーター
家族構成｜夫（30歳・会社員）　居住地｜千葉県　特徴的な発話：「推しは猫を見ているよう」
趣味｜推し活　価格 ③ ━━━━●━━━ ⑦ 品質
ゲーム

生活時間 ☑平日・休日 ☑情報接点 ☑仕事・趣味 ☑生活・家族

【平日】		【休日】	
起床・家事・朝食	06時-08時	起床・朝食・スマホ	
通勤・読書・仕事	08時-10時	家事・掃除	
仕事	10時-12時	ヨガ	
昼食	12時-14時	昼食	
仕事	14時-16時	カフェ・買い物	
仕事	16時-18時	ゲーム・テレビ・スマホ	
帰宅・夕食	18時-20時	夕食・夫と話す時間	
家事・入浴・ストレッチ	20時-22時	家事・入浴・ストレッチ	
ゲーム・テレビ・スマホ	22時-24時	ゲーム・テレビ・スマホ	
就寝	24時-06時	就寝	

② 生活時間の発話情報を記載する

情報収集 ☑優先度 ☑用途 ☑無料か有料か ☑使い分け方

ーショッピングー　　ーSNSー

- ヨドバシ.com（家電用）／Instagram（癒し用）
- Amazon（日用品用）／X（ニュースウォッチ用）
- メルカリ（暇つぶし用）／YouTube（趣味の学び用）

ヨドバシ.com｜家電、ポイント　Instagram｜アイドルの写真／動画
Amazon｜日用品の定期便　X｜アイドルのニュース、友人DM
メルカリ｜ゲーム、ポケカ　YouTube｜ガジェットの解説動画
LIPS｜コスメの新商品・レビュー　Mirrativ｜ゲーム配信

メルマガ	【見る】先行予約情報だけ。他の内容は既知。
プッシュ	【見る】ファンクラブアプリの出演情報など
メディア	【見る】グループ公式サイト、メンバーブログ、チケットサイト。ゲームのコミュニティ
LINE公式	【見ない】たまにまとめて見返す程度の存在

③ 生活時間の発話情報を記載する

購入商品 ☑経緯・内容 ☑選定・決裁 ☑価格か品質か ☑ブランド選好

【小物】トートバック（大）
・ツアーグッズのトートバッグは毎回買う。大きくて何でも入るし軽い。冬場はコートなど入着、夏場は着替えを入れる。
・デザインが推しカラー×イニシャルだけの控えめで、普段使いにも良い。持ち手に付いてるフリルのあしらいが可愛い。

【食品】コンビニアイス
・コンビニとのコラボでグループのメンバーが広告に出演するアイスのキャンペーンでは全種類（すべての味）購入をした。
・コンビニアイスとしてはちょっと高い商品だったけど、美味しそうだなと思ったし、実際に食べてみてリッチな味だった。

価格≧品質	【見る】先行予約情報だけ。他の内容は既知。
こだわる商品項目	【見る】ファンクラブアプリの出演情報など
こだわる商品項目	【見る】グループ公式サイト、メンバーブログ、チケットサイト。ゲームのコミュニティ
ブランドメーカー	【見ない】たまにまとめて見返す程度の存在

④ 購入商品の発話情報を記載する

❶ 調査対象者の基本情報を記載する

対象者の基本属性情報を記載する。

※調査目的に照らして揃える項目を吟味する。（特に性別・家族・年収・居住地の必要性）

❷ 生活時間の発話情報を記載する

対象者の時間帯ごとの生活行動を記載する。記入時の観点をあらかじめ用意しておく（平日・休日、情報接点、仕事・趣味、生活・家族）。提供サービスと関連のある生活行動はカラーで目立たせる。特にウェブと接しているタイミングはカラーで目立たせる。

※リクルーティング時のアンケートで記入してもらうと良い（インタビュー時間中に1からすべて聞き出すのは非現実的）。

記入例

【平日】08時-10時｜通勤・読書・仕事
【休日】22時-24時｜ゲーム・テレビ・スマホ

定性調査のまとめページ（インタビュー個票）

❸ 情報収集の発話情報を記載する

対象者の情報収集行動を記載する。記入時の観点をあらかじめ用意しておく（優先度、用途、無料か有料か、使い分け方）。よく使うサービスをアイコン・ロゴで表示する。上位3ブランドくらいまでの名称をメダルの絵文字に沿って記載する。プッシュ型のマーケティング施策については、「見ない」などのDon't情報も記載しておく。

❹ 購入商品の発話情報を記載する

対象者の購入商品情報を記載する（サービスモデルに合わせて、使用・契約・訪問などの情報に適宜アレンジする）。記入時の観点をあらかじめ用意しておく（経緯・内容、選定・決裁、価格か品質か、ブランド選好）。購入品目のカテゴリー分類と商品名の両方がわかるように記載する。

○2枚目：マイルール

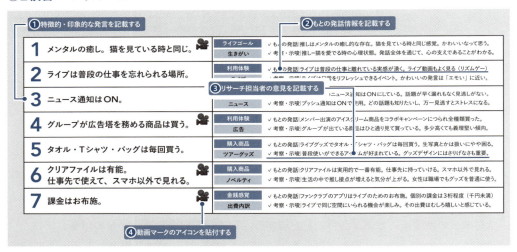

❶ 特徴的・印象的な発言を記載する

調査対象者の価値観、志向性、判断軸に関連する発話情報をピックアップする（発話の趣旨は変えずに見出しを作る）。なるべく個人に特有な内容が伺えるN1情報を選ぶ。

※60分〜90分のインタビューで7つくらい揃うと充実した実査と言えるが、結果的に取れ高が少ない場合は無理に7つ揃える必要はない。

❷ もとの発話情報を記載する

インタビューガイドの設計に沿って質問項目を記載する（発話場面のマーカーとなるよう

に）。直接的な発話情報を書き起こす（ここでは1文に収める分量で）。後々にエビデンスを問われた時にすぐに追えるようにしておく。

※原文を記載するものの、文を短く収めるには断定形（だ・である口調）のボイストーンで統一するのが良い。

❸ リサーチ担当者の意見を記載する

リサーチ担当者の意見を考察・示唆として記載する。事実情報を知見・経験から読み解き、情報の受け止め方、事業への活かし方をまとめる。直上にある発話の原文と並べることで飛躍を抑える。

❹ 動画マークのアイコンを貼付する

報告会で動画を再生する箇所に動画マークのアイコンを貼付する。アイコンがあると、報告会の運営時に運営者・参加者とも再生箇所がわかりやすくなる。対象者1名あたり2〜3件をピックアップするとよい（60分間で4名分を報告する時の目安）。

使い方

① インタビューの基本成果物として個票を展開する

インタビューの基本成果物としてインタビュイーごとの個票があると、1枚で実査の要点を確認できます。中間報告の場面ではインタビュー結果そのものの伝達に使い、最終報告の場面では企画・ソリューションの検討などに使います。

もしこれが発言録のテキストデータだけだと、個々の実査の要点を把握するのに苦労しますし、発話をある程度集約した付箋のファイルもアクセス権限などの問題で全員に共有できないことがあります。個票にまとめておくと便利でしょう。

② ユーザーモデリングの中間成果物として保持する

インタビュー個票は各種ユーザーモデリングの中間成果物として作成しておくと便利です。具体的には、ペルソナのスケルトン（骨格情報）として、カスタマージャーニーやストーリーボードの原型として、プロファイルを活用できます。

上記の成果物はどのみち完成までに相応の時間を要するため、マイルストーンとなる成果物があると中間での合意を形成できます。また、発話のテキストローデータや付箋のファイルデータだと、後からアクセスする時に手間になります。

第6章 報告・共有

03 調査報告書のドキュメント
調査報告書（トップラインレポート）

表紙

目次

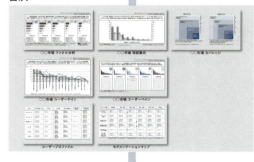

調査概要

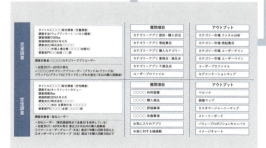

定量調査のハイライト（要約ページ）

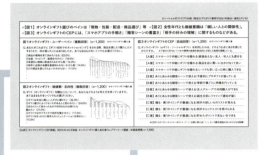

定性調査のハイライト（要約ページ）

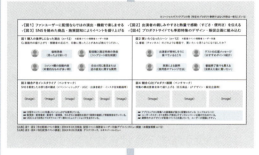

結論・提言

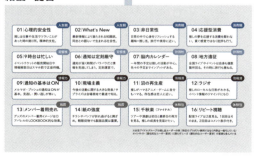

トップラインレポートとは、調査報告書の「要約版・サマリ」のことを言います（トップレポートとも言われます）詳細版と対比させた概念で、報告書の冒頭で全体及びトピックごとの要旨を概観できるよう編集したパートを指します。

　レポートの分量は10～15ページ程度でまとめるのが通例で、特に質問項目数・分析軸数（定性調査ではセッション数）が多い調査ほど報告書を読み込む負荷が上がるため、トップラインレポートにより最重要情報へのアクセスを助けます。

　この資料はリサーチ組織の役割が増し、大規模な調査を運用することになったり、経営ボードに報告することになったりすると必要になります。いかに結果をストレートに報告することが大切とはいえ、1から共有はできないからです。

　定量調査の結果をエクセルのシートに並べたグラフレポートで共有していたり、定性調査の結果をホワイトボードツールの隅々まで埋め尽くした付箋のカードで共有している場合、その形式が通用しなくなるリスクも念頭におきましょう。

構成要素

❶ 調査概要
調査の実施概要をまとめたページ

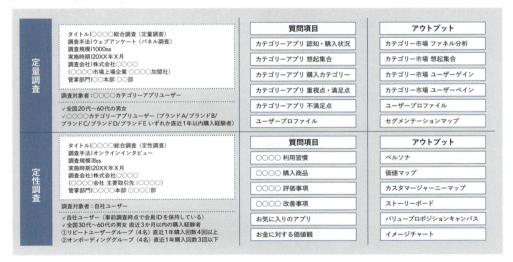

調査報告書（トップラインレポート）

❷ 定量調査のハイライト（要約ページ）

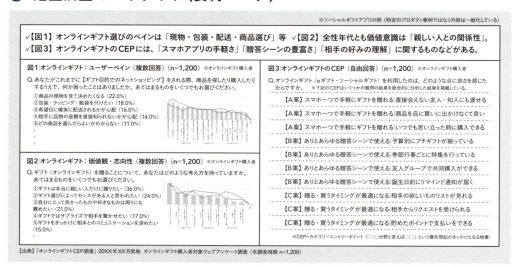

事実情報・ファクトをまとめたページ（トピック単位での結果をまとめたもの）。

❸ 定性調査のハイライト（要約ページ）

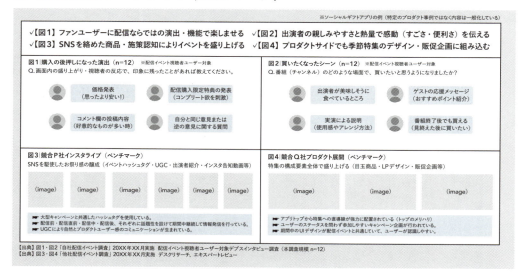

発話情報・観察結果をまとめたページ。（トピック単位での結果をまとめたもの）

❹ 結論・提言

○ キーインサイト一覧表

分析の結果や提案をまとめたページ。

よくある課題

> 「調査結果を見てもらえない・活用されない」
> ⇒ この悩みに1枚で答えるためのアウトプット

① 調査報告会の実施以降あまり参照してもらえない

　リサーチの仕事をしていると、求められていたはずの調査結果データがリリース以降なぜかあまり参照してもらえないという状況が訪れます。ヒアリングを行うと、「自分にとって必要な形式になっていない」ことが原因だったりします。

　一般的に有効な対策としては、デザイン組織では活用ワークショップが、ビジネス組織では各部の活用コミット宣言が、それぞれ行われたりしますが、いずれも一時的なフォローアップに過ぎず、報告会を超える成果にならないものです。

② 結果を「だいたい知っていた」と言われてしまう

調査の結論部分は、極論すると「①安さ②早さ③旨さが求められており、①セール実施②スピード改善③商品開発が必要である」という、まるで牛丼の吉野家のコンセプトを究めたような話のロジックに帰結するものが多く存在します。

こういう報告が出てきた時の社内や顧客の反応は、「だいたい知っていた」「ここからどうする？」というものになります。結果や提案に嘘は無いものの、具体的なアクションを誰もイメージできず調査の価値が実感されない状態です。

作り方

❶ 調査の前提となる実施概要情報を補う

主に企画書の中にある、調査の前提となっている情報を再度収録する。

代表的な実施概要情報
- 調査背景、調査対象者、調査手法、評価方法、調査時期、調査会社
- 質問項目の一覧表
- 分析軸の定義
- データの見方

※後から見返す人にとっては特に上記の情報がわかりづらいことが多い

❷ トピックごとに結果を図解でまとめる

同一トピックに関する質問の結果をできるだけ1枚の図表に集約する。グラフ、マトリクス表、フレームワーク、発話マップなどを駆使する。
※ただし、まとめることで読み取りづらくなる場合は無理にまとめない
（同一ページ内に異なる観点の要点が複数並び立たないよう編集する）。

❸ 討議・活用まで生き残る成果物を残す

報告実施後も討議・活用をリードするタイプの成果物を用意する。調査目的で定めた事業や機能との紐づきが強いものが適している（調査結果そのものはすぐに消費されて流れていく前提で臨む）。

結論・提言ページの編集パターン

- フレームワークによる内容の要約
- 重要チャートを再掲する形の要約
- ソリューションアイデア、プロトタイプの提示
- 改善ロードマップ、ネクストアクションの提示

※なお最も汎用的な締めくくり方は箇条書きテキストによる要約だが、討議・活用が促進される効果は薄いので、そのリスクは認識しておくこと。

使い方

① 速報やダイジェスト版として組織内に展開する

　トップラインレポートを作成したら、「速報」あるいは「ダイジェスト版」として組織内に展開します。ファイルが軽量であることでシンプルに見られる確率は上がり、メンバーは詳細版を見に行かなくても大丈夫なので感謝されます。

　一定規模の組織で調査データの活用を促すにあたり、資料の形式が軽量であることはとても重要です。リサーチの専任度合いが高まるほど網羅的なものを作りたくなるものですが、スライド枚数・ファイル容量には十分注意しましょう。

② 調査目的に対する結論をシンプルに見せていく

　トップラインレポートでは、調査の中でも特に調査目的に対する結論をシンプルに見せていく編集スタイルを取ります。事実データは見やすく、使いやすく整え、分析者の考察を経たデータの解釈方法や提言による気づきを促進します。

　数字や発話のデータを羅列したレポートの総括は「より良いものが良い」というものになりやすいのですが、あくまで調査目的で定義した理解や用途に照らして報告書を編集することで本来の意思決定に寄与する成果物に仕上がります。

調査報告書（トップラインレポート）

第6章 報告・共有

04 調査報告会の運営ドキュメント
報告会アジェンダ

Day1 20XX年 X/X月曜 17:00〜18:00【中間報告】

1│リサーチプロジェクトの概要説明　　17:00-17:05（05分）

✓ 調査概要
✓ インタビューガイド（プレビュー）
✓ インタビュー対象者一覧表
✓ 分析プロセス
✓ Zoomチャットの参加方法

2│インタビュー結果の共有　　　　　17:05-17:50（45分）
　　Aさん→Bさん→Cさん→Dさん

✓ インタビュー個票：ファクトシート
✓ インタビュー個票：マイルール
✓ インタビュー個票：発言録
✓ インタビュー動画：ハイライト
✓ Zoomチャットをもとにしたブレスト

3│総括　　　　　　　　　　　　　17:50-18:00（10分）

✓ キーインサイト一覧表（速報版）
✓ 結びの言葉
✓ 次回予告

Day2 20XX年 X/X木曜 11:00〜12:00【最終報告】

1│商品方針の討議　　　　　　　　11:00-11:15（15分）

✓ 動画視聴、ベンチマークサービス分析の共有
✓ ブレスト、ターゲット分析（商品面）の共有

2│販促方針の討議　　　　　　　　11:15-11:30（15分）

✓ 動画視聴、ベンチマークサービス分析の共有
✓ ブレスト、ターゲット分析（販促面）の共有

3│開発方針の討議　　　　　　　　11:30-11:45（15分）

✓ 動画視聴、ベンチマークサービス分析の共有
✓ ブレスト、ターゲット分析（開発面）の共有

4│全体方針のまとめ成果物の共有　　11:45-11:55（10分）

✓ キーインサイト一覧表（完成版）
✓ グロースサイクル

5│総括　　　　　　　　　　　　　11:55-12:00（05分）

✓ 結びの言葉
✓ ネクストアクションに向けて

※このページでは例文を記載している。

　報告会アジェンダとは、調査報告会当日の進行表のことです。報告議題・所要時間・共有資料などをまとめた、いわゆるイベントのプログラムや行事の式次第のようなものです。

　アジェンダという名称の通り、進行の経過を確認する事務的なドキュメントであると同時に、アジェンダを作成する過程で報告・共有の「到達地点」を決めていく意義もあります。というのも、報告時には、リサーチ担当者には合意形成のためのファシリテーションや個別のデータ活用などの役割を求められ、その中には対応が困難なものも出てくるからです。

　報告会を一方的な説明で終わらせず、かといってワークの作業時間で埋めるでもなく、ちょうどいいバランスを目指して上手くアジェンダ設定して会議の進行をリードしましょう。

※報告内容の前提として、プロジェクトの定例会議の中に収まるタイプの調査報告はここではイメージしていません（定量調査ではNPSの定点観測、定性調査ではUIの部分改善など）

構成要素

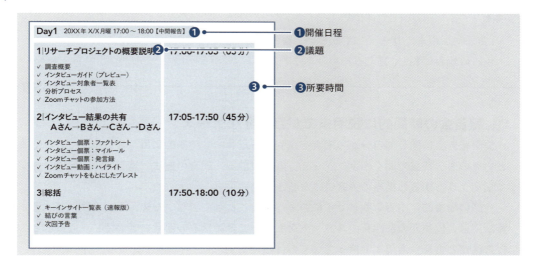

❶ 開催日程
Day（またはセッション）による報告プログラムの区切り。実施年月日、開催時間帯。
※本項の図表は中間報告と最終報告の場合で作成しています。

❷ 議題
会議運営上で必要な進行項目。調査報告として取り扱う議題。

❸ 所要時間
それぞれのトピックで想定している時間配分（ラップタイム）。

よくある課題

> 「合意や活用までリードして欲しいと言われる…」
> ⇒この悩みに1枚で答えるためのアウトプット

① 報告会の時間的に説明までが目一杯なケース

調査報告会は概して自分から内容を説明するだけでも時間的に目一杯になってしまいます。というのも、初見で聞く相手に対して、調査の前提、調査の方法、調査結果、示唆・提案まで伝えようとすると相当の情報量になるからです。

会議の順番的に内容を共有せずに討議へ移ることはできないため、通常は説明後に簡単な質疑応答と依頼元の部門長のコメントをもらって締め括るのがせいぜいです。しかしこの進行方法だと合意や活用まで持っていくのは困難です。

② 本格的なワークショップまでは難しいケース

組織での調査結果の理解や活用を支援するには、調査報告に合わせて関係者全員参加型の本格的なワークショップを開催できると理想です。しかしこれを実現するにはリサーチ担当者も相応のファシリテーションスキルを要求されます。

また、実施前には質問作成のワークを、実施後には活用支援のワークを、それぞれ皆の意見を聞くスタイルでコミュニケーションを尽くしたとしても上手くいくとは限りません。その割に討議成果が薄い・浅い内容になることがあります。

作り方

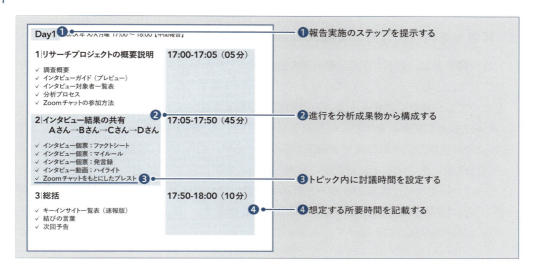

❶ 報告実施のステップを提示する

報告会を2日間で完結させる場合→Day1・Day2の構成にする。報告会を1日で完結させる場合→セッション1・セッション2の構成にする。計画時点で日取りが未定の場合は、目安の開催週だけ記載しておく。

❷ 進行を分析成果物から構成する

重要成果物をベースに構成する（インタビュー個票・グラフチャートなど）。企画書や報告書のページタイトルと同期を取ると報告事項が明快になる。

❸ トピック内に討議時間を設定する

トピックごとに簡単なブレストの時間を設ける。参加者にはチャットを使って報告時間中に感想や気づきを投稿してもらう（Miro→Slack→Zoomチャットの順で投稿に対する環境ハードルは下がる）。デプスインタビュー報告の場合→調査対象者1名ごとに区切る。アンケート報告の場合→調査票のトピックごとに区切る。

❹ 想定する所要時間を記載する

トピックごとの所要時間を記載する。議題の重要度に比例した配分にする。

使い方

① 報告会を内容別に分けて各回の目的を満たす

調査報告会は、無理に1回（短時間の会議体）で終わらせず、調査報告に必要な開催目的に応じて2回（2セッション）に分けます。1時間×2回であれば定例会議と別途の報告であったとしても無理なく関係者を集められることでしょう。

Day1では事実情報を中心に結果報告を端的に行い、方向性をすり合わせる場にします。Day2では活用方法や戦略構想を討議する場にします。このように開催時間ごとに会議体の目的（到達点）を分けることで各回の充実を目指します。

Day2の終盤では、次回のリサーチ計画も議題に取り上げます。「報告内容に対する宿題を預かる」スタイルだと延々と稼働を消耗してしまいます。（連続性のあるテーマであれば）思い切って次回の業務に区切ってしまいましょう。

② ブレストスタイルによる討議の充実を目指す

ワークショップの文化が形成されていない組織では無理に形式的なワークショップを行うよりも、ブレスト形式による対話の充実を目指すことをおすすめします。その方が会議時間を作業よりも討議に充てられる良さがあるからです。

ブレスト形式の下では、リサーチ担当者は進行にあたり最低限のファシリテーションスキルで済み、相手から意見を引き出すことよりも、討議に必要な情報を十分に提供することをあらためて自分の本来の役割とすることができます。

この時に活きてくるのがアジェンダの存在です。議事の中にブレストを行うトピックと時間を設定することで、短時間の会議体でも効率的に意見や感想を収集することができます。調査結果から論点を整理しておくことがポイントです。

第**6**章　報告・共有

05 調査報告会の運営ドキュメント
報告会参加者アンケート

　報告会参加者アンケートとは、調査報告会の実施を経て参加者のテーマ理解度を確認したり、業務での活用方法をフィードバックしてもらう社内アンケートです（イベントの満足度よりもこうした理解や活用の程度を重視します）。

　参加者アンケートを実施すると参加者の感想・意見を可視化することができます。報告会当日の中で参加者の声を満遍なく聞くのは難しいことが多く、アンケートを通じて組織内のコミュニケーションをキープアップしていきます。

　アンケートの結果データは、担当者が自身の業務総括を行うにあたり、ステークホルダーからの評価として活用します。役に立った情報や提案の声を参照しつつ、調査範囲や開催方式などについてチューニングするかを検討します。

　また副次的なメリットとして、組織内でリサーチの活動を前向きに評価してくれたり、率先してデータを活用してくれる熱量の高い仲間を見つけることができます。こうした仲間の存在は実務をスムーズに進める原動力になります。

　報告会参加者アンケートのパターン展開は複数あり、ここでは私自身が使う2種類を紹介します。

① 定性評価版

①調査結果で新たにわかったこと（自由回答）	②調査結果でわからなかったこと（自由回答）	③業務に活かすビジネスアイデア（自由回答）	④企画・運営へのフリーコメント（自由回答）
今回の報告で「新たにわかったこと」があればお聞かせください。	今回の報告では「わからなかったこと」があればお聞かせください。	ご自身の業務での活用法やアイデアがあればぜひ教えてください。	報告会の企画・運営についてコメントがあればお聞かせください。
[　　　　　　　　]	[　　　　　　　　]	[　　　　　　　　]	[　　　　　　　　]

- 自由回答形式
- 内容面、運営面への評価を参照する
- 良かった点、悪かった点が回答者の言葉でわかる
- 回答者の熱量がわかる（高い場合も、低い場合も）

② 定量評価版

①印象に残ったファクト（複数回答）	②印象に残ったインサイト（複数回答）	③印象に残ったソリューション（複数回答）	④印象に残ったアウトプット（複数回答）
今回の報告内容で印象に残ったもの（発話・行動）をお選びください。	今回の報告内容で印象に残ったもの（考察・示唆）をお選びください。	今回の報告内容で印象に残ったもの（戦略・戦術）をお選びください。	今回の報告内容で印象に残ったもの（資料・調査）をお選びください。
□【インタビュー個票_Aさん】①○○では○○する	□【キーインサイト一覧表】①○○からの過渡期	□【グロースサイクル】①事業運営サイクル	□【ペルソナ】①プライマリ
□【インタビュー個票_Aさん】②○○では○○する	□【キーインサイト一覧表】②○○をしたくない	□【グロースサイクル】②マーケティングサイクル	□【ペルソナ】②セカンダリ
□【インタビュー個票_Aさん】③○○では○○する	□【キーインサイト一覧表】③○○する前の時間	□【グロースサイクル】③ポイントサイクル	□【カスタマージャーニー】①As-Is版
□【インタビュー個票_Aさん】④○○では○○する	□【キーインサイト一覧表】④○○○の○○○化	□【グロースサイクル】④データ分析サイクル	□【カスタマージャーニー】②To-Be版
・ ・ ・	・ ・ ・	・ ・ ・	□【ベンチマークUT】①A社
			□【ベンチマークUT】②B社
			・ ・ ・

- 複数回答形式
- トピックごとのデータに対する評価を参照する
- 話題や観点への関心度・共感度が可視化される
- Miroなどのホワイトボードツールで行う付箋への投票をアンケート上で行うイメージ

　参加者アンケートの代表的な質問項目としては、「満足度」を尋ねる形式が一般的であり、セッションごとに5段階での尺度評価（単一回答）とその評価理由（自由回答）で質問を構成するのがオーソドックスな設計です（報告会に限らずイベント全般で同様）。

　しかしこの設計方法の下では、調査テーマを限りなく現場要望に寄せるなどのテクニックによってスコアが上下したり、スピーカーやスライドの出来によって評価が偏ることもあり、こと調査報告会の参加者アンケートでは個人的にあまりおすすめしていません。

　詳細は以下に続く構成要素の項目で説明しますが、定性評価版ではシンプルに企画・運営への評価とデータの活用可能性を尋ねます。定量評価版では提供価値を意思決定へとつなげるために、データ単位で投票を行いステークホルダーの関心事項を可視化します。

※全体の質問数（回答負荷）を考慮しつつ定性・定量の質問をMIXする設計もおすすめです。

構成要素

○定性評価版

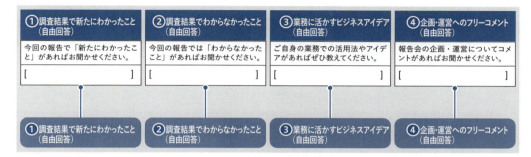

❶ 調査結果で新たにわかったこと（自由回答）
データや説明会を通じて得られた気づき（新たに得られた知識や技能）。

❷ 調査結果でわからなかったこと（自由回答）
データや説明会ではわからなかったこと（もっと知りたいと思ったこと）。

❸ 業務に活かすビジネスアイデア（自由回答）
今後の企画や活動につながりそうな情報（自身の業務、社内の業務）。

❹ 企画・運営へのフリーコメント（自由回答）
リサーチの活動への感想や要望。

○定量評価版

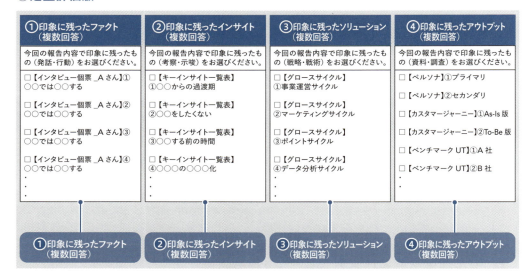

❶ 印象に残ったファクト（複数回答）
報告会で共有した対象者の発話・行動に関する情報。

❷ 印象に残ったインサイト（複数回答）
報告会で共有した分析者の考察・示唆に関する情報。

❸ 印象に残ったソリューション（複数回答）
報告会で共有した戦略（方針）・戦術（打ち手）に関する情報。

❹ 印象に残ったアウトプット（複数回答）
報告会で共有した資料（分析成果物）・調査（調査手法に紐づく成果物）に関する情報。

> **よくある課題**
>
> 「組織要請に応えた調査活動なのに業務評価が低い……」
> ⇒ この悩みに1枚で答えるためのアウトプット

① 目標設定に意思決定への寄与が入っているケース

リサーチ担当者の目標設定には、「業務を通じて重要な意思決定に寄与すること」という項目がしばしば入っています。ところが、リサーチの業務成果は遅効性であることが多く、当期内に最終成果を報告するのが難しいものです。

そもそもリサーチ活動自体が実査や分析に一定の期間を要するものであり、そのうえ意見や提案が採用されてプロジェクトで何らかの成果が出るまでにはさらに時間がかかります。しかしこの状況は上長にはあまり理解されません。

② 目標設定に複数部門での活用が入っているケース

リサーチ担当者の目標設定には、「データが複数の部門で活用されていること」という項目がしばしば入っています。ところが、調査データは特定の調査目的に沿ったデータなので、従業員皆に活用してもらうのは難しいものです。

そうすると、複数部門での活用が証明できず、「狭小なことをやっている」という見え方になってしまいます。データが広がらない真因は組織としての環境設定にあるのですが、個人としてできていない評価になってしまいます。

作り方

○定性評価版

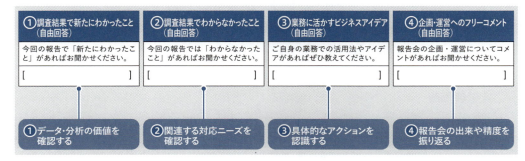

❶ データ・分析の価値を確認する

事業ドメイン理解、商品理解、ユーザー理解、競合動向理解についての意見。
　→組織内で新しく感じられた知識や概念を確認する
　→分析・提案の中で評価されたポイントを把握する

報告会参加者アンケート

❷ 関連する対応ニーズを確認する

調査テーマで設定した範囲内でわからなかったという意見。
→追加で分析を行う
調査テーマで設定した範囲外でわからなかったという意見。
→今後の参考にする
業務への具体的な落とし込み方についての意見。
→個別対応とする

❸ 具体的なアクションを認識する

商品企画、サービス企画、販促企画についての意見。
→企画や改善の意向を把握する
デザイン、制作・開発についての意見。
→制作や改善の意向を把握する

❹ 報告会の出来や精度を振り返る

調査テーマについての意見。
→情報の目新しさ、網羅性などを参考にする
資料・データについての意見。
→情報量、活用のしやすさなどを参考にする
開催形式についての意見。
→開催時間帯、所要時間、関連する活動のタイミングなどを参考にする
説明レベルについての意見。
→説明方法、用語のわかりやすさなどを参考にする

○**定量評価版**

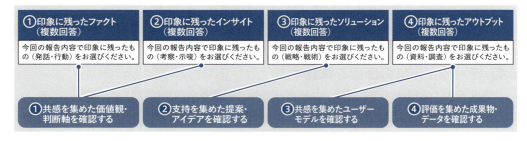

❶ 共感を集めた価値観・判断軸を確認する

関係者の皆が注目するファクト・インサイト。

→妥当性と意外性の両面から結果を参考にする

❷ 支持を集めた提案・アイデアを確認する

関係者の皆が気になっている企画・施策。

→戦略・戦術の討議の時に初期評価として活かす

❸ 共感を集めたユーザーモデルを確認する

調査対象者単位（N1分析の個票）の評価。

→ターゲットの軸となるユーザー像を参考にする

❹ 評価を集めた成果物・データを確認する

トピック単位、フレームワーク単位の評価。

→参照・活用価値が高い分析成果物を参考にする

使い方

① 調査の実施価値それ自体への他者評価を確定できる

　参加者アンケートを取ると、調査活動の中間成果を言語化することができます。意思決定に至るまでには、データが生成され、理解される工程を挟みます。アンケートの質問を通じて、誰に、どのように届いたのかを確認できます。

　リサーチ担当者にとって最も怖い事態はプロジェクトの与件そのものが変わるケースですが、アンケートで調査データへの評価の声を集めておけば、プロジェクトの状況にかかわらず自身の努力による評価を形成できます。

② 調査データを評価してくれた部門や人を可視化する

　参加者アンケートを取ると、調査データが響いた部門や人の存在を可視化できます。リサーチ担当者はここで生まれた縁を自己の業務評価の際にアピールします。組織の一員として勉強になった、という従業員もいることでしょう。

　また自由回答のコメントから熱量が高い人が見つかることもあります。この人とは同じ仕事で協業する時には互いを信用した状態でスタートでき、周りの同僚にも「リサーチを担当している人」として紹介してもらえたりします。

第6章 報告・共有

第6章　報告・共有

06 リサーチのデータベース
リサーチリポジトリ

タイトル	調査手法	調査対象者	アウトプット	調査時期	案件LP	タグ
SEO・検索流入ユーザー利用実態調査	▼ ユーザビリティテスト ▼ ──────	*自社ユーザー（8名） ①ロイヤルユーザー（4名） ②競合併用ユーザー（4名）	・ユーザーストーリーマップ（MVP定義） ・PRD（要件定義書雛型）	20XX年X月	××××.com/××××××××	▼ SEO ▼ 検索
リブランディングクリエイティブテスト	▼ デプスインタビュー ▼ コンセプトテスト	*自社ユーザー（8名） ①長期ユーザー（4名） ②新規ユーザー（4名）	・デザイン評価シート	20XX年X月	××××.com/××××××××	▼ ブランド開発 ▼ ──────
××××××××	▼ ────── ▼ ──────	××××××××	××××××××	××××××××	××××.com/××××××××	▼ ────── ▼ ──────
××××××××	▼ ────── ▼ ──────	××××××××	××××××××	××××××××	××××.com/××××××××	▼ ────── ▼ ──────
××××××××	▼ ────── ▼ ──────	××××××××	××××××××	××××××××	××××.com/××××××××	▼ ────── ▼ ──────
××××××××	▼ ────── ▼ ──────	××××××××	××××××××	××××××××	××××.com/××××××××	▼ ────── ▼ ──────

※上図はリサーチリポジトリのインデックス（看板）ページの構成イメージ（リポジトリの概念はライブラリ機能だけでなく運営サポート全体を指す）

　リサーチリポジトリとは、組織内で扱うリサーチデータのライブラリのことです。具体的には、Notion、Confluence、Googleドライブなどのデータベース構造を持つツールを使ってリサーチデータを管理・共有していく仕組みを指します。

　データベース・Wikiツールが持つ総覧性や検索性を活かして、リサーチに携わるメンバーが結果データや企画用の情報にアクセスすることを助けます。また、オンボーディング（教育研修）やリサーチ運営に関するQ＆Aの機能を担う一面も担います。

　リポジトリという言葉は日本であまり馴染みがない表現ですが、海外では大学など教育機関が研究論文をまとめるサイト（データベース）を指してよく使われています（日本でも近年、リサーチデータを有効活用する専用ツールが出てきました）。

　ニールセンノーマングループが2020年に公開したリサーチリポジトリの解説記事では以下のように定義されています。こちらも併せてご覧ください。

- UXリサーチに関連する情報共有のコレクションである
- UXの活動や意識を組織内で促進する効果がある
- UXリサーチ担当者を企画や分析の面から助ける

Research Repositories for Tracking UX Research and Growing Your ResearchOps
(https://www.nngroup.com/articles/research-repositories/)

※実際のところリポジトリのツールは、どのウェブツールを標準採用しているか、自社のセキュリティの基準に合致するか、といった組織要件に左右されやすく、リサーチに順応したシステムの導入・開発は難しいという方が多いことでしょう。そのため、本項は主にリポジトリのコンテンツを企画する観点からご覧ください。

※本項ではデータベースの看板（インデックスページ）にあたる部分の作り方を解説します。個々の調査結果の詳細ページの構成イメージは、次項目「調査結果ページ（LP）」で解説します。

構成要素

タイトル	調査手法	調査対象者	アウトプット	調査時期	案件LP	タグ
SEO・検索流入ユーザー利用実態調査	▼ ユーザビリティテスト ▼ -------	＊自社ユーザー（8名） ①ロイヤルユーザー（4名） ②競合併用ユーザー（4名）	・ユーザーストーリーマップ（MVP定義） ・PRD（要件定義書雛型）	20XX年X月	××××.com/××××××××	▼ SEO ▼ 検索
リブランディングクリエイティブテスト	▼ デプスインタビュー ▼ コンセプトテスト	＊自社ユーザー（8名） ①長期ユーザー（4名） ②新規ユーザー（4名）	・デザイン評価シート	20XX年X月	××××.com/××××××××	▼ ブランド開発 ▼ -------
××××××××	▼ ------- ▼ -------	××××××××	××××××××	××××××××	××××.com/××××××××	▼ ------- ▼ -------

❶リスト　❷タグ　❸検索システム

❶ リスト（「リサーチバックログ」の内容に相当）

案件を管理するマトリクス表。

列に配置する項目（例）

調査手法、調査テーマ、トピック、調査対象者、アウトプット、関連KPI、調査時期、調査会社、担当体制、資料の表紙のプレビュー／案件トップへのリンク
※上記を目安に、リポジトリで保持する情報として妥当な項目に厳選する。

行に配置する項目

案件タイトルA、案件タイトルB、案件タイトルC、（以下、続く）

❷ タグ

案件の目印となるキーワード。

リサーチリポジトリ　321

タグの項目イメージ

- プロダクト（事業、サービス、ブランド、主機能など）
- プロジェクト（UX要件、UI要件、CS要件、マーケティング施策など）
- カテゴリー（事業区分、商品種別など）
- 調査対象者（自社、競合、会員/登録/所持ステータスに関するものなど）
- 調査手法（インタビュー、アンケート、エキスパートレビュー、アクセス解析、販売データベース分析など）

※上記を目安に、リポジトリで保持する情報として妥当な項目に厳選する。

❸ 検索システム

キーワード検索、カテゴリー検索など（組織で採用するデータベースの機能に準じる）。

○補足

前出のニールセンノーマングループの記事の中によると、リサーチリポジトリの構成要素は以下のように紹介されています。

①Infrastructure/インフラ
a.リサーチチームのミッション・ビジョン、b.使用する調査手法の説明、c.調査の実行と分析のためのツールやテンプレート

②Research Planning/調査計画
a.戦略的リサーチプラン、b.スケジュール、c.詳細な実施概要、d.ユーザー要求

③Date and Insights/データとインサイト
a.報告書、b.インサイト、c.録画データ、d.メモなどの中間成果物

ご覧いただいているように、本来はリサーチのアウトプット（＝調査結果・レポート）を伝えるだけでなく、リサーチのインプット（＝計画や実行のための情報）も含めた広い情報を取り扱います（細かくなるので本項では紹介までとします）。

よくある課題

> 「過去に似た調査は実施していないか？その時の結果はどうだったのか？」
> ⇒この質問に1枚で答えるためのアウトプット

① 調査結果の保管場所が点在しているケース

　調査結果のデータは、組織内で各部門がGoogleドライブ/社内イントラネット/グループDMなどを通じてめいめいに管理しているのが通例です。ただ、よくあるこの運用形態だと、従業員個人としてはどこに何があるのかわかりません。

　この状況の怖いところは、実行中の事案は問題なくても、時間が経つにつれ1件1件の調査の企画や結果の特徴を覚えている人が減ることです。そのうちデータのありかが認知されなくなり、何も無かったのと同じ状況が訪れます。

　情報が点在していることのデメリットは他にもあります。過去調査データにアクセスする機会が多いはずの事業企画・事業開発・プロダクトマネージャー・リサーチャーなどの読者は以下のような状況に直面していることでしょう。

- 案件により成果物ドキュメントの種別に大きくバラつきがある
- 長期プロジェクト案件の閲覧時点でのステータスがわからない
- レポート読む上で高度な集計・分析の知識が前提になっている

② ファイル名からは中身がわからないケース

　個々の調査結果を格納する社内データベースは存在していても、まるでトランプの神経衰弱ゲームのように、結果を参照したいフォルダ内にあるすべてのファイルを1つずつ開いていかないと調査概要がわからないケースもあります。

　調査概要の情報の中でも、実施背景、実施時期、調査対象者などはプロジェクトの期間中は関係者にとって自明の情報であるため暗黙知的に省略されることもあり、これらの情報が議事録ドキュメントに埋まっていることもあります。

　特にリサーチの従事者が過去調査にアクセスするにあたり、案件のタイトル情報が最有力の手がかりとなりますが、組織内でフォルダ名称・ファイル名称に規則性が無いと、以下のような事象に時間を費やしてしまうことでしょう。

リサーチリポジトリ

- リサーチプロジェクトの名称が略称になっていて見分けられない
- リサーチプロジェクトの名称が発注先の調査会社名になっている
- 実施時期の入力定義が実施月と報告月（納品月）とで割れている

作り方

❶ リサーチバックログの構造と同期を取る

リサーチバックログ（案件管理リスト）の情報項目と同期を取る。リサーチバックログの案件情報をリポジトリに追加していく。リサーチバックログをそのまま看板シート（インデックス）として生かす。

❷ タグの設定でデータの検索効率を高める

タグ付けによってデータの検索精度を良くする。タグで使用する項目は事業や業務の実態に合わせてコード化する。

使い方

① 全社共通の調査データの格納場所にする

リポジトリを全社共通の調査データの格納場所とすることで、従業員は調査データへ即座に・正確にアクセスすることができます。誰がどのようなデータをどこに保管しているのか個人が尋ねて回ることを繰り返さなくても済みます。

メンバーはそれぞれ、調査結果を共有したり、企画書内に引用したり、ブレストで使用したり、様々な業務で活用しますが、この時のアクセスの速さ・データの的確さは組織全体のリサーチ業務への信頼や評価につながっていきます。

② 調査データ閲覧時の体験の一貫性を作る

調査データをリポジトリに集約していく過程で、ファイルの名称・種類・用語などの基本要素の平準化に取り組むことになります。ファイルが同じ構造・同じ形式に整うと、従業員が資料の仕様を理解する負荷を下げることができます。

このように調査データ閲覧時の体験の一貫性を作ることが、管轄部門や調査手法を超えて組織内で広く調査データが参照されるためのコツです。

第6章 報告・共有

07 リサーチのデータベース
調査結果ページ（LP）

■○○○○利用実態調査

1. 調査概要
2. 調査目的
3. リサーチプロセス
4. 調査対象者
5. 定量調査のアウトプット
6. 定量調査の企画書・報告書
7. 定性調査のアウトプット
8. 定性調査の企画書・報告書
9. まとめ

1.調査概要

2.調査目的

本件調査では、プロダクトのターゲット戦略においてアーリーアダプターの最有力候補となっている、「子どものいない夫婦（DINKs世帯）」を対象に、商品に対する品質感度やタッチポイント、生活における価値観などをデプスインタビュー形式で聴取する。

調査結果から、N1分析型のユーザーのプロファイルを生成し、当該ターゲット層のペルソナをモデリングするワークショップを行う。その結果をもとにユーザーコミュニケーション戦略の立案を行い、販促計画・開発計画の立ち上がりをリードする材料とする。

3.リサーチプロセス

4.調査対象者

グループ	A	A	A
日時	X月X日(X) 10:00-11:00	X月X日(X) 19:00-20:00	X月X日(X) 11:00-12:00
ID・姓	1111 サトウ様	2222 スズキ様	3333 カトウ様
性別・年齢	女性 48歳	男性 43歳	女性 52歳
未既婚・子ども	既婚・子どもあり	既婚・子どもなし	既婚・子どもあり
職業	パート・アルバイト・フリーター	会社員（XX業）	パート・アルバイト・フリーター
世帯年収	X00万〜X00万	X00万〜X00万	X00万〜X00万
居住地	XX県	XX県	XX県
SQ1: 主利用サービス（利用頻度）	○○○○メイン併用（月に2-3回程度）	○○○○メイン併用（2-3ヶ月に1回程度）	○○○○メイン併用（月に2-3回程度）
SQ2: 購入経験品目	ビューティ・コスメ、グルメ・食品、ビール・ワイン・お酒、医薬品・ヘルスケア・介護用品	水・ソフトドリンク・お茶	グルメ・食品

5.定量調査のアウトプット

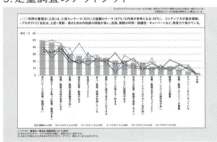

7.定性調査のアウトプット

9.まとめ

調査結果ページ（LP）

調査結果ページ（LP）とは、リサーチ担当者がリサーチリポジトリ（プロジェクトデータベース）内のWiki機能（または社内イントラネットのブログ機能）を使って調査結果の要点や見どころをハイライト形式で説明するページです。

前項で解説したリサーチリポジトリでフォルダ・ファイルの格納場所を設定しても、報告・納品データがそのまま入っているだけでは中身はわからないため、記事タイプの説明ページをランディングページとして作成しておきます。

構成要素

❶ 調査概要
調査概要（実施要項・企画内容）。
（調査企画の全体像がわかる情報）

❷ 調査目的
調査目的（仮説・課題なども含む）。
（調査当時の実施意図、ねらい、フォーカスしているポイントがわかる情報）

❸ リサーチプロセス
リサーチプロセス（調査のアプローチモデル）。
（フェーズ設定、アウトプット、期待成果などがわかる情報）

❹ 調査対象者
定性調査、定量調査それぞれの調査対象者。
（対象者の定義、要件などがわかる情報）

❺ 定量調査のアウトプット
定量調査から作成する代表的なフレームワーク（または要約となる図表）。
（調査テーマに対して定量的なアプローチからの結果がわかる情報）

❻ 定量調査の企画書・報告書
定量調査の企画書・報告書ファイルなど。
（調査内容をまとめているスライド・ドキュメントなどの資料）

❼ 定性調査のアウトプット

定性調査から作成する代表的なフレームワーク（または要約となる図表）。

（調査テーマに対して定性的なアプローチからの結果がわかる情報）

❽ 定性調査の企画書・報告書

定性調査の企画書・報告書ファイルなど。

（調査内容をまとめているスライド・ドキュメントなどの資料）

❾ まとめ

調査から得られた示唆、リサーチ担当者の考察。

よくある課題

> 「この調査はどのような意図で行われたのか？」
> ⇒この質問に1枚で答えるためのアウトプット

① 中間・最終の成果物が無造作に置かれているケース

　リサーチプロジェクトの案件フォルダには、中間成果物または最終成果物が無造作に置かれているケースが少なくありません。

　中間成果物としては、ユーザーテストのインタビューガイドが詳細に作成されているのに、調査全体のプランニングは不明なケースなどが該当します。

　最終成果物としては、ペルソナのファイルだけ置かれていて、どういう経緯で作成されたのか後からはわからない状態で残っているケースなどが該当します。

② プロジェクト情報が断片的で参考にならないケース

　既にデータベース内に同様のページを作成する取り組みをしている場合にも注意が必要です。そのページが「プロジェクトの管理ページ」（スケジュール・役割分担体制などの情報が中心）になっていることがよくあるからです。

　つまり、調査内容や調査結果が書かれておらず、リサーチ観点で参照できる要素が少ない状態です。こうしたケースではしばしばLPが「リンク集」になっていることが多く、同ページ内では理解が完結しない構成になっています。

作り方

❶ 調査概要と成果物の名称で目次を作る

ページのファーストビュー領域に目次を設定する。主要な調査概要と成果物の名称を見出しに立てる。どの案件でも同じページ構成スタイルを踏襲する。

❷ 調査結果はチャートを中心に解説する

調査結果はハイライト形式で紹介する。フレームワークの画像を適宜駆使するとページ内のアイキャッチとしても有効。

※収録するチャートの種類の例は「分析」の章を参照。

使い方

① 記事ページのように調査結果を見てもらう

調査結果ページ（LP）の良さは記事ページのように編集された調査結果を気軽に読めることです。調査結果にアクセスするメンバーもとりあえず要点を知りたいというレベル感であることが多いのでハイライト情報でだいたい事足ります。

また、このページは意外とブレストやワークショップの場面で活きます。対話形式の場ではあまり結果を長く説明できず、聴く側も瞬時に理解したいのでスライドのプレゼンは向きません。ウェブページであればこの用途にかないます。

② プロジェクト情報のゲートキーパーとする

リサーチの情報は様々な立場の人が参照します。プロジェクトを引き継ぐことになったメンバー、事業や機能に対する知見を深めたいメンバーなど、いずれもプロジェクトまたはプロダクトを理解する意欲を持っているのが特徴です。

すなわち、調査結果ページ（LP）をプロジェクト情報のゲートキーパーとすることで、当人が必ずしもリサーチに関心が無いとしても、プロジェクトとの連携を通じて結果的に調査結果の参照率を上げていくことができるということです。

Appendix

All About User Research

「A　有識者・実践者によるコラム集」では、リサーチを駆使されているプロフェッショナルが、それぞれの観点でナレッジを伝えるコラムを収録しています。
「B　リサーチドキュメントの図録集」では、本編を補完する、インタビュー・アンケートの調査票をはじめとするドキュメントのテンプレートを掲載しています。

Column 01

デザインとリサーチの交点
——構造化・言語化・可視化

株式会社アジケ 代表取締役
梅本 周作

デザインスキルとリサーチスキルの本質——構造化・言語化・可視化

デザイナーにおける「言語化」スキルの重要性は、その情報伝達能力に由来します。

デザインプロセスは基本的に、「伝えるべき内容（何を）」と「伝え方（どうやって）」の2つの主要ステップから構成されます。これを専門用語でさらに展開すると、「構造化」「言語化」「可視化」という3つの具体的な段階に細分化されます。ここでは、これらの段階を詳細に解説します。

・構造化とは？

情報やアイデアを整理し、明確な構造に落とし込むことです。このプロセスでは、情報を分類し、関連性を明確にすることで、デザインの方向性を定めます。リサーチにおいても、膨大なデータを扱う際にはこの構造化が必要不可欠です。データの構造化により、情報の海から有意義な洞察を引き出すことが可能となります。

・言語化とは？

構造化されたアイデアを明確な言葉やコンセプトに変換する過程です。このプロセスでは、デザインの目的やメッセージを言語化し、チーム内外での共有を目指します。

リサーチの分野でも同様に、複雑なデータや洞察を理解しやすい言葉で表現し、共有することが求められます。この言語化プロセスを通じて、デザインとリサーチの目標が明確になり、さらに具体的なアクションプランへと繋がっていきます。

・可視化とは？

言語化されたコンセプトを視覚的な形で表現することです。デザインでは、スケッチや図面、デジタルプロトタイプなどを用いてアイデアを形にします。リサーチにおいても、データの可視化は重要な役割を果たします。グラフやチャートを通じて、洞察をより理解しやすくし、視覚的に情報を伝えることができます。

これらのプロセスは、アイデアを形にし、受け手が情報を容易に理解できるようにするために重要です。

リサーチ分野においても、「構造化」「言語化」「可視化」は同様に重要です。デザインと同様に、リサーチでは膨大なデータと情報を扱いますが、これらを有効に活用するには、情報をはじめに構造化し、理解しやすい形に整理することが不可欠です。データをこれらのプロセスに従って整理し、解釈しやすい形にすることで、最終的には行動を促す価値ある洞察を得ることが、リサーチの成果につながります。

リサーチとデザインは、思考と創造のプロセスを通じて、アイデアを実用的で価値ある成果へと変換します。このプロセスを経て、双方は情報を整理し、共有し、視覚的に表現することで、優れた製品、サービス、そして体験を創り出す共通の目標を果たします。

このような相互作用を深めることで、両分野の専門家は、より革新的でユーザー中心の解決策を創出することが可能になります。

デザインの学びかた。個人の学習と組織としての学習支援。

組織内で個々人の学習を促進し、その学習を組織がどのように支援するかは、現代のビジネス環境において

株式会社アジケ 代表取締役
梅本 周作

デザイン会社「株式会社アジケ」の代表取締役。"味気ある世の中をつくる"をミッションに掲げ、サービスデザインおよびUI/UXデザインを通じて、お客様の事業開発とクリエイティブ開発を支援しています。特に大手企業や金融機関との取引実績に強みを持っています。
本社を東京目黒に置き、福岡にも拠点を構え、現在は福岡でテレワークを行っています。地元福岡でデザインやデジタルトランスフォーメーション（DX）に関する講演を実施し、地域企業や地域のDX推進活動に貢献しています。
X：https://twitter.com/dubhunter

重要なテーマとなっています。特に、急速に変化する市場と技術の進化に対応するため、個人が新しいスキルを習得し続けることが、従業員のキャリア成長はもちろんのこと、組織全体の競争力向上にも寄与します。デザイン会社の経営者として、私は単にお客様の要望を満たすだけでなく、期待を超える成果を出せるチームの育成を重要視しています。

リサーチとデザインスキルの習得は、体系的なアプローチが求められる難易度の高い領域です。このため、私たちは社内でのスキル学習支援に「守破離」という考え方を取り入れています。「守破離」の概念を用いて、基本的な「守」の段階から学び、それを自分のものにしてアレンジする「破」、最終的には新しい価値を創出する「離」へと進むことを目指しています。これまでのプロジェクトや成果物を学習コンテンツへと変換し、社員に提供することで、継続的な学びの機会を創出しています。

最近では、お客様の間でもデザイン学習の需要が高まっています。特に、Webサービスの運営を任されるビジネスパーソンが、デザインスキルの習得を望むケースが増えています。この背景には、魅力的なデザインを提供しなければ顧客にサービスを利用してもらえないという現代のビジネス環境があります。

私たちは、デザイン学習およびマネジメントのニーズに応えるために、体系的な学習コンテンツの提供や、フィードバックを容易にするチェックリストの作成など、様々な取り組みを実施しています。

そして、事業支援の経験から学んだのは、お客様はデザインだけをすればいいのではないことです。デザインに関する知識や、学習に投じるべき時間の適切な配分を理解することが、全体最適なアプローチにつながるということです。

事業会社がデザインに限られたリソースを投入する中で、デザインは事業成功のための一要素に過ぎません。そのため、非デザイナーでも効率的にデザインスキルを身につけ、実務に活かせるような学習コンテンツの開発が、今後の課題となります。業界全体としてこの学びたいという意欲を持つ人々とそれを支援する企業が、より良い学習方法やコンテンツを共有し、広めることを心から期待しています。

課題解決・目標達成のために動けるリサーチャーの価値

私は菅原さんを、リサーチの専門家として非常に高く評価しています。デザインとリサーチ、互いの専門分野でニュースレターを同時期に始めた縁から、菅原さんと対話する機会に恵まれました。

リサーチとデザインは異なる領域かもしれませんが、私はそれらを隣接するスキルと見なしています。菅原さんと会話するときどちらかといえばデザインについてよくご質問いただきます。その学習に対する熱心な姿勢からは、常に刺激を受けています。

先日、弊社がリリースしたエキスパートレビューサービスについて、リサーチャーおよび事業者の観点から貴重なアドバイスをいただきました。菅原さんはリサーチと事業の両方の視点を持ち、その深い洞察により、私が見逃していたサービスの価値について言及してくださいました。

菅原さんはリサーチを通じてプロダクト改善のための重要な課題を特定し、目標達成に必要な知識を冷静に分析し、それを実践に移す手法をいつも模索されています。

菅原さんのこのような姿勢から多くを学ぶことができるため、私もこの本を通じてリサーチの学習を深め、それを実践に活かしたいと思います。

Column 02

海外で普及するUXリサーチの成功モデル
——ResearchOpsとUX戦略

TRTL Studio株式会社 CEO
丸山 潤

海外で普及するResearchOpsの役割と成果

　UXリサーチ文化を社内に拡大する方法としてResearchOpsがあります。また、海外ではその役割の人材を
ResearchOpsManagerと呼んでいます。日本ではDesignOpsについて耳にする機会は増えましたが、
ResearchOpsを実践している会社はかなり少ないと思います。海外では、ResearchOpsCommunity（https://
researchops.community/）があり、世界中のReserchOpsがコミュニティに参加しています。私も参加してい
るのですが、2024年5月時点で17000人以上の方々が参加し、イベント・記事・仕事など様々な情報を世界各
国からのコミュニティ参加者が発信しています。

　今回は、現在世界で活発になりつつあるResearchOpsについてご紹介したいと思います。ResearchOpsは、
UXリサーチをサポートするための人材、プロセス、ツール、および戦略を指し、ある意味UXリサーチのマネ
ジメント的な役割にも近く、組織設計をしている人物を指していると言われ、主に次に紹介する6つの仕事を
行っています。

1. リサーチ対象者のスクリーニングや日程調整などの管理業務。
2. 個人情報などのガイドラインを作成するガバナンス業務。
3. UXリサーチによって収集した情報やナレッジをチームや組織に共有するナレッジマネジメント業務。
4. UXリサーチで使用するツールの管理業務。
5. UXリサーチチーム以外のメンバーの教育業務。
6. UXリサーチの価値の伝道。

　では、ResearchOpsはなぜ近年重要視されているのでしょうか？1番の理由として、UXリサーチのサポート
をすることで、組織の意思決定スピードが上がるところにその価値があると言われています。また、UXリサー
チを効果的に実施するためには、その結果についてチームメンバー以外のデザイナーやエンジニア、マーケター
など、チーム全員が認識をひとつにしないことにはプロダクト開発で良い結果を得ることはできません。その
ため、UXリサーチの結果を共有し、アクセスしやすいリポジトリを作成することも大切です。

　ResearchOpsの仕事で私自身、最も大事だと思っているのは、「5. UXリサーチチーム以外のメンバーの教育
業務」です。UXリサーチに取り組んだけど、会社でなかなか理解してもらえないという声も沢山聞きます。理
解してもらうために重要になるのが、リサーチチーム以外の組織との連携だからです。

　また、プロダクト開発におけるUXは、視点の異なる多様な職種のメンバー全員で取り組む必要があり、よ
りResearchOpsの重要性が高まってくるわけです。日本でもResearchOpsを重視する会社が増えると、将来
的に世界に誇れるプロダクトが生まれる可能性も高まっていくと思います。

プロダクトに携わるなら「UX戦略」を意識すること

　UXリサーチには大きく2つの役割があります。それが、戦略と戦術で、UXリサーチでは戦略的UXリサーチ
や戦術的UXリサーチと言われることもあります。

TRTL Studio 株式会社 CEO
丸山 潤

コンサルティング会社でのUI開発経験を持つ技術者としてキャリアをスタート。リクルートホールディングス入社後、インキュベーション部門のUX組織と、グループ企業ニジボックスのデザイン部門を牽引。ニジボックスではPDMを経てデザインファーム事業を創設、事業部長に就任。その後執行役員として新しいUXソリューション開発を推進。2023年ニジボックスの執行役員を退任。現在TRTL Studio株式会社でアジアのスタートアップの日本進出支援、その他新規事業・DX・UX・経営などの顧問や投資家として活動中。

- 戦略的UXリサーチ→どんな価値を生み出すべきか
- 戦術的UXリサーチ→その価値をどう伝えるべきか

　また、戦略的UXリサーチをUX戦略と呼ぶこともあります。これだと少しわかりにくいので、戦略はビジネス戦略のサポートをし、戦術はデザインのサポートをすると考えてもらえるとわかりやすいかもしれません。興味のある方はオライリーから本（https://www.oreilly.co.jp/books/9784814400058/）が出版されているので、参考にしていただけると幸いです。

　さて、本題のなぜUX戦略を意識することがリサーチを行う組織や個人にとって重要かという点ですが、2つの理由があります。もし自身の組織が次のような状況の場合、UX戦略を重視することをおすすめします。

　まず1つ目は、ビジネス側とプロダクト側の対立です。具体的には、プロダクト側もしくはUXの専門家がUX戦略の理解をしておらず、戦術の話ばかりをしているケースがよくあります。その場合、ビジネス側から来たオーダーに対して、プロダクト側がうまく答えきれない状況になっていることが多いのです。日本の場合、デザイナーからUXリサーチャーやUXデザイナーにキャリアチェンジしているケースが多いので、特にこの問題が多いのかもしれません。

　そして2つ目が、気づいたら競合のモノマネばかりをしていて、競合に負けている場合です。まずUX戦略は顧客からリサーチを行うこともしますが、並行して競合他社のプロダクトの価値も調査もします。この競合他社の調査はとても重要です。なぜなら、自分たちが考えているような似たサービスは必ずありますし、最初にどこにもないサービスを出したとしても模倣してくる人たちは必ず出てきます。だからこそ本質的な価値を見つけ、ビジネス側もプロダクト側もブレない目標を作る必要性があるのです。その最も効果的な手法がUX戦略になります。

　最後にまとめとなりますが、10%の改善であればユーザビリティテストなどをやることでできるかもしれません。Googleでは10X思考という言葉がありますが、10倍を目標にするなら、本質的な価値を生み出す必要があります。そのために重要なのがUX戦略になります。

定性・定量それぞれのリサーチャーが支え合う体制づくりを

　菅原さんのように、定性調査と定量調査を両方語れる方は日本にはまだまだ少ないと思います。定性調査と定量調査の結果はそれぞれ有用性があり、どちらかの調査を極めれば良いというわけではありません。プロダクト開発に関わる人であればその両方の価値を理解する必要があります。海外では、定性調査と定量調査のチームを一緒にする事例もあるほどです。このことは課題に対して、どのような方法を使えばベストな答えが出るのかを見つけ出す有効な手段となると思います。また、現場でのリレーションとして、定性調査で難しいとなれば、定量調査ができる人材にも相談することも大切です。

　リサーチの専門家だけでなく、プロダクトマネジャーやエンジニアなどプロダクト開発に携わっている方であれば是非読んでほしい一冊です。

Column	
03	

経営戦略・事業戦略人材のための
市場リサーチの進め方

株式会社才流　代表取締役社長

栗原 康太

事業開発やマーケティングにおけるリサーチ

　本書では様々な「調査・分析」の方法について解説していますが、ここでは私の専門である事業開発とマーケティングにおける具体的なリサーチ手法を解説したいと思います。

　まずは事業開発における戦略立案のリサーチ手法に焦点を当てます。事業戦略を立てる際には以下のステップを踏むことが重要です。

1. ゴールの設定：5年、10年後の事業で達成したいゴールイメージを定量・定性で描きます
2. 先行事例の調査：描いたゴールを達成している先行事例や失敗事例を調査し、その要因を分析します
3. シミュレーション：ゴールまでの道のりを詳細にシミュレーションします
4. 実験的検証：可能な限り仮想的、または実験的にシミュレーションで生まれたアイデアを検証します

　前提として、ほとんどの事業は、人類の火星移住を成功させるような前人未到の仕事ではなく、既に先人たちによって開拓された仕事です。例えば、私がやっている法人向けコンサルティングは100年以上の歴史を持ち、多くのベストプラクティスが存在します。これらの事例から学び、自社に応用することは有効です。

　先行事例の調査においては以下の要素を調べていきます。

- 同領域の上位5〜10社の時価総額、売上、利益、利益率、成長率などの指標
- 提供サービスの内容や変遷、価格、ターゲット、取引社数、LTV、マーケティング手法、営業手法、組織図、採用方法、育成方法
- 顧客側の抱えていた課題、課題解決のきっかけ、認知のきっかけ、問合せ経路、発注検討時に重視したこと、その会社を選んだ理由、発注してみてどうだったか

　さらに、先行事例を調査するだけでなく、同領域の専門家に社外取締役や顧問、アドバイザーになってもらったり、同領域の会社で事業責任者などの要職を経験した人を採用することも有効でしょう。先人の知恵や経験を活かすことで時間とお金を節約でき、事業の成功確率を上げることができます。

　もう1つ、自社がやるべきマーケティング施策を決めるためのリサーチ手法も解説します。自社のマーケティング施策を決める際、SEOが良いのか、展示会が良いのか、セミナーが良いのかなどで迷ったら、既存顧客・見込み顧客に直接聞くことが有効です。

　例えば、大手企業向けに研修サービスを提供している企業が、顧客に過去の業者選定プロセスについてヒアリングすることで、どのマーケティングチャネルが最も効果的かを把握できます。顧客がどのようにサービスを選定したかをヒアリングすると、『検索して探した』『既存で取引のある業者に相談した』等のサービス選定の流れが見えてきます。経験上、ターゲットセグメントごとに5名程度ヒアリングすれば、ターゲットごと、商材カテゴリーごとに顧客がよく使う情報収集、サービス選定のチャネルがわかります。その情報を基に顧客が共通して使っているチャネルに露出すると、リード・商談・受注が獲得できるのです。

株式会社才流 代表取締役社長
栗原 康太

東京大学卒業。2011年に株式会社ガイアックスに入社し、BtoBマーケティング支援事業を立ち上げ。事業部長、経営会議メンバーを歴任。「メソッドカンパニー」をビジョンに掲げる株式会社才流を設立し、代表取締役に就任。著書に『事例で学ぶBtoBマーケティングの戦略と実践』（すばる舎）、『新規事業を成功させるPMFの教科書』（翔泳社）など。

逆に既存顧客・見込み顧客にヒアリングすることをせずに、
・いまどき展示会には行かずにWebで探すのではないか
・SNSでの露出も重要だろう
・知り合いの会社がYouTubeで成果が出てるらしいから、うちもYouTubeをやろう

などの思考プロセスを基にマーケティング施策を決めてしまうと、成果を出すのが難しくなります。これらは調査・分析の重要性を軽視し、実行が過剰評価されている最たる例です。

調査・分析には投資が必要ですが、この投資を怠ると、事業開発や広告宣伝に関する高額な投資が無駄になるリスクが高まります。多くの場合、調査・分析にかかる費用よりも、事業開発や広告宣伝にかかる費用の方が高額です。

適切なリサーチを行うことで、事業やマーケティング活動の成功確率を高めるだけでなく、時間とお金を効果的に使うことができます。十分な調査・分析を行い、その結果を基に実行フェーズに進むことで、より確実に、より低コストで目標を達成するようにしましょう。

BtoB領域のリサーチ特性とリサーチャーの活用法

当社でも事業開発やマーケティング活動の際、リサーチを積極的に実施していますが、2023年に取り組んだ「PMF実態調査」の際、調査設計から結果の評価まで、菅原さんにメンターとして伴走していただきました。PMF（プロダクトマーケットフィット）という認知度が低いテーマでのアンケートだったため、「そもそもアンケートの数を集められるのか」「信頼のおける回答を得られるのか」など当初は懸念もありました。

しかし、設計段階から菅原さんに入っていただき、Slackでスピーディかつ細やかなコミュニケーションをとっていただいたことで、スムーズに調査を進めることができました。これまで経験をもとに「なんとなくそうではないか」と理解していたことが数字にも表れ、裏付けをもって理解できるようになったことは、大きな成果だと思います。

BtoB領域は専門性の高いテーマが多いため、テーマについての深い理解がなければ、正しい調査ができません。菅原さんは、BtoBの領域でリサーチ経験が豊富なこともあり、キャッチアップが早く、安心してお任せできると感じました。

また、菅原さんがnoteやメディアで発信している情報も、大変参考になりました。才流のWebサイトで公開している「アンケート調査コンテンツ入門」のメソッド記事を制作する際にも、監修としてご協力をいただいています。

Column 04

データマーケティング領域の躍進を支える
リサーチ&プランニング

株式会社ヴァリューズ エグゼクティブプランナー
株式会社ヴァリューズクリエイターズ 執行役員

星 妙佳

事業運営におけるデータマネジメントの重要性の高まり

　通信インフラの高度化を背景に企業活動や消費者の行動のデジタル化が加速することで、データ流通量は爆発的に増加し、これらのデータから有用な情報を抽出し、利活用することが企業競争力の源泉となっています。顧客の多様なニーズに応じたマーケティング戦略を構築するためには、詳細な顧客データをもとにした精緻なデータマネジメントが不可欠です。

　こうした背景から、マーケティング部門は広告や販売促進だけでなく、顧客体験の設計、データにもとづく戦略立案へと大きくシフトし、期待される役割が広がっています。これまでよりも広範なデータ分析能力が求められ、データ活用スキルを持つ人材の重要性が高まっています。

　私が所属する株式会社ヴァリューズは、データ、リサーチ、インサイトの専門家のためのグローバルなビジネスコミュニティ「ESOMAR」の国際カンファレンスに、2022年、2023年と2年連続で発表者として選出され、膨大なWebログデータを解析し、未知のターゲット層を可視化したり、クッキーレス時代における購買行動実態を把握する手法は、海外でも高い注目を集めました。デジタル足跡を利用して顧客理解を深めたり、新しいビジネスチャンスを発見することは事業成長のドライバーとなります。マーケティング部門におけるデータマネジメントの高度化とデータ活用人材の育成が、今後の企業運営においてますます重要になっていくことが予測されます。

　当社でも、ESOMARの実績を継承していくべく、消費者インサイトの分析や生成AI活用に強みを持つ人材が活躍の場を広げています。学生時代からR言語を用いて統計解析を行ってきた若手も増えており、国内でもデータサイエンスの裾野が広がりつつあることを感じます。しかし、分析すること自体がゴールではなく、分析の目的と位置付け、なぜ必要なのかを理解した上で、ビジネス成果に結びつけることが本質と言えるでしょう。

　データマーケティングにおいては、高度な分析スキルを持つデータサイエンティストだけでなく、日常のマーケティング業務でデータを積極的に利活用することが、ビジネスの競争力を左右します。こうしたマーケティングDXを加速させるため、当社では誰でも効率的に市場や消費者リサーチが行える分析ツールを開発し、様々な業界のマーケティング部や商品企画部門で活用されています。

データマーケティングの活動の原点に「リサーチ」あり

　「マナミナ」は"まなべるみんなのデータマーケティング・マガジン"をコンセプトに2019年7月に立ち上げたWebメディアです。マーケティングの原点となるのは「リサーチ」だとマナミナは考えています。具体的には、変化の激しい市場環境を予測するための「マーケットリサーチ」、移り変わるユーザーの心を紐解くための「ユーザーリサーチ」があります。

　まずデータをしっかりと集め、消費者と市場を調べる。そして戦略を立て、戦術を練り、KPIを決める。施策を打った後は効果検証を行い、次のリサーチに活かす。「データマーケティング」の原動力である「リサーチ&プランニング」に役立つ情報とはどのようなものなのかを常に考え、多様なテーマで発信し、調査レポートも公開しています。

　例えば、短期的な観点では「イマーシブ」「推し活」「韓国美容」などヒット事象のデータ検証、長期的では

株式会社ヴァリューズ　エグゼクティブプランナー
株式会社ヴァリューズクリエイターズ　執行役員
星　妙佳

1999年、神戸大学卒業。株式会社ファーストリテイリングでECのプロモーションやMDを担当した後、株式会社リクルートにて、通販メディアの編集長、全社横断のデータ分析グループのマネジャーを務める。2012年、行動ログ分析によるマーケティング調査・コンサルティングサービスを提供する株式会社ヴァリューズに入社し、広報・データ分析・プロモーション事業立上げなど幅広く担当。2019年7月にマーケティング情報メディア「マナミナ」（https://manamina.valuesccg.com）を開設し、編集長に就任。

「Z世代」や「アクティブシニア」など世代分析を大学の研究室や他企業とのコラボで行うなど、気軽に読めてトレンドキャッチもできる、そんなコンテンツで少しでも皆さんのマーケティングやスキルアップのお役に立てれば幸いです。

リサーチ実務への理解を顧客企業と共に深め、消費者の生活に新しい価値を届けたい

　以前から菅原さんのX（旧：Twitter）をフォローさせて頂いたり、著書『売れるしくみをつくる マーケットリサーチ大全』（明日香出版社）などで学ばせていただき、いつかマーケティングやリサーチの活動で何かしらご一緒できないかと思っていました。思い切って編集部からご連絡を差し上げたところ、快く応じていただき、2021年5月から、業界ごとのビジネス特性に応じたアスキング調査のノウハウを紹介する「リサーチャーが語るアンケート虎の巻」連載や、ウェブ担当者が業務の中でよく使うアンケートフォーム作成のコツ「きほんのアンケートフォーム」、ユーザーリサーチの運営で成果を上げるアウトプットについて解説する「現場のユーザーリサーチ全集」など、当社ヴァリューズで運営するデータマーケティング・メディア「マナミナ」に多数の寄稿を頂いているほか、具体的なアウトプット例を用いながら丁寧に解説いただく定期セミナーも大変好評です。

　菅原さんはBtoB、BtoC双方のキャリアを築いてこられた背景もあり、調査のプロセス設計においても非常にバランスの取れた視点をお持ちです。目的に応じた調査手法や成果、KPIを的確にプランニングするコツ、リサーチをハブとして社内外と円滑にコミュニケーションを取るポイントなど、これまで社内ノウハウとしてオープンには言語化されにくかった領域の論点を、わかりやすく整理し、解決のヒントも提示してくれます。

　定期セミナーでは、講義形式だけでなく、業界の著名な方々とのトークライブ形式の対談も人気を集めています。「リサーチでプロジェクトをリードするディレクターの極意」「SNS×ユーザーリサーチ」「マーケティングのワークフローはAIでどう変わるのか」などテーマも多岐に渡り、対談の企画からスピーカーへのご相談まで、一貫して進めてくださいます。運営サイドの私自身も毎回どんな企画が生まれるのかと期待に胸を膨らませ、心待ちにしています。

　マーケティングはデータやリサーチを活用してより深く考えることで、もっともっと面白くなるはず。そして、消費者の皆さんの生活に新しい価値を届けられる第一歩になる。そんな期待を込めて、これからも菅原さんと共に、リサーチの意義や効能を皆さまにお伝えしていければ嬉しく思います。

Column 05

デザイナーが中心となって
組織のリサーチ文化を作り出す方法

GMO ペパボ株式会社 社長室 マネージャー 兼 EC事業部 シニアデザインリード

山林 茜

デザイナーの「スキルエリアシステム」と、「リサーチ」スキルの役割設定

　GMO ペパボ株式会社では、自社事業を推進するデザイナーに必要な専門領域・スキルを可視化した「スキルエリアシステム」を導入しています。このシステムでは、エキスパートスキルとして「コミュニケーションデザイン」、「ビジュアルデザイン」、「情報アーキテクチャ」、「UIデザイン」、「UXエンジニアリング」、そして「リサーチ」の6つが定義されています。各デザイナーはこれらの専門性を組み合わせ、組織的にデザインを行う体制となっています。

　GMO ペパボでは、「リサーチ」がデザイナーの重要なスキルの1つであると考えています。リサーチに求められるスキルは次のように定義されています。「デザインは仮説立案と意思決定の連続および繰り返しである。良い仮説の発見と意思決定のためには十分な量の判断材料が必要である。リサーチは判断材料を提供する。」リサーチがデザインプロセスにおいて不可欠であり、質の高い仮説立案と意思決定を支える基盤であることを示しています。

　現在は効果的なリサーチを行うための専門スキルを持つデザイナーが中心となり、他職種と協働しながらマーケットリサーチ、エスノグラフィー、UXリサーチ、ユーザーインタビューなどを実施していますが、かつてはリサーチによる仮説検証が十分に行われないままプロジェクトが進行している状態でした。

リサーチを組織的な取り組みにするためにデザイナー中心に取り組んだこと

　私が携わっている事業「カラーミーショップ byGMO ペパボ」は、ECサイトの構築・運営をサポートするSaaS型プラットフォームです。「ECの多様性を広げる」ことをミッションに掲げ、主なユーザーは中小規模の事業者です。事業者が取り扱う商材は食品からデジタル商材まで幅広く、多岐にわたります。しかし、サービス提供者である私たちは、ECでの購入は経験していても、事業者として日常的に商品を仕入れたり実店舗で販売したりという経験はほとんどありません。そのため、ユーザー像は私たちの想像の範囲を超えず、リサーチによる仮説検証が非常に重要となります。

　そうであるにもかかわらず、以前はリサーチが十分に行われないままプロダクト開発が進められており、開発のスピードは上がっても、ユーザーニーズに対する確度が曖昧なままという状態でした。

　このような状況が生じた理由は大きく3つあると考えています。
1.「作れば使ってもらえる」という時代の名残
　かつては新しいプロダクトを作れば、それだけでユーザーが使ってくれるという時代がありました。この考えがアップデートされないまま、リサーチの必要性が十分に認識されていませんでした。
2. リサーチの効用を実感できていない
　リサーチによって得られる情報や洞察がどれほど開発に役立つか、具体的な事例がなく関係者が実感できていないようでした。そのため、リサーチの実施・投資の妥当性が判断できない状態でした。
3. リサーチの効果的な実施方法がわからない
　関係者はリサーチをどのように実施すれば良いかがわからず、具体的な手法やプロセスが確立されていませんでした。また、リサーチを行うためのスキルやツールも不足していました。

GMO ペパボ株式会社 社長室 マネージャー 兼 EC 事業部 シニアデザインリード
山林 茜

2011年にデザイナーとしてGMOペパボ株式会社（当時 株式会社paperboy&co.）に入社。サービスデザイン、アートディレクション、プロダクトマネジメントなどを経験し、現在はECサイト構築・運営プラットフォーム「カラーミーショップ byGMOペパボ」のデザイン戦略の策定と実行、全社デザインに関わる仕組みや組織づくりに取り組んでいる。大阪出身。二児の母。

　これらの課題を解消し、開発プロセスにリサーチを当たり前に組み込むためには、意識改革が必要でした。リサーチの重要性を認識し、実施手法を学び、仮説検証を行うことで、よりユーザーに喜んでいただけるプロダクト開発を行える体制を目指しました。

　まずはリサーチが効果的に活用された事例を作るために、デザイナーがプロダクトマネージャーと協力してリサーチを実施することにしました。プロダクト開発初期の要求定義を行うために適切なリサーチ手法を選定し、シナリオ設計、実施、分析をプロダクトマネージャーや開発チームと共に行いました。このプロセスを共有・体験することで、リサーチによる仮説検証と、その結果によって確度の高い意思決定が行えることを実感してもらおうと考えたのです。検証したい目的によって適切なリサーチ手法は異なるため、目的別に最適なリサーチ手法を一覧にまとめました。リサーチを実施することでユーザーニーズがより明確になり、プロダクト開発の意思決定の精度が向上しました。これまで漠然としていたユーザー像も、セグメント別に詳細なペルソナとしてまとめることができました。

　これらの活動は当初、リサーチをエキスパートスキルとするデザイナーが中心となり進めました。そのため属人化は避けられませんでしたが、スピーディに体制を整えることができました。次のステップとして、各チームが行ったリサーチをデータベースに蓄積する仕組みを整えることが重要となりました。これは、同じデータを何度も集めることを避け、一度行ったリサーチを有効活用するためです。

　このような仕組みを整えながら、開発プロセスにリサーチを組み込むことが当たり前になるように組織の意識改革に努めました。一年ほどの時間を要して、デザイナーだけでなく、プロダクトマネージャーやディレクターなど、リサーチを推進できるメンバーを増やすことで、組織的にリサーチを行える体制を整えることができました。現在では、その知見を全社に展開し、デザインプログラムマネージャーと各事業部のデザイナーが他職種を巻き込みながらリサーチを推進しています。

組織を越えたリサーチナレッジの共有により仕事のアウトカムが最大化する

　以前、カラーミーショップが運営するオウンドメディア「よむよむカラーミー」で、EC事業者に向けたマーケティングリサーチのノウハウを紹介するにあたり、著者である菅原さんに、リサーチの専門家としてインタビューにご協力いただきました。それがきっかけとなり、定期的にランチ会やイベントなどでUXリサーチに関する情報交換をさせていただいています。

　リサーチャーは、リサーチの重要性を深く理解しているからこそ、そのノウハウを閉じず、コミュニティ活動などが活発で、広くナレッジシェアに取り組んでいる方が多い印象があります。菅原さんも、リサーチに関するノウハウを取りまとめ、メールマガジンやSNSを通じて常に情報を発信されていて、まさにリサーチを「ひらく」第一人者であると感じています。

　リサーチのROIは即時的に現れるものではありませんが、ユーザーの声を聞くことで本質的なニーズを捉えることができます。結果としてより良いプロダクトやユーザー体験を提供することが可能となり、アウトカムの最大化につながります。まずは小さなステップからでも構いません。この書籍を参考に、ぜひリサーチを実践してみてください。

Appendix A 立ち上げ

Column 05

Column 06

社員全員にリサーチへ関わってもらうための
リサーチャーの振る舞い

株式会社スマートバンク UX リサーチャー
Haroka

ユーザー理解のプロセスに社員全員が入って来れるよう業務設計を行う

「リサーチは、リサーチャーだけのものではない」は、私がチームでリサーチを行う上で、最も大事にしている言葉です。現在、スマートバンクは50名程度の組織であり、UXリサーチャーは2名体制。プロダクト開発のみならず、マーケティング、事業開発、広報といったあらゆる部門に横断的に関わっています。

私がスマートバンクの組織を見ながら、より良い在り方を考える中で、ユーザー理解のプロセスに初めから関わってもらうことが1番うまくいく手ごたえがあったため、体制として型化していきました。私の役割は他のメンバーに対して、ユーザーの理解度をあげたり、ユーザーに直接出会える機会を提供するなどで、良質なインプットを渡し続けることだと思っています。

ユーザー理解のプロセスに関わってもらう仕掛けとして、全員参加型のインタビュー、インタビュー速報のSlack共有など、オープンな情報共有があります。ユーザー調査はUXリサーチャーが行い、結果を関係者に報告するもの、とお考えの方もいらっしゃるかもしれませんが、私は関係者にリサーチの目的を伝える場を設け、一緒にインタビューに参加してもらっています。

インタビュー後には同席メンバーで振り返りを行い、設計時に立てた計画のまま進めても、把握したい情報が取得できそうか否かを気にかけます。当初立てた問いが進行してみると、別観点も聞いてみたい、こんな対象者にも聞いてみたい、と深まっていく瞬間があると思いますので、一緒に進行することでコンテキストを共有しやすく、目線を揃えたまま分析フェーズに入ることができるメリットがあります。実査を進行しながら、運営自体をアップデートしていくようなイメージです。

UXリサーチャーだけがユーザー視点を持っていても、組織や事業にとって影響力は限定的だと思っています。ユーザー視点を流通し続けるためのアクションを継続することで、組織に対してユーザー視点が与えるインパクトが大きくなると思っていますので、今の仕組みがベストではないという前提に立ち、より良いかたちを目指しています。

組織内外でのコミュニケーションによってすぐに動き出せるようにする

UXリサーチャーが組織の中でどんなことをするのか、協業することでいいところがあるのか、初めて出会った方はわかりづらいものです。そのため、私から積極的に組織内の情報収集をし、別部門の方のミッションやOKR、普段の仕事などを理解するところからはじめました。入社してすぐに各部門のキーマンと1on1し、ユーザー視点があるとその方の目標達成に寄与しそうなポイントを探っていきました。リサーチを通じて、「この話はXさんが気になっていたな」と感じたらインタビューにお呼びしたり、結果を伝えたり、オフィスで立ち話したり。

組織にいるメンバーを普段から観察すること、事業の数字に興味を持って戦略を理解することを怠らず、実際に中核となって動かしている方から定期的に情報収集していくことで、相手の役に立つ振る舞いができると思います。

こういった日々の積み重ねを通じて、ユーザーについてわからないことがあれば相談しよう、とか、Harokaだから任せてみよう、と思っていただけているのではないか、と僭越ながら感じています。

株式会社スマートバンク UXリサーチャー
Haroka (@haroka)

校正・校閲担当者を経て、ベンチャー企業で新規事業の立ち上げやインタビューの企画執筆、人材会社で新規事業のUXリサーチを経験。2022年4月より株式会社スマートバンクに入社。年間100件を超えるN1インタビューを担当し、経営・事業に伴走するリサーチを推進している。著書『UXリサーチの活かし方 ユーザーの声を意思決定につなげるためにできること』（翔泳社）を出版予定。

また、外部ネットワーキングなどを通じ、組織や個人が相互成長できるような機会を自ら増やしていくことも、意識しているポイントです。事業会社におけるリサーチ活動は、事業に紐づく以上、事業領域や組織規模の影響を受けます。そのため、組織が成長していくとともに、リサーチ活動の進め方や組織内での振る舞いをアップデートしていく必要があります。

自分がまだ見ぬ未来に向けて、今何を準備すべきか。採用が最たる例かもしれません。今は採用枠がないかもしれませんが、採用に踏み切るフェーズがきた場合、当社にフィットするリサーチャーをすぐ見つけて採用するのは大変難しいものです。そのため、日頃から情報交換しあえる仲間を多く持つ、リサーチ領域に限らず、データサイエンスや事業推進などに軸足を置くメンバーとも積極的に交流するなど、今後組織や事業にとって必要なパーツを集めるような振る舞いを心がけています。

また、自身を成長させるための活動は、業界にいる誰かを勇気づけ、参考になるかもしれないと考え、発信活動にも力を入れています。正攻法が複数あるのが事業推進の面白みだと思っていますので、多くの事例が流通することは望ましいものと考えます。菅原さんの書籍を通じ、たくさんトライされたことを皆様からもお聞きし、より良いユーザー理解の環境を耕していけると良いな、と思っています。

リサーチの推進者にはリサーチとその関連領域の継続学習が欠かせない

菅原さんは私にとって追いつけない、頼もしい背中を見せてくださっているような存在です。知識が深く、現場での事例をたくさん知っているだけではなく、それを凌駕する知的好奇心をもって業界に新しい風を吹き込んでくださっているように思います。

お会いした際にも、「最近はXXの分野に興味を持って情報収集しているんですよ」と教えてくださったり、私が気になるトピックを親身になって聞いて積極的に情報をギブしてくださったりします。リサーチそのものだけではなく、DesignOpsやリサーチディレクション、事業会社か支援会社かなどの幅広いトピックを取り扱っておられます。

こういった方に出会えるのはとても有り難く、私も積極的に業界に貢献していかねば、と身が引き締まる思いです。リサーチを進める上で、データの管理や流通、チームの役割分担など、組織によっても異なる課題があり、日々UXリサーチャーを中心に試行錯誤しているのではないでしょうか。（この試行錯誤こそ聞きたい……！と思うものです）

最近ではオフラインでの集まりも増えてきましたが、優秀なキュレーターである菅原さんがピックアップしてくれた情報は現場での知見や気づきがベースになっていることが多く、参考になるものばかりです。

また、リサーチは、実施している内容を表に出すのは難しいものの、リサーチャー的な振る舞いは他職種でも参考になる部分が多いように思います。ユーザー視点を軸にするものの、事業貢献する際の取り組みや情報の伝え方の工夫などはビジネスパーソンにとっても役立つように感じています。リサーチに軸足を置きながらも、ユーザー体験、事業推進・戦略立案など様々なトレンドにアンテナをはって発信することで、ユーザー視点がリサーチャーに限らず組織にとっても有用である、と伝わるように思います。

毎回メールマガジンを楽しみにしている一読者ですが、新しいテーマや発見をお渡しできるように、私も日々頑張ろうと思っています！

Column 07

リサーチを永続的な取り組みに変えるための一歩の踏み出し方

株式会社メンバーズ ポップインサイトカンパニー UXデザイン 3グループ グループ長

水谷 駿太

近年のリサーチ現場における課題 —— 継続的・反復的なUXリサーチ

　UXリサーチャー人材を有し、クライアント企業様向けににUXリサーチ支援をする会社に所属する水谷と申します。私からはリサーチをアジャイルに回すことの重要性とその実現に向けた取り組みについて、お伝えします。

　我々の立場からするとありがたいことにUXリサーチという言葉とその取り組みに対する理解はここ2〜3年でずいぶん浸透してきたと感じています。日々のクライアントとの打ち合わせにおいても、"そもそもUXリサーチとは何か"という説明から始まるケースは少なくなっており、既にリサーチを実践されている方から"より良いUXデザインの実践ができるようにするにはどうしたらよいか?"といった相談をいただく機会が少しずつ増えてきています。

　そんな中で最近よくいただくのが、"プロダクト改善サイクルに継続的・反復的なUXリサーチを組み込むことが難しい"という相談です。本来、デザイン思考・人間中心設計のプロセスには継続的・反復的なリサーチが含まれていますが、実際のプロダクト開発・改善の現場では、必ずしも実現はされていないようです。

　少し話は逸れますが、そもそもなぜ継続的・反復的にリサーチをすべきなのでしょうか。いくつかの理由が挙げられますが、1番の理由はVUCAの時代においてプロダクトが価値あるものとして生き残るために必要だから、と私は考えています。ユーザーやユーザーを取り巻く環境は目まぐるしく変化しています。その中において、1年前にリサーチした結果というのは今そのプロダクトの利用が想定されるユーザーを表したものではなく、過去のものとなっている可能性があるのです。そういったリサーチ結果を元にしたプロダクト作りは、当然ながら市場において競争力を徐々に落としていってしまいます。リサーチに関心が向く方はきっとプロダクト開発・改善の現場に身をおきながら上記に対して少なからず危機感を感じ、継続的・反復的にリサーチする必要性を感じられるのだと思います。

　では、そういった危機感を抱いたらすぐにリサーチを実践すればよいのでしょうか。それがそうとも限らないようです。私もこういった現場で鼻息荒くいきなりリサーチを実践しようとして失敗をしてきた経験があり、ここに"継続的・反復的なUXリサーチを組み込むことの難しさ"があるように思います。

　まず、こういった現場状況でいざリサーチをしようとするとよく起こることとして、"せっかくリサーチする機会なのだから"と元々のリサーチテーマから離れたリサーチ要望が多く寄せられます。その際、要望に合わせてリサーチに必要なリソースや予算も確保できればまだ良いのですが、多くの場合、そうはなりません。結果的に1つの調査で多くのリサーチテーマを扱うことになり、1つ1つのリサーチテーマに対する示唆はどうしても浅いものになってしまいます。示唆が浅くなってしまった結果、投下したリソースの割に得られるものが多くなかったと判断され、リサーチ実践の優先順位が下がってしまい、最終的には目指していた継続的・反復的なUXリサーチの実践という理想から益々離れて行ってしまうことも。すぐにリサーチを実践することが理想実現にあたって1番の近道になるとは限らないのです。

株式会社メンバーズ ポップインサイトカンパニー
UXデザイン 3グループ グループ長
水谷 駿太

2015年株式会社メンバーズに新卒入社。SNSマーケティング支援部門、経営企画部門を経て、2018年より株式会社ポップインサイトに出向。以降UXリサーチャーとして様々な業界、会社、サービスにおいてUXリサーチ支援、UXリサーチ内製化支援を行う。2022年よりリサーチャーで構成されたチームのマネジメントを役割として担う。

リサーチが根付かない組織に薦める、小さく自主的なリサーチ

　こうした経験を踏まえて、私は最初の一手として、"まずは出来るだけ小さくて気になるリサーチテーマを選び、自主リサーチから始めましょう。"というご提案をよくさせていただきます。この提案の利点は大きく3つ挙げられます。

　1つ目は、リサーチに対し過度な期待がかからないという点です。先ほど例として示したように、大きなテーマでリサーチをしようとするとその分、社内の取り組みに対する期待も膨らんでしまいますが、テーマが小さくなればそのリサーチにかかる期待もある程度調整されます。これによって1つの調査で複数のリサーチテーマを扱う状況を避けることができ、1つのテーマにフォーカスすることができます。

　2つ目は、小さく始めることで継続的にリサーチすることが前提になるという点です。小さく始め漸進的に理解が進んでいく構造にすることで、継続的・反復的にリサーチを実践する流れに繋げることができます。

　3つ目は、仮にリサーチが失敗であったとしてもその影響を最小限に抑えることができるという点です。リサーチも他の取り組みと同様に失敗がつきものです。意図しない形でユーザーにバイアスをかけてしまったり、分析の段階で設計時点に組み込むべきだった問いに気づいたりすることもあります。特に慣れないうちはリサーチの企画・設計段階でよく躓きます。それらの躓きは書籍や先人たちの教えから学んで乗り越えられるものもありますが、実際に自身が経験して乗り越え方を掴む部分も多いものです。小さく自主的なリサーチを素早く回すことで、失敗の影響を最小限にしつつ、次の良いリサーチにつながる学習機会にしていきましょう。

　また、別の観点として、リサーチの望ましくない活用を避けられるという効果もあります。リサーチの望ましくない活用のされ方の代表例として、ある決定事項の裏取りのためにリサーチを活用されてしまうというケースがあります。これは大々的にリサーチを実施しようとして多くのリサーチ要件が寄せられる際、そのうちの1つとして入り込んでくることが多いのですが、小さなテーマを扱い、かつ自主リサーチから始めることで望まないリサーチの活用を防止することができます。

リサーチの実践者は組織の外にあるリサーチナレッジに積極的に触れよう

　ここまで、継続的・反復的なリサーチを実践することの重要性と、その乗り越え方として小さく自主的なリサーチから始めることのすすめを説明してきましたが、最後にリサーチの実践者、あるいはこれから実践者になろうとしている皆さんに1人、大変心強い味方をご紹介させてください。それが、この本の著者である菅原さんです。

　継続的・反復的なリサーチを行っていくと、必ずといっていいほど自身のリサーチに対する引き出しだけでは乗り越えきれない場面が訪れます。

　しかし、ビジネスシーンにおけるリサーチの情報は、その性質上なかなか情報が開示されず、日々意識的に情報収集しない限り、十分なインプットが得られません。そんな中、UXリサーチとマーケティングリサーチを横断的に学習・実践するだけでなく、そこで得た学びを様々な形で発信を続けている菅原さんは、リサーチを開かれたものにしてくださっている、とても稀有な存在です。

　今後も発信してくださっていることからありがたく受け取りつつ、その姿勢を他のリサーチャーの皆さんとともに見習っていけたらと思っています。

Column 07

Column	
08	

セルフリサーチ市場の急成長を支える原動力
——定性調査と内製化の普及

株式会社プロダクトフォース 代表取締役CEO

浜岡 宏樹

企業活動のリサーチにおける2大トレンド ——「定性調査の活用」と「リサーチの内製化」

私は現在株式会社プロダクトフォースの代表として、国内最大級のユーザーインタビュープラットフォーム「ユニーリサーチ」を開発しています。端的に言うと、企業がセルフでユーザーインタビューの対象者を探し、プラットフォーム上でユーザーインタビューの実施までが最短当日で実施できる機会を提供しています。セルフリサーチサービス事業に携わるものとして、直近のリサーチのトレンドについてふれてみたいと思います。

私が感じているトレンドは「定性調査の活用の高まり」と「リサーチの内製化」です。

定性調査の活用が増える背景とは

実は近年リサーチ業界で1番成長しているセグメントが定性調査です。2017年と2022年の比較では、リサーチ市場全体の伸び率120.6%に対して、定性調査市場は152.5%の伸びであり、特に1対1のインタビュー（デプスインタビュー）は224.9%まで伸びています。まさに、一気に市民権を得はじめた状況です。（※）

※日本マーケティングリサーチ協会 経営業務実態調査（https://www.jmra-net.or.jp/activities/trend/investigation/）
数年分をもとに、独自に集計

このトレンドは大きく3つの理由で生み出されていると考えています。

第一に、マーケティングリサーチ業界で功績を上げてきた方々が定性調査の重要性について啓蒙をしてきたことの成果だと考えています。「N1」という言葉を一般的にした元P＆Gの西口さんや森岡さんなどが代表格です。今まではどちらかというと、ロジックが分かりやすい定量調査が大企業を中心に好まれていましたが、成果事例が世に出始めたことで一気にトレンド化しました。

もう1つの要因が、コロナ禍を契機とした「オンラインツールの普及」です。リサーチは戦略策定や新規事業、新商品開発において重要なツールですが、それ自体が収益を生み出すわけではありません。そういった背景もあり、準備時間やモデレーターのコストなどで費用がかかる定性調査より、比較的低コストで数字的なアウトプットがわかりやすいオンラインアンケートが好まれてきました。ただコロナ禍を契機として、ZoomやGoogle meetを始めとしたオンラインビデオツールが企業側および調査協力者側で一気に普及したことで、デプスインタビューの実施コストが圧倒的に安くなりました。以前までは場所の制約、時間の制約が大きかったインタビュー調査が簡単に行なえるようになったことは、定性調査の普及に大きな影響を与えています。

最後が冒頭で2つ目の大きなトレンドとして挙げた「リサーチの内製化」です。定性調査においても、調査会社や広告代理店に発注するのではなく、自社でリサーチの機能を内製化しようという動きが進んでいます。

リサーチの内製化とは

「リサーチの内製化」という言葉はまだ一般的ではないと思いますが、私はこの言葉を調査の設計や調査協力者のリクルーティング、調査の実施といったリサーチ機能を自社内で完結していくトレンドとして使用しています。このトレンドは外部環境の変化によって起きているところが大きいと思います。

第一に、技術の進歩とともに世の中は相当に便利になり、製品はどんどんコモディティ化をしています。企

株式会社プロダクトフォース 代表取締役CEO
浜岡 宏樹

筑波大学心理学部卒業。新卒で株式会社LIFULLに勤務。法人営業に従事し年間トップセールスを受賞後、社長補佐として複数のプロジェクトマネジメントを経験。社内新規事業としてインタビュープラットフォーム「ユニーリサーチ」を起案した後、2023年に創業した株式会社プロダクトフォースに同事業をスピンアウト。代表取締役に就任。

業側からすると、他社製品との差別化をどこに見出すかといった点や、捉えるべき消費者の課題の粒度も昔よりも細かく潜在的なものを発見していく必要があり、ヒットする製品を生み出す難易度は難化しています。そうなると消費者理解の重要性が増し、リサーチの実施機会を増やしていきたい企業が増えてきます。ただし実施機会が増えると、リサーチのコストも上がり、かつスピードも求められるようになります。数ヶ月で大がかりなリサーチを行うよりも、もっとコンパクトにアジャイルなリサーチを行いたいとなるのです。

そのニーズを捉え、リサーチの内製化を後押ししているのがセルフリサーチサービスの存在です。セルフリサーチサービス（海外ではセルフサービスプラットフォームと呼ばれています）は、実は海外では真新しいものではなく、大きな規模感のプラットフォームがいくつも存在します。日本でも我々含め、セルフリサーチサービスの事業者が増加傾向にあります。コロナを契機に国内企業のDXが進み、Saas等のクラウド型サービス導入が加速しているので、この傾向はさらに拡大していくと考えています。

リサーチの本質である「顧客を理解する力」が必要とされるシーンはいっそう増える

これは個人的な予測ですが、これから数年でリサーチを内製化していく企業が更に増えていくと思っています。一方で、リサーチはあくまで手段でしかなく、大事なのはリサーチをどのように設計し、得たインサイトを商品に価値として落とし込んでいくかといった、企業側の人材のスキルとマインドが何より重要です。

現状リサーチは企業においては、マーケティングリサーチャーやUXリサーチャー、UXデザイナーといわれるような専門職の方々が主に担っていますが、今後はより様々な職種でリサーチ、より一般化すると「顧客を理解する力」がスキル・マインドセットとして期待されるようになると思います。例えばSaas企業では、カスタマーサクセスがいかに顧客を理解し、プロダクトのモノづくり側に得たインサイトを還元できるかが重要な要素となっていたりしますが、これも似たような話です。消費者・顧客を理解しプロダクトや戦略、施策を考えていくということが今後より重要視されますし、それを実行できる人材の重要性が高まっていくのではと考えています。プロダクトづくりにおいて、リサーチの重要性は高まり続けるでしょう。

リサーチャーの越境精神が各領域をつなぐ架け橋になる

本書は、定量から定性、マーケティングリサーチからUXリサーチ、デザインやプロダクトマネジメントまで越境的に活動をしてきた菅原さんだからこそ、つくることが出来る書籍だなと感じました。それぞれの要素を専門的に語る書籍は多くありますが、ここまでカバー範囲の広い書籍は今までみたことがありません。各領域をつなぐ架け橋となる書籍だと思いますので、出来る限り多くの方に手に取っていただきたいと思っています。応援しています！

Column	
09	

生成AIの導入により変わる定性調査のフローとリサーチャーの役割

株式会社ネオマーケティング ストラテジックリサーチ部 部長

吉原 慶

生成AIを活用したインタビューフローの改善

生成AIを用いることで、インタビューフローが大幅に改善されます。

〈事前準備〉
- マーケティング課題、リサーチ目的、リサーチ課題、ゴールの整理
  ⇒AIと人間の両方が関与し、リサーチの全体像を明確にします。
- リサーチ課題に対する質問事項の羅列
  ⇒AIが迅速に初期の質問を作成し、リサーチャーがそれを精査します。
- 特定のブランドや商品を購入している人の検索情報から興味関心、行動変容の仮説探索
  ⇒AIが膨大なデータを分析し、仮説を提案、リサーチャーがその妥当性を確認します。
- 悩みや課題の仮説探索
  ⇒AIが様々なデータソースから問題点を抽出し、リサーチャーがそれを具体的な質問に反映します。
- 質問事項のアップデートとインタビューフローの作成
  ⇒ここでリサーチャーが主導し、AIがサポートする形で詳細なインタビューフローを構築します。

〈インタビュー中〉
インタビュー視聴中のメモからマインドマップ作成
⇒AIがリアルタイムでメモを取り、その内容を視覚化することで、人間のインタビュアーはインタビューに集中できます。

〈事後分析〉
- デブリーフィングの記録と発言録からマインドマップ、ワードクラウド等を作成し、会話の内容を見える化
  ⇒ここでは主にリサーチャーが行いますが、AIのサポートにより迅速かつ精度の高い分析が可能になります。

リサーチ工程の自動化と専門家の知見のバランス

AIを用いたリサーチ工程の自動化は、多くの面で効率化をもたらしますが、リサーチャーの知見と経験を上手く活用することで、よりバランスの取れた成果物を生み出すことが可能です。

- AIの得意分野の活用
  ⇒AIは膨大なデータの解析やパターン認識、リアルタイムでの情報整理などに優れています。これにより、人間が手作業で行うと時間がかかる作業が瞬時に行われ、リサーチのスピードと精度が向上します。
- リサーチャーの知見の重要性
  ⇒一方で、リサーチの仮説設定や質問内容の調整、結果の解釈など、クリティカルな部分ではリサーチャーの経験と直感が不可欠です。AIが提案したデータや分析結果に基づき、専門家がその妥当性を確認し、必要に応じて修正を加えることで、より実践的で有用なリサーチ結果が得られます。

株式会社ネオマーケティング ストラテジックリサーチ部 部長
吉原 慶

マーケティング支援会社を経て株式会社アスマークに転職
リサーチャ一部署の立ち上げる
2022年ネオマーケティングにジョインし、リサーチャーのグループを新設
2023年10月、ストラテジックリサーチ部を新設し現職
著書：基本がわかる実践できる マーケティングリサーチの手順と使い方（日本能率協会マネジメントセンター）

- 協働／共創の促進
  ⇒ AIと人間の協働・共創を促進することで、リサーチの各フェーズで最適なアプローチを取ることができます。AIが初期分析を行い、人間がその結果をもとに深掘りするというプロセスは、リサーチの質を飛躍的に高めるものです。

　このように、生成AIとリサーチャーの知見をバランス良く活用することで、リサーチ工程全体の効率化と質の向上が期待できると確信しています。
　AIだけでは機械的になりますし、創造性が失われます。人間だけでは生産性低下や属人化のリスクが伴います。そのため、リサーチャーとAIのシナジーを出していくことこそ、これからのインタビューのあるべき姿ではないでしょうか。もう少し補足しましょう。
　多くのブランド担当者が以下のようなジレンマに直面しているのではないでしょうか？

- デリケートなテーマ：身体的、金銭的な問題など、デリケートなテーマでは本音を引き出すのが難しい。
- スピード vs. クオリティ：急ぎのプロジェクトで迅速な結果が求められる一方で、深い洞察も同時に必要だが、時間が不足している。
- コスト制約：多くのデータを得たいが、予算が限られている。手軽にリサーチを行いたいが、リサーチの質も保ちたい。
- リソースの制約：社内リソースが限られており、リサーチ業務に時間をかけられない。

　これらの課題に対して「チャットAIインタビュー」が有効です。この手法には以下のメリットがあります。

- 答えやすい環境：AI相手だと本音を話しやすく、デリケートなテーマでも有効。
- 迅速な結果提供：最短で翌日に結果が得られ、急ぎのプロジェクトにも対応可能。
- 柔軟なカスタマイズ：AIの自動生成質問と人間による設計を組み合わせ、状況に応じた最適な設計が可能。
- 手間いらず：調査を一括で依頼でき、担当者の負担を軽減。
- リーズナブルな価格：50名規模の調査が5万円から可能で、予算に制約のあるプロジェクトにも対応。

　「チャットAIインタビュー」は、AIと人間の「共創」により、効率性とクオリティを両立します。
　AIはスピードと大量データ処理に優れ、人間は文脈理解やデリケートな配慮が可能です。この組み合わせにより、短時間で質の高いインサイトを得ることができます。

マーケティング従事者もUXを学び、さらなるマーケティングリサーチの発展に貢献していこう

　菅原さんのマーケティングリサーチとUIUXリサーチを横断的に情報発信するその取り組みに深く感銘を受けています。特に「マーケティングとUXの関係」についての洞察が有益で、具体的な事例紹介も豊富です。
　初心者から上級者まで対応する情報提供や最新ツールのレビューが非常に役立っています。菅原さんの活動は、マーケティングリサーチの民主化・価値向上にも大きく貢献しています。今後も多くの方に貴重な知識を届けてください。応援しています。

Column 10

リサーチの引き出しを増やすこと ＝組織が高い壁を乗り越えること

株式会社グッドパッチ デザインリサーチャー
米田 真依

様々な調査手法を使えることで生み出せるリサーチプロジェクトの価値

　様々な調査手法を使えることで生み出せるリサーチプロジェクトの価値について考えた時に、まず頭に浮かんだのが「トライアングレーション」あるいは「混合研究法」でした。

　それぞれの簡単な説明だけになりますが、異なるデータ収集方法・データソース・分析手法を組み合わせて使用することで研究結果の妥当性・信頼性をあげることや、各方法の強みを活かし弱点を補完することを目指します。

　P&Gにリサーチャーとして所属していた際も、定量・定性を跨いだ調査手法の組み合わせを日常的にしていました。例えば、定量調査から、仮の顧客セグメントをつくったり顧客の購買行動における注目すべき行動を見つけ、顧客像や行動の意味・理由を深く理解するために定性調査を組み合わせたりといったことをしていました。

　現在はグッドパッチというデザイン会社で、クライアントワークとして様々な会社や自治体とリサーチプロジェクトを行っていますが、その中で、新たな「様々な調査手法を使えることの価値」に気がつきました。

　リサーチにおけるフェーズとして、プロジェクトの現状や目的を整理した上での設計、実施・分析、その後のアクションにつなげるフェーズがあると思っています。

　設計フェーズにおいて、様々な調査手法を知っていることは選択肢の幅を広げることになります。実施・分析フェーズにおいても、実施しながら新たな問いを見つけた際に、細かく方法を調整していくことでリサーチの質をあげることができます。

　さらに、リサーチプロジェクトをその後のアクションにつなげるフェーズにおいても「様々な調査手法を使えることの価値」が発揮されます。一方で、クライアントワークとして関わると、リサーチ結果が受け入れられない、アクションの前提になっていない企業が多くあることに気がつきました。リサーチプロジェクトに関わるクライアント側の方々も、その多くが同様の悩みを抱えていらっしゃいました。特に、大企業においては、アクションにつなげる際にリサーチプロジェクトに参加していない人も巻き込まなければならないことが多々あり、難度がより高く感じます。

　企業においてビジネス文脈で行うリサーチは、アクションにつながらなければ（それが長い目で見れば価値を持っていても）失敗と認識され、その後のリサーチ実施の阻害要因になってしまいます。

　私はリサーチを行う際に、そのプロセスおよび気づきを言語化・可視化したものを、「バウンダリーオブジェクト」にすることを意識しています。「バウンダリーオブジェクト」とは、異なる専門分野や関係者間での共通理解を形成し、コミュニケーションと協力を促進するために使用される物理的または概念的なツールやアーティファクトを指します。

　様々な調査手法を知っていれば、「バウンダリーオブジェクト」の観点も意識しながら手法を選ぶことが出来ます。ある企業においては、定量的な結果が有効かもしれませんし、一人のユーザーの心を揺さぶるようなエピソードを伝える動画が有効かもしれません。どのプロセスから巻き込むかも検討範囲になります。

　ビジネスの場面で、「トライアングレーション」や「混合研究法」のように複数の調査を組み合わせることは時間的・予算的に厳しい場面があるかもしれません。そんな中で、様々な調査手法の知識と経験を持ち、アクションにつなげるところまでを視野に入れて最適な調査手法を選びとること、それがリサーチャーの手腕なのではないかと思っています。

株式会社グッドパッチ デザインリサーチャー
米田 真依

京都大学経済学部卒業後、パナソニック、P＆Gでのマーケティングリサーチャー職を経て、UXデザイナーとしてグッドパッチに入社。デザインリサーチチームをつくり、以後デザインリサーチャーとしてリサーチプロジェクトに従事。2022年6月より北海道上川町とのプロジェクトを開始し、2022年12月に上川町に移住。武蔵野美術大学修士課程CLコース修了。RESEARCH Conference 2023、Designship 2023 × 世界デザイン会議東京などのイベントに登壇し、リサーチに関する取り組みを紹介している他、日経クロストレンドなどさまざまなメディアで取材を受けており、ダイヤモンド・オンラインではデザインリサーチ連載でインタビュアーも務めている。

リサーチの実行主体がビジネスとデザインに分かれる状況をどう乗り越えるか

　事業会社において、リサーチ管掌部門がビジネスとデザインに分かれがちな状況があることについては、思考のベースとなる期間の差が要因の1つであると感じています。

　ビジネスにおいて、少なくとも現在は、例えば1年間や四半期（3カ月間）といった短期での売上・利益といった事業数値をベースにした思考が強いと感じます。

　一方で、デザインにおいてはより長期的価値を考える思考が強いと感じます。例えば『UX白書(2011)』では予期的UX、一時的UX、エピソード的UX、累積的UXの概念が提唱されました。サービス利用前から利用中、その後の長く続く体験まで含めた体験設計を行うということであり、長期的に価値を提供することが思考のベースとしてあるように感じます。

　事業会社においては、どちらも必要な考え方であり、優劣はありませんが、こうした違いによって、リサーチの目的や手法も異なりバラバラになってしまうのではないでしょうか。

　ただ、この差については、だんだんと両者が近づいているように感じています。ビジネスにおいても、例えば、SNSでの口コミが売上に影響を与える事例や、購入・消費によって企業やブランドを応援する「応援消費」が一般的になっています。

　また、消費者が購入した製品との長期的な関わりを求める例として、欧米で広がる「修理する権利」（Right to Repair）があります。製品の修理を容易にすることで、消費者が製品を長く使い続けることができる権利を指し、持続可能な社会の実現や循環型経済への転換を目的としています。

　今後ますます、長期的な価値提供を視野に入れなければ短期的売上が見込めない社会になっていき、ビジネスにおいても長期的思考が強まっていくのではないかと感じます。

　一方、デザインにおいては、「デザイン思考は結果が出ない」「概念やアイディアまでに留まり、実装までつながらない」といった批判もあります。デザイン思考に留まらず、広義のデザインに関わる者としては、自らを省みた人も多いかもしれません。短期・長期含めてどのようなアクションにつながり、効果を生むのかという視点は、デザイン部門に属するリサーチャーにも必要な観点だと思います。

　両方が求められる社会の中で、協力しあって強み・弱みを補完し、長期的にも短期的にも価値を生み、会社の持続にもつながるサービスをつくっていくことが必要だと思います。

リサーチを領域で線引きしないことで、インプットとアウトプットが深まる

　マーケティングリサーチとデザインリサーチの両方の職歴があるためか、両者の違いを聞かれることが多く、「明確な線引きをすることは難しいです。」と前提をおいてお話ししています。

　菅原さんは、活動全てで「線引きをする必要がないよね」ということを伝えてくださっているように感じます。例えば、菅原さんが配信されているニュースレターである「リサーチハック 101」では、UXリサーチャーにインタビューをした直後の回に、マーケティングプランナーの方を招いておられ、身軽に相互理解を進めておられます。

　マーケティングリサーチとデザインリサーチ、アカデミックと実務の線引きもせず、「リサーチ」と名のつく事柄の事例や記事・書籍、論文をインプットすること、アウトプットにおいてもその手法や枠組みにこだわらないことを応援していただいているように思えます。

　今後のご活動も楽しみにしております。

Column

11

DXの成否を分ける2つのカギ
──顧客の解像度とOps

株式会社グロースX 執行役員 マーケティング責任者

松本 健太郎

「解像度」を高めるためには？

ビジネスで成功を収めるためのセンターピンは、「解像度」を高めることにあると筆者は考えています。市場、自社、競合、顧客…解像度が高いほど、マーケティング施策の打ち手は増えていきます。

解像度とは、「理解の深さ」「表現の細かさ」であり、要は「全体を俯瞰できて、かつ事象の細部を把握している状態」を指します。したがって、解像度が高いとは、大（マクロ）が分かった上で、小（ミクロ）も分かる状態だと言えるでしょう。

例えば、マーケティングにおいて「顧客理解」はよほどの事業でない限り必要不可欠な作業工程となりますが、解像度が高くなると、たった1人の顧客の日常生活も、大勢の顧客の購買行動も把握できるようになります。筆者はそれらを「個の顧客理解」「群の顧客理解」と名付けています。

個と群、双方が紐づいた状態だから「この商品はこういうインサイトを持つ方々に買って頂いていて、年平均購買回数はN回、年平均購買単価はN円だけど、こういうシチュエーションでは購買頻度が押し上げて…」と類推できるようになります。そこまで解像度が高いから、量も質も兼ねたマーケティング施策の打ち手が生み出せるのです。

筆者の肌感ですが、主に、マクロは定量調査、ミクロは定性調査を用いることが多いでしょう。特に、ユーザーインタビューは鉄板の施策ではないでしょうか。昨今のユーザーは、不満を聞いてもあまり出てきません。既に満たされてしまっているのです。そうした中で商品・サービスを提供し「実は困ってたんですよね！」「うわぁ、すごく欲しい！」と言っていただく必要があります。そのために、個と群の顧客理解は必要不可欠です。

「わざわざ調査を使わずとも社内にデータはありますよ」と思われるかもしれません。しかし、実際にはそれらのデータで解決まで導けるのは稀です。なぜならデータは、課題を発見し解決するための手段として用いるのであって、何のために使うか未定だけどとりあえず採取しても、ほぼ間違いなく使えません。もちろん、まったく使えないということは無いでしょう。ただ、スーパーで目的もなく買った野菜の大半は、たいてい野菜室で腐った状態で発見されるものです。

すなわち、「解像度」を高めるために、マクロな定量調査、ミクロな定性調査は今後ますます重要性が高まっていくのです。しかし、これらの調査は専門会社に全て「お任せ」になっている場合が多いのではないでしょうか。それでは「解像度」は高まりません。

筆者は、DXとは「デジタルに疎くて、関連する業務は全てアウトソースしていた社内体制を改め、デジタルの仕事を社員の手元に取り戻すこと」だと捉えています。調査も同様に「わからない」ではなく、「具体的にどうするかは相談したいけど、こういう調査をしたい」と積極的な旗振り役を担う人材（ブランドマネージャークラス）を育成するべきでしょう。

「Ops」を取り入れる

昨今、「RevOps」という言葉が浸透しつつあります。セールス、マーケティング、事業企画、財務など部門全体の生産性（量＆質）を高め、活動を数値化して改善を繰り返しROIを高めるために、デジタルやシステム、データを活用して効率化を図る取り組みを指します。

従来、施策を実行しても、結果がデータとして集約できるのに時間がかかりました。しかし今では、デジタ

株式会社グロースX 執行役員 マーケティング責任者
松本 健太郎

職業はマーケター、データサイエンティスト。
1984年生まれ。龍谷大学法学部政治学科卒業。大阪府出身。社会人として働く中でデータサイエンスの重要性を痛感し、多摩大学大学院に通って"学び直し"。現在は事業会社で執行役員を務めています。
政治、経済、文化など、さまざまなデータをデジタル化し、分析・予測することを得意とし、テレビ、ラジオ、新聞、雑誌に登場しています。報道にデータを組み合わせた「データジャーナリズム」を志向し、本業のかたわら放送作家ならぬ「データ作家」を請け負っています。また、ビジネス書作家として18冊(約10万部)書いています。うち3冊が海外でも刊行されています。

ルな環境下であればリアルタイムに、そうでなかったとしても翌日には結果が分かるようなシステム基盤が整いつつあります。例えば定量調査も、インターネットを使えば、その日に結果が分かるようなサービスがどんどん増えています。

つまり、修正に取り掛かれる時間軸が一気に短くなっているのです。結果、修正を何度も繰り返し行えるようになります。とりあえずお客様に見せてみて、反応を得ることで修正を繰り返す「アジャイル」は、21世紀らしい仕事の進め方だと言えます。

もちろん、デジタルはあくまで手段に過ぎません。しかし、解像度が高い人が手段を増やすと、手数が増えて、施策も増えます。たかがデジタル、されどデジタルなのです。

その意味において、筆者はOpsを「兵站(ロジスティクス)のデジタル化」だと捉えています。「必要なものを」「必要な時に」「必要な量を」「必要な場所に」補給することがロジスティクスの要諦であり、具体な手段に落とし込んでこそ、戦術と戦略は活きます。

もっとも、速い=良い悪いではありません。速くデータが届く、速く確認できることは良いのですが、だからといって私たちが速く判断できるとは限りません。優れた便益や、他には無い独自性をどうやって商品・サービスに実装しようかと考えるには時間が必要でしょう。素早い意思決定が必要な業務にはOpsが欠かせませんが、あらゆる全ての業務に必要かと問われれば、そうではないだろうと答えます。

つまりビジネスの根幹は何も変わらないけれど、それ以外が猛烈な勢いで変化し続けているのです。従来の理論は当てはまらないし、技術が進歩し続けているし、何が求められているかますます分からない。それでも、そうした変化に対応することが、今のビジネスパーソンに求められます。

すごく大変な時代ですが、後世に「あの時代の、あの手法が、今の時代の基礎だよね」と言われるような仕事を成し遂げるべき、そんな気概を持って筆者は日々仕事をしています。

知識と実践を体系化できる存在＝プロフェッショナルの仕事

筆者は、マーケターとして、リサーチャーとして、データサイエンティストとして、日々の業務に取り組んでいます。それぞれの界隈でプロフェッショナルにお会いする機会があるのですが、共通しているのは「体系化された知識の奥深さ」です。

すなわち、幅広く、体系立てて知識を理解していなければ、おのずと我流になります。それ自体が悪いとは言い切れませんが、えてして我流の成功は再現性が低く、たまたまです。そんな偶然に、事業の行く末は預けられないでしょう。

菅原さんとお会いしたキッカケは、ある社内プロジェクトでした。専門性の高い知識、特定の問題を解くのに1つの手法に限らない複数の手数に非常に感銘を受けました。まさに「プロフェッショナル」の神髄を見た思いです。

本書は、そうした菅原さんの想い、考えが余すことなく記された1冊に仕上がっていると思います。

良いビジネス書は、自宅でなく会社に置きたくなるものです。つい手を伸ばして参照してしまう。ぜひ本書が、ビジネスパーソンである貴方と末永くお付き合いが出来れば幸いです。(私のコラムも参考になれば幸いです!)

Column 12

デザインのプロセスをリサーチの活動全般に適用することで起きる変化

株式会社ゆめみ CDO 兼プリンシパル・プロダクトデザイナー

野々山 正章

デザインワークの不透明さを解消するために―YUMEMI が目指すリサーチサービス像

生活者の手に取ってもらえる素晴らしいデザインは、顧客体験を中心に据えて、企業のビジネスモデルや戦略、開発、オペレーションを統合的に設計するプロセスが不可欠になっています。2000年代以降、そうしたデザインを実現する上で、ビジネス領域、エンジニアリング領域のデザイナー自身がインタフェースになるべく幅広いスキルセットが必要とされてきました。具体的には、ユーザーリサーチを通じてユーザーのニーズや課題を把握し、それをもとにデザインワークショップでアイデアを出し合い、プロトタイプを作成して実際に試してみることです。また、ストーリーテリングのスキルを使って、デザインの意図や価値をわかりやすく伝えることも求められます。これらのスキルを駆使して、新しい生活者の姿を描き出し、ビジネス領域とエンジニアリング領域を新たなビジョンで結びつけていくことが、デザイナーに求められています。2024年になる現在において、そうした手法で成功したプロジェクトは枚挙にいとまがないのでここでは割愛しましょう。

デザインは、「デザインは、「何かをデザインする」ことであり、その中で対処していく過程であり、社会の人々のかかわりあいの中にある生きた活動です。」（上平崇仁著『コ・デザイン - デザインすることをみんなの手に』NTT 出版 2020 p.46 ）と上平はいいます。試行と検討に明確な切れ目がないので、その成果についても曖昧になりがちですし、むしろ曖昧だからこそ、試行と検討を繰り返しつつ完成形に近づけていくことができます。だからこそなのですが、タスクの成果物が曖昧だったり未完成に感じて、デザイナー以外の職種の方には、不透明な印象を与えているのではないでしょうか？

私が所属する、株式会社ゆめみ（以下、YUMEMI）のデザイン事業では、デザインのワークフローをマイクロサービス化することで、デザインワークの不透明さを解消し、クライアントが抱く課題に応じて、マイクロサービスを組み合わせて提供できるようにしています。YUMEMI では、2024年2月に「ユーザーニーズ検証支援サービス」を8個のマイクロサービスとしてリリースしました。このサービスは、デザインリサーチに興味のある2名の新卒デザイナーによってサービス企画・計画・実施、そして受注し顧客案件として実際に稼働しているサービスです。（https://designservicecanvas.yumemi.co.jp/userneeds_validation）

リサーチの位置付け自体も、顧客中心に位置づけ、見直されました。お二人が重要視したのは、「デザイナーがリサーチを行うこと」でした。デザインプロセスの一部として、切り分けたが、切り取れるものではないとして、リサーチの成果をリサーチの結果のみに留めず、あくまでもプロダクトやサービスに還元していくものとして設計されました。プロダクトをデザインする使命があるからこそリサーチを通してプロダクトの意義を「自分ごと化」できるのではないか？とお二人は考えたのです。

リサーチプロジェクトを推進するデザイナーの役割とその価値

デザイナーは、ほとんどの場合において「他者」のためにデザインを行います。デザイナーという役割を負う中で、リサーチを行うことで他者の You 化、「あなたのために、プロダクトを届けたい」という、デザイナーとしての自分ごと化が、リサーチにおける発見をプロダクトのデザインに昇華することを強く結んでいくのです。調査者が上からの目線で、一括りにしてターゲットをとらえるような暴力的な行為からは一線を画していく態度です。

「私みたいな、新卒の小娘に"わかります"って言われて、インタビューは嫌な気持ちにならないでしょうか？」ある健康促進に関するサービスデザイン時の実査に臨む直前、私は若いデザイナーにこんな悩みを打ち

352　　　　　All About User Research

株式会社ゆめみ CDO 兼プリンシパル・プロダクトデザイナー
野々山 正章

2021年入社。学生時代に情報デザイン、認知科学、状況的学習論を学び、インタラクションデザイナーとしてキャリアをスタート。次世代製品開発や新規事業開発において幅広くデザインを担当。デザインリサーチ、プロトタイピング、情報設計、ワークショップデザイン、デザイン創出手法開発、プロジェクトデザインなどに取り組む。さらに、立命館大学デザイン科学研究所の客員研究員としてデザイン研究にも携わっており、GOOD DESIGN AWARD など数々の国際的なデザイン賞を受賞した製品の UI デザインを担当。HCD-net 認定人間中心設計専門家、立命館大学経営学部の非常勤講師、株式会社山と道の組織開発ディレクターも務める。著書に『アフターソーシャルメディア』(2020年、日経BP)、や『文化心理学』(2007年、朝倉心理学講座11)

明けられました。私自身も答えに窮してしまったのですが、『質的社会調査の方法：他者の合理性の理解社会学』(岸政彦ら著、有斐閣、2016年) にある一節を紹介しました。「私たちとは異なる立場にある人々の、一見不合理に思える行為の背後にある『他者の合理性』を、誰にでもわかる形で記述し、説明し、解釈することが重要だ (p.29)」という部分です。その後、私はこうアドバイスしました。「私は立場も年齢も性別も違うから完全には理解できないと思うんですけど、お話うかがっていると、そういう事情や背景があるなら、たしかにそうなるかもしれませんね。なるほど、おもしろいです」という姿勢が重要なのでは？ ということです。自分と立場の異なる相手だからこそ見える「合理性」の発見が、わからないながらも何かを掴むということなのかもしれません。このような姿勢でインタビューに臨むことで、インタビュイーの「体調が良い時ってほとんどないんだよね」に対し、「わかります」「それはなぜですか？」と応じるのではなく、「え、そうなんですか？ 今はすごくお元気に見えますけど」といった深掘りを可能にしました。こうしたアプローチによって、デザインする、されるという二分化され対象化された「他者」への目線ではなく、面白さ・興味深さでつながることで「あなたのために、プロダクトを届けたい」という想いを産みます。まだ見ぬプロダクトというかかわりあいの中にあるデザインという生きた活動に入っていくようには見えないでしょうか？

YUMEMI がこうしたサービスを提供する背景には、事業会社でのリサーチャーの固定化や求められる役割が狭まっている現状があるのではないかと思います。プロジェクト全体の視点を広げるためにも、リサーチを支援会社が提供することが重要だと考えています。開発・デザインのプロフェッショナルが生活者の実情を理解し、より良い明日にするための提案性あるリサーチの解釈・分析を行うことで、その先にあるデザインや開発に目線を広げることができます。

そうした活動が、事業会社での硬直した状況を"共に"変えると考えています。この"共に"という部分が重要です。それは、YUMEMI も事業会社からすれば「他者」なのです。YUMEMI の顧客である事業会社にも、YUMEMI がリサーチを行うような姿勢が必要です。私たちが「なぜ、この会社ではリサーチが必要なのか？」「方針決定に必要になるドライバーとしての"リサーチ結果"とは何か？」と考えつつ遂行するには、事業会社の中の文化や組織、そして目指す未来像に、YUMEMI も少なからず関与しデザインしているという意識が必要です。観察参与的な態度と言っても良いでしょう。渡辺保史さんの言葉を借りれば (『Designing ours:『自分たち事』をデザインする』Designing Ours 出版世話人会 2013)、全ての事情はわからない中で、多少なりとも、私たちが支援する事業に対して「自分たちごと」化していきたいと考えています。

リサーチディレクターが持つ「技能」と「責任」がチーム形成の要である

菅原さんとのプロジェクトでは、まさに菅原さんも私たちとワンチームになるべく動いていただいてます。このリサーチがどのように位置付けられているか？ 私たちに期待しているものは何か？ について私たちと共に面白がる姿勢を持って進行しています。例えば、弊社のメンバーの特性やスキルを理解いただき、個々人の得意な分野や、手が届く挑戦的な分野にトライする環境を作っていただいてます。そうしたことに安心して臨めるのも、菅原さんの専門性によるものです。心理的な安全性を感じながら業務遂行を可能にしていただいています。こうした、支援会社を手先としてではなく、異なる専門性を持つ仲間として、いい明日にするための航海を共にしていただいているということが、いい結果を産むと信じています。

Column 13

リサーチのステップアップを望む
マーケターが持つべき開拓者精神

ブランディングテクノロジー株式会社 執行役員 CMO
黒澤 友貴

マーケターはデータの外に出ること

　マーケター育成やマーケティング組織づくりに携わる立場として、リサーチを活かすために必要な視点についてお伝えできればと思います。

　マーケターがより良い仕事をするためには、デジタルマーケティングの部分最適に囚われないことが重要だと考えています。デジタルマーケティングの普及により、すべてが成果データで見えるようになり、マーケターの役割がデータ分析とレポーティングに偏るようになっています。確かに、定量データは重要です。しかし、見えているデータだけに頼ると部分的な改善に終始し、ブランドの事業成長につながる戦略や施策を見出すことには至りません。

　私自身もマーケティングやデザインリサーチの手法を学ぶ中で、マーケターは、データの外に出て、ユーザーと直接話をする、現場での観察などを通じて、一次情報を収集することの大切さを実感してきました。ありきたりな戦略から抜け出すためには「組織内でレポートとして上がってくるデータの外に出る」ことが大切です。

　重要なのは、リサーチ手法を目的に合わせて選択することだと考えています。例えば、新市場を創造するための企画を考えることを目的としたリサーチと、インターネット広告の改善を目的としたリサーチとでは、選択するべき手法が異なります。当たり前ではありますが、この目的にあったリサーチ手法を選択できているマーケティング組織は少ないと感じています。

　では、何に取り組むべきなのでしょうか。手法としては定量と定性のリサーチの両方が大事ではありますが、既存のマーケターの仕事から抜け落ちやすいのは「定性リサーチ」です。ここまでお伝えした通り、マーケターの仕事は定量データ分析に偏りやすいと感じています。そのため、マーケターがより良い仕事をするためには、定性リサーチの手法を理解し実践する機会を増やすことが不可欠だと考えています。

　私は、ユーザーインタビューや行動観察などのプロセスをマーケティング思考力を磨くトレーニングとして捉え、実施することを推奨しています。定性リサーチのトレーニングを積むことで、マーケターは顧客の抱える問題を正しく理解し、戦略やコンセプト提案につなげることができます。

　特に、新市場を創造したり、ブランドの顧客や価値を再定義するプロジェクトの場合は、定性リサーチは必要不可欠です。定量データでは捉えきれない部分を補完し、マーケティング戦略や企画の魅力や信頼性を高めることができます。

トライアンギュレーションと他職種との協働が重要

　リサーチに取り組む態度として、トライアンギュレーションと言われる、複数のリサーチ方法、解釈を組み合わせることで妥当な解釈を促進する考え方を仕事に取り入れることを推奨しています。

　リサーチ手法を複数学び、定期的にリサーチ手法を組み変えたり、組み合わせたりすることで、ありきたりな分析や企画を少なくすることができるはずです。さらに、どのような視点でリサーチを実践することが重要かを整理していきます。筆者の経験上、マーケティング施策がズレる原因の1つは、経営層、マーケター、デザイナーそれぞれが異なる顧客像を見ていることにあります。経営層が見ている顧客、マーケターが見ている顧客、デザイナーが見ている顧客が異なることが多く、このズレが施策の効果を減じる原因となります。

ブランディングテクノロジー株式会社 執行役員 CMO
黒澤 友貴

1988年生まれ。ブランディングテクノロジー株式会社 執行役員 CMO。
「日本全体のマーケティングリテラシーを底上げする」をミッションにマーケターの学習コミュニティ #マーケティングトレースを主宰。著書「マーケティング思考力トレーニング」「マーケター1年目の教科書」(ともにフォレスト出版)
note：https://note.mu/tomokikurosawa
X：https://twitter.com/KurosawaTomoki

　上記のような課題が多いことから、リサーチを部門横断で実施し、全員が一致した顧客像を持つことが重要だと考えるようになりました。
　具体的には、ユーザーインタビューを経営層、マーケター、デザイナー、エンジニア全員が参加をして実施する、もしくは共有の場を設けることで、各職種の視点を統合し、ブランド戦略や体験を磨くことにつながります。私が開発・運営をしている Next CMO を育成するプログラム「マーケティングイネーブルメント」では、ユーザーインタビューを実施したことがないマーケティング担当者が、インタビュー経験を積むことで、経営層への戦略提案の質が高まるケースが多くあります。リサーチを実施する前は、顧客が見えていない中で、広告やSEOなどのデータを収集し、レポーティングすることがマーケティング担当者の仕事になっている現状はまだまだ残っています。
　プログラム内では、リサーチを通じて戦略が変わる、結果としてマーケティング成果が変わるといった「リサーチ成功体験」をつくることを重視しています。一度リサーチからの成功体験を積むことができると、組織にリサーチ文化が根づきます。そして、リサーチがマーケティング業務プロセスに組み込まれることで、マーケティングが、部分最適から全体最適へと変えていくことができると考えています。リサーチ手法の理解と実践は、マーケティングの成果創出だけではなく、マーケター個人のキャリアを広げたり、仕事そのものを面白くすることにつながると信じています。

日本全体のリサーチリテラシーを個人から高める

　菅原さんとは、前著『マーケットリサーチ大全』の出版記念イベントや、リサーチ手法の理解と組織定着のための企業研修などをご一緒させていただいています。菅原さんのリサーチを正しく啓蒙する取り組みは、都合よく「飛び道具」を探してしまうマーケティング業界には必要不可欠だと感じています。しかし、まだ業界全体にリサーチの必要性や正しい手法は浸透しきっていない状況だと捉えています。
　セルフ型のアンケートやインタビューツールがここ数年で浸透してきており、大きな投資をしなくてもリサーチに取り組める環境が整ってきています。必要になってきているのは、個人がリサーチリテラシーを高めることです。
　菅原さんには、わかりやすいリサーチ情報発信を続けていただくことで日本全体のリサーチリテラシーを高め、正しく成果につながりやすいマーケティング実践をする個人・組織を増やしていってもらいたいです。また、ぜひその動きをご一緒できましたら嬉しいです。

Column 14

リサーチプロジェクトの成果を最大化する
ファシリテーション力

株式会社MIMIGURI ファシリテーター

寺倉 翔太

ユーザーリサーチ業務の「プロセス」を「学習機会」としてデザインする、ファシリテーターの役割

　定性データであれ定量データであれ、組織の中でユーザーリサーチの結果を実際のアクションに活用していくことの難しさを感じたことがある方は多いかと思います。先に結論を述べると、ユーザーリサーチの結果を最大限に活かすためにはアウトプットの精度を高めるためのリサーチスキル以上に、プロジェクトにおけるユーザーリサーチ業務のプロセスをデザインするスキルが重要です。つまり、リサーチの準備、実施、分析、意思決定、活用までのプロセス全体を組織学習の機会と捉え「誰をいつどのように巻き込みながら対話し、共に学習していけるとよいか？」という問いに向き合い続けることです。この時に、ユーザーリサーチ業務のプロセスを学習機会としてデザインし、そのプロセスにステークホルダーを巻き込むために必要なスキルが、ファシリテーションスキルです。

　ここで、リサーチ業務におけるファシリテーターという役割について考えてみましょう。あなたにとって望ましいリサーチャー像は次の2つのタイプのうちどちらが近いでしょうか？

- ユーザーリサーチで専門的な調査を行い、熟達した分析スキルを活かして他の人では至れない本質をまとめた調査結果を届ける専門家タイプのリサーチャー
- ユーザーリサーチの調査や分析という活動にステークホルダーを巻き込むことを通して、組織の意思決定や学習の質を高める伴走者タイプのリサーチャー

　ユーザーリサーチにおいてファシリテーションスキルが特に必要になるのは後者の伴走者タイプのリサーチャーです。伴走者タイプのリサーチャーは答えを報告するのではなく、リサーチを通して集めた材料からステークホルダーと共に納得感のある解を導き出す場・プロセスをデザインし、プロジェクトの目的達成を促進するファシリテーターの役割を担います。

　では、ファシリテーションスキルとはなんでしょうか？　一般的にファシリテーションスキルといえば会議の司会進行スキルが浮かぶかもしれませんが、本コラムではファシリテーションスキルを次の2つに区別します。1つ目が「広義のファシリテーションスキル：複数の人が課題解決に参加するプロセスをデザインし伴走する力」、2つ目が「狭義のファシリテーションスキル：会議への参加を促進し司会進行する力」です。つまり、広義のファシリテーションスキルによって「プロジェクト全体の解くべき課題は何か？　誰といつどのように対話できるとよいか？」という問いからステークホルダーを巻き込みやすいプロセスをデザインし、狭義のファシリテーションによって「プロセスを構成する各場（設計や報告などミーティング単位の場）で参加者と共に考えたい問いはなにか？　そのために揃えるべき前提はなにか？　どのような活動を通してどのような状態を目指したいか？」という問いから参加者が会議で対話しやすい場のデザインと進行を担うのです。（細かく解説をすると「観察力」「判断力」「即興力」など核となるスキルで構成されますが、本コラムでは書ききれないため割愛します。）この2つのファシリテーションスキルをユーザーリサーチ業務で発揮できれば、ユーザーリサーチが組織にもたらす価値を何倍にも増やしてくれるはずです。

株式会社MIMIGURI ファシリテーター
寺倉 翔太

東京農業大学卒。アドベンチャー教育プログラムのファシリテーターとしてチームビルディング研修事業に従事。その後、株式会社ポップインサイト（現・株式会社メンバーズ）にてUXリサーチ内製化支援事業の立ち上げ、拡大を牽引。2021年から株式会社カインズでデータ経営を推進するBPRプロジェクトで定性定量データ活用を推進。MIMIGURIでは組織文化開発領域を軸に、人がすこやかに育つ組織環境と事業成長の循環を探究している。

プロジェクトメンバーをリサーチの肝である「企画」と「報告」の場に巻き込むには？

　ここまでファシリテーションスキルの説明とその必要性をお伝えしましたが、具体的にどのように発揮すればよいでしょうか？一例として「調査企画」と「報告会」のポイントをご紹介します。

　調査企画は「意思決定するためのリサーチ」を実現する肝です。「何がわかればどんな判断ができるのか？」この問いを軸にプロジェクトの課題設定を疑い、対話しながら課題を整理し、確実に意思決定に繋がるリサーチの要件を定義することが求められます。その際のファシリテーションのコツとして、プロジェクトメンバーが叩きたくなる叩き台（仮説）を用意し、それぞれの思いを語りやすくすることで「こうじゃない、こうしたい、なぜならば」という声を引き出し、企画すること自体にプロジェクトメンバーを当事者としてしっかり巻き込む場にするということです。

　調査企画が意思決定するためのリサーチの肝であるのに対し、報告会は「組織に好奇心を育むためのリサーチ」を根付かせる肝です。もちろん単に上層部へ結論を報告する義務的な側面もありますが、結論に至るプロセスは工夫が可能です。「我々が取るべきアクションは何か？」という問いを共通の前提とし、リサーチで得た情報の報告から参加者の好奇心を掻き立て、彼らが自分の考えや思いをつい語りたくなる場・対話の機会を作ります。この対話を通してその場の納得解としての意思決定に辿り着けるとプロジェクトの推進力が非常に高まります。とはいえ「つい語りたくなる場のデザイン」「発散された意見を収束する活動のデザイン」など非常に難易度が高いことでもあります。興味がある方は「ワークショップデザイン」をキーワードに学習してみると設計したい場が見えてくるかもしれません。

組織内にある定性と定量の垣根を越えて行くための「ファシリテーション」スキル

　最後に、組織を横断し多面的にリサーチを活用していくキャリアの価値をご紹介します。

　私はこれまでUXリサーチの内製支援会社や大手ホームセンターの会社で定性データや定量データを扱うキャリアを歩んできましたが、定性定量それぞれの役割は明確に異なります。だからこそ、どちらかのリサーチだけでは見落としてしまうことや遠回りしてしまうことが非常に多いです。しかし、ほとんどの企業では定性データと定量データを扱う組織もリサーチする人材もその結果を活用する組織も別々に分かれているのが一般的です。だからこそ、組織を横断して多職種の人材のコラボレーションを推進していくファシリテーションスキルを身につけた人材が重要であり稀有です。著者の菅原さんもまさにそうした稀有な人材であり、そのような人材を増やしていくために本著の執筆やイベント登壇など素晴らしい活動をされていることに、私も深く共感し学ばせていただいています。

　定性・定量リサーチの方法論も重要ですが、それ以上に「プロジェクトの中でリサーチをどのように行い、どのようにリサーチ結果を共有し、組織の学習に繋げていくか」という視座と、これを実現するためのファシリテーションスキルは、リサーチ業務において不可欠なものであり、ビジネスパーソンとしての成長にも大きく寄与するのではないでしょうか。このコラムを通じて、リサーチ業務におけるファシリテーションに興味を持ち、より効果的なプロジェクト運営とビジネス成果の向上に役立てていただければ幸いです。

Column

15

リサーチのナレッジを集積する
UXリサーチリポジトリの作り方

株式会社ユーザベース UXリサーチャー/プロダクトデザイナー

都筑 智子

NewsPicksにおける「UXリサーチリポジトリ」の作り方

NewsPicksでは、ユーザー行動の「なぜ」を深掘りするために、定量調査に加えてインタビューなどの定性調査手法をプロダクト開発のプロセスに取り入れる機会が増えています。しかし、「インタビューを実施したいけれど手順やオペレーションに不安がある」「何度かインタビューを実施したがインサイトやナレッジをうまく蓄積できていない」といった課題がありました。これらの課題を解決するために、ナレッジを一元化する「UXリサーチリポジトリ」を構築しました。

このリポジトリは、以下の3つの要素で構成されています。

1. リサーチの企画から実行の際に使用できるドキュメントテンプレート
2. 過去のリサーチ企画やインタビュー議事録が一元化されているデータベース
3. 必要なサポート情報を集約したWikiページ

プラットフォームには全社導入されている「Notion」を活用しています。

1. ドキュメントテンプレート

Notionのテンプレート機能を活用し、リサーチ企画書やインタビュースクリプト、インタビュー議事録などのドキュメントをテンプレート化して提供しています。リサーチ企画書には、実施背景や目的、対象セグメント、事前の定量調査結果や仮説など、企画時に必要なアウトラインをドキュメント内であらかじめ提示しています。また、リサーチ実施後のアウトプットも記載できるようにしており、プロジェクト外のメンバーでも計画内容からインサイトまでを一気通貫で把握できるようにしています。

インタビュースクリプト*は、インタビュー開始時の導入文やフィードバック項目など、インタビューの内容にかかわらず共通して使用できる伝達事項をあらかじめ提供しています。

インタビュー議事録は、インタビュー時の発話記録だけでなく、ユーザーに関する定量分析やアンケート結果など、N1の理解を深めるために必要な情報を一元化できるようなアウトラインになっています。

（*インタビュースクリプト：インタビュー時の質問項目を記載した台本）

2. データベース

紹介したドキュメントテンプレートは、リポジトリ内のデータベース*に紐づけられています。Notionのプロパティ*機能を利用してプロジェクト名のタグや企画概要のサマリを付与することで、一覧上でリサーチ内容の大枠を把握することができます。

議事録にはセグメントやデモグラ、NewsPicksの会員ステータスなども表示できるようにしています。

（*データベース、プロパティなどNotionの機能に関してはNotionヘルプを参照ください。）

株式会社ユーザベース UXリサーチャー/プロダクトデザイナー
都筑 智子（つづく ともこ）

武蔵野美術大学を卒業後、2016年にヤフー株式会社へデザイナーとして新卒で入社。
ヤフーでは広告事業、コマース事業のUI/UXデザインに携わる。
約5年間の在籍を経て、2021年7月より現職にてNewsPicksのUXリサーチとプロダクトデザインを担当。

3. Wikiページ

リサーチを計画・実行する上でのつまずきポイントをサポートするため、Wikiページを作成しました。UXリサーチの基礎知識から、リクルーティングや謝礼譲渡に関するオペレーションまで、さまざまな情報を提供しています。

組織の誰もがユーザーを身近に感じられる環境を整える

UXリサーチリポジトリを構築した結果、過去のリサーチ実績やオペレーションに関する問い合わせに対するナレッジシェアが格段にスムーズになりました。さらに、Notionを活用することで、組織やプロジェクトの枠を超えて情報が共有され、プロダクト開発に関わるメンバー以外も広くアクセスできる環境にナレッジを一元化することができました。組織全体のUXリサーチモメンタム向上を目指してUXリサーチリポジトリを構築しましたが、その他にも、インタビューアーカイブの鑑賞会を開いたり、経営層がインタビューに参加する機会を設けたりしています。

これにより、誰もが「ユーザー」をより身近に感じ、組織全体のユーザー理解が深まることを目指しています。実際にインタビューアーカイブ鑑賞会では、参加メンバー同士がユーザーについての考察を語り合う機会が生まれ、「このプロジェクトでもUXリサーチを実践したい」という声が上がるようになりました。また、経営層がインタビューで得た具体的なインサイトに関するエピソードを社内で発信することも、組織全体のUXリサーチモメンタム向上に繋がっていると感じています。

オリジナルの「機能するリサーチリポジトリ」を目指して

UXリサーチやプロダクトの視点だけでなく、経営企画・事業開発・マーケティングなどの様々な角度から情報提供している菅原氏のメールマガジンやnoteを日々拝読しています。その中でも「UXリサーチリポジトリ」が手段の1つとして取り上げられておりました。

組織、プロダクト、役割によって「機能するリサーチリポジトリ」のアウトプットは多様であるため、基準として非常に参考になりました。菅原氏の情報発信は私の実務にも大いに役立っています。今後のさらなる発展と成功を心から願っています。

Column

16

UIデザインの工夫が機能を超えて体験の価値を創る

UIデザイナー・ウェブデザイナー

金 成奎

UIが生み出す体験価値と、UI・UXの関係性について

アプリケーションやデジタルプロダクトの体験満足度を向上させるためには、ユーザーのニーズやインサイトに基づいた細やかな工夫が重要になってきます。まずは私たちの身の回りにある生活を便利にしてくれるアプリケーションやサービスの例を通じて、工夫や特徴を見ていきましょう。

1. データの自動化・連動化
例：IoTと連携し、手動入力せずとも身体データや運動データを記録できる健康促進アプリケーション
効果：ユーザーの負担を軽減し、継続的なサービス利用を促進させる

2. 操作性の向上
例：写真を左右にスワイプ操作するだけで好みの相手を判別できるマッチングアプリケーション
効果：メンタルモデルに合致したスムーズな操作体験を提供する

3. アーカイブの利活用
例：過去の思い出を自動的に表示する写真管理アプリや、視聴記録をランキング形式にしてくれる音楽視聴アプリケーション
効果：感情的なつながりや利用体験を振り返りさせ、アプリへの愛着を醸成させる

4. 達成感を煽り鼓舞する
例：いいね数や連続投稿数を通知するブログサービス
効果：モチベーションを高め、継続的な利用を促す

5. 進捗を可視化する
例：ドライバーのルートや進行状況を表示するフードデリバリーアプリやタクシー配車アプリケーション
効果：安心感と期待感を高め、サービスへの信頼感を向上させる

1つ1つの工夫は些細なものではありますが、どれもユーザーの行動に寄り添いそのニーズを先読みするもので、ユーザーとプロダクトとの利用接点を保ち、継続利用を促す上で少なくない役割を果たしています。

そしてこの時、プロダクトは単なる機能を満たすツールではなく、生活の様々な「体験」を生み出すソリューションへと昇華します。例えば写真管理アプリは新しいライフイベントの振り返り方法を提案し、タクシー配車アプリは効率的な時間の使い方を創出し、ブログサービスは継続的な言語化習慣の定着に貢献しています。

プロダクトを提供するビジネスオーナーは、プロダクトを介してユーザーとの接点を保ち、その周辺の体験全体に影響を及ぼす形で、そのビジョンや社会的意義を浸透させることができます。UI設計における細やかな工夫は、単純な使いやすさの向上を超え、ユーザー体験の創出という形でビジネスの成功へとつなげられる可能性を秘めています。

UIデザイナー・ウェブデザイナー
金 成奎

1978年生まれ。島根県出身。大学卒業後、ウェブデザイナー/アートディレクターとして制作会社、事業会社、広告代理店などに勤務。自治体・行政・保険金融・交通・教育などの分野にて、コーポレートサイトやサービスサイト、業務アプリケーションなどのUIデザイン・ビジュアルデザイン・アートディレクション業務に携わる。2019年、ウェブデザインやアートディレクションのメソッドを体系化した著書『ウェブデザインの思考法』（マイナビ出版）を執筆。

開発のプロセスが「ユーザー中心」であるべき理由

　技術の進歩に伴いプロダクトやサービスはどんどん高機能になる一方、時にそれは人間の理解能力を超え、結果として便利かもしれないが使いこなしづらいプロダクトが世に生まれてきました。電化製品やパソコンや携帯電話はまさにその例です。例えばハサミやフライパンや歯ブラシと違って、こういった機械やデジタルプロダクトがどういったメカニズムで動いて、どういった機能を備えているか、完全に把握した上で使っている人は少ないはずです。

　こうした状況の下、人間のニーズや能力を正しく理解し、それに基づいてプロダクトを設計しようという考えが主張されるようになりました。それが人間中心設計（HCD：Human-Centered Design）です。技術ありきではなく、ユーザーありき。ユーザーを理解し、ユーザーにとって使いやすいシステム作りを目指す。言葉にすると当たり前ですが、これこそが経済発展や技術向上に重きが置かれていた社会では永らくおざなりにされてきた、プロダクト開発における人間に優しい重要な視点なのです。

　HCDの具体的な実践の1つに「利用者の特性や利用実態を的確に把握する」があります。これは開発・設計工程の前に、ユーザーが置かれた状況や利用シーンを観察したりヒアリングしようということです。例えば、私が関わった例だとこういったケースがありました。

- 自動車修理や調理をサポートするアプリケーションを企画しているが、そもそも現場では手が塞がっていたり汚れたりしていて、スムーズにデバイスに触れるのが難しい。
- チームや上司に対する悩みを外部機関に相談できるサービスの利用実態を調査してみると、匿名性が担保できているか不安なので、サービスを利用するまで至らないということがわかった。
- 保険の営業担当者は顧客に申し込みフォームに入力してもらう必要があるが、内容が難しく、実際は顧客本人ではなく営業担当が代理で記入していた。

　どれも開発目線ではなかなか気づけなかった、貴重な視点や発見です。こうしたリアルな利用実態やユーザーのインサイトを知ることで初めて、ユーザーのペインを特定し、それを解決しうるアクチュアリティのあるアイデアや機能、UIを検討することができます。例えば両手が塞がっていても使える動画や読み上げ機能があればいいのではないか、匿名性が担保できることを送信前に告知・証明できないか、代理で申請できる共同編集機能があれば有効ではないか……といった具合です。

　どれだけプロダクトが高機能で優秀であっても、ユーザーのリアルな利用実態を踏まえていないと、使われないものを作ってしまいかねません。また、こういった視座を獲得する上で最新技術トレンドや成功事例について日頃から情報収集しておくことは有用でしょう。

　ただ、私自身も経験があるのですが、機能の優先順位やプロジェクトの進行状況との兼ね合いにより、操作性やUIのブラッシュアップは開発過程の中でうやむやになってしまうことも少なくありません。そうした事態を防ぐため、デザインの力はプロダクト開発の最後のスタイリング工程ではなく、最初の企画や体験設計の段階から意識しすべきであることを、プロジェクトの初めからステークホルダー内できちんと共有して置くことが重要です。

Appendix A ウェブ制作・アプリ開発

Column 16

Column

17

UXリサーチチームの立ち上げに必要な
業務と組織のマネジメント

株式会社kubell コミュニケーションプラットフォーム本部
プロダクトエクスペリエンスユニット プロダクトデザイン部 UXデザイン・リサーチチーム

仁科 智子

UXリサーチチームの立ち上げ時に取り組んでいたこと

シンプルな使いやすさで国内の多様なビジネスシーンで利用されているビジネスチャット「Chatwork」における、UXリサーチの取り組みをご紹介します。

kubellのプロダクトデザイン部では、UXリサーチ、UX、IA、UI、ビジュアルデザイン、エンジニア連携など、各領域にそれぞれ専門性があると捉えています。所属デザイナーは自身の専門性を伸ばせるよう、注力したい領域を選択することができます。その一環で私は2022年頃からUXリサーチに軸足を置き、プロダクトデザイン部の中に『UXリサーチチーム』を立ちあげる際に、チームリーダーを任されました。

チーム立ち上げ期には、「リサーチの依頼から実施までのオペレーションフローの整備」に取り組みました。当時のプロダクト戦略の1つとして、短期スパンで多くの施策を打ち、数値の動きをチェックしながらサイクルを回す開発チームが発足していました。まず、このチームに焦点を当て、施策の実施前後に取り入れやすいユーザビリティテストを迅速に行うためのワークフローを策定しました。

調査会社と連携し、リサーチ依頼から結果共有までの流れや、リサーチ計画書などのフォーマットを整えました。各施策の担当者からリサーチ依頼が来ることを想定していたので、依頼時の負荷を減らすため、簡単な項目のみで相談フォームを作成。ヒアリングを通してリサーチの実施要件を詰める流れを作りました。しかし運用開始に向けてパイロット版を実施したところ、リサーチ設計の手戻りが何度も発生し、スムーズに進みませんでした。

理由としては、依頼を受けてヒアリングを実施する際、施策の目的や影響範囲が調査会社に充分に伝えられていないことでした。

「Chatwork」のプロダクト開発ではどんな小さな施策でも、目的や影響範囲、コンセプト、UI設計の意図をドキュメントにまとめています。これらのドキュメントを事前に調査会社に展開することで、調査会社が内容を把握した上でヒアリングを実施できるようにしました。これにより、施策担当者に負荷をかけることなく調査会社に施策内容が伝わり、リサーチ設計がスムーズに進みました。結果共有までのリードタイムも5営業日ほど短縮しました。

ユーザビリティテストの活用として、私は次の2つのタイミングが有用だと考えています。1つ目は、ワイヤーフレーム案が固まり実装に入る前。情報設計やライティングを評価しブラッシュアップすることで、開発後の手戻りを減らして施策の成功確度を向上させます。2つ目は施策のリリース後。実際の利用状況が数値として表れるタイミングです。短期で小規模施策を多数打ち、数値の動きを細かく見るプロジェクトでは、スピーディにリリースしてA/Bテストなどで効果検証をすることが多いと思います。ただ、行動ログデータだけでは、施策のニーズがないのか、ニーズはあるが使えていないのか、判断が難しい場合があります。そんな時はユーザビリティテストを併用し、定性的な評価を得ることが有用だと考えています。

UXリサーチを前進させるためのデータ分析の取り組み

UXリサーチチームの立ち上げから2年が経つ2024年現在、ユーザビリティテスト以外のリサーチにも意欲的に取り組んでいます。実際に実施した取り組みをご紹介します。1つ目の取り組みはユーザーフィードバック

362　　All About User Research

株式会社kubell コミュニケーションプラットフォーム本部
プロダクトエクスペリエンスユニット　プロダクトデザイン部 UXデザイン・リサーチチーム
仁科 智子

制作会社や事業会社でWebデザイナー、UIデザイナー、ディレクター、デザインチームマネージャーを経験。
2019年にChatworkのプロダクトデザイナーとして、機能改善プロジェクトやグロースチームに参加。プロダクトマネージャーと協力した施策立案や、ユーザー体験設計、UXリサーチに携わる。軸足をUXリサーチにシフトし、2022年よりUXリサーチチームの立ち上げとチームリーダーを担当。UXリサーチ活動と並行し、運用設計や組織浸透活動に携わる。

の分析です。「Chatwork」にはユーザーからのフィードバックを収集する仕組みがあります。プロダクトマネージャーと協働し、KA法をアレンジしてフィードバックを分類しました。フィードバックの傾向と開発の概算工数をもとに、今後の機能改善の優先度をつけるためです。

　KA法の分析は、『〇〇の課題が解消する』といった少し抽象度の高い表現に収束します。本質的な課題や価値がわかりやすい反面、機能や画面デザイン、影響範囲が具体的にわからないと開発の概算工数が出せません。またフィードバックには、『△△機能が欲しい』という機能アイデアが寄せられることがあります。機能アイデアだけで分類した場合、開発の工数は出しやすくなる反面、どんな課題解決や価値を実現するかが見えにくくなり、今やるべきかの判断が難しくなります。そこで、『解決する課題や、実現する価値価値』と、『解決するための機能』をセットで分類し、開発チームに工数の見積もりを依頼。スピーディに施策の優先度リストの作成に繋げました。

　2つ目の取り組みは、既存のユーザーインタビューデータを活用した施策コンセプトの明確化です。ある程度規模の大きい組織やプロダクトの場合、施策の優先度を検討するチームと、要件を詰めて開発するチームが異なることもあります。以前私が参加したプロジェクトも、すでに開発する機能が決まったうえで開発チームが結成されていました。

　「改善要望が多い」ことはチームの共通認識となっていたものの、「どんな人が、どんなときに、どう困っているのか」がしっかり言語化されないままUIや要件の検討が進んでしまい、その結果、実現したい体験や機能要件の認識がメンバー間で異なり、議論が長引いてしまいました。

　今回、先述の「ユーザーフィードバック」をもとにした優先度づけで「優先度が高い」と判断された施策の検討を進めることになりました。そこにアサインされたメンバーは、ユーザー課題の解像度を上げ、解決する課題や実現する価値の共通認識を持つ必要がありました。新規でインタビューの計画も可能ですが、社内に近しいテーマのインタビューデータがあったため、まずはメンバーでインタビュー動画を見返しました。インタビュー動画から得られた気づきをお互いに共有し、ユーザー課題や機能の提供価値、コンセプトをあらためて言語化し、共通認識を持つことでスピーディにUIの検討へと進めました。

　現時点での「Chatwork」にはユーザーインタビューを定期的に実施する仕組みがないため、新規で企画・実施すると2～3週間ほどかかります。ですが、インタビューデータがすでに社内にあれば、3日程度でユーザーのリアルな課題感を知ることができます。この時間短縮は機能の提供までのリードタイムに直結するため、かなり大きいと感じています。

　組織へのUXリサーチの活用浸透として、先を見越したリサーチの実施や、データ蓄積の重要性を再認識しました。

それぞれの組織でリサーチがフィットしていくために

　本書の著者、菅原さんの発信は、基本のリサーチ知識にとどまらず、組織やチームの規模、UXの習熟度などに応じた実践的なアイデアも多く、リサーチ実践者にとって非常に有用です。自分では見つけきれない他社の取り組み事例にも出会うことができ、日々悩みながら挑戦し続ける私たちを力づけてくれます。弊社の発信を拾ってくださることもあり、発信のモチベーションにもなっています。今後もたくさんの人を勇気づけてくださるコンテンツを楽しみにしています！

Column

18

ユーザーの声と共に成長する
プロダクトマネジメント組織のあり方

株式会社TimeTree プロダクトマネージャー

鈴木 諒

ユーザーの使い方をデータから読み解く開発サイクル

TimeTreeは、家族や恋人など複数人でカレンダーを共有出来るアプリです（2024年4月時点での登録ユーザー数は5,500万）。私たちは、日々ユーザーの行動データを分析し、プロダクトの改善に役立てています。TimeTreeは、どんな方でも簡単に使える体験にこだわっていますが、この使いやすさを実現するためには、データの背後にある人間の行動や心理を理解し、共感することが何より重要だと考えています。

例をひとつ挙げましょう。TimeTreeには、予定についての相談や確認をするために予定にコメント投稿が出来るようになっています。この機能の利用データを分析したところ、業務用途でよく使われていることが明らかになりました。さらに理解を深めるために、業務利用のユーザーに話を聞いたところ、多くのユーザーが会話用途ではなく、業務記録を残すために使用していることがわかりました。

あるペットサロンでは、前回の施術記録を残すことで、顧客が毎回同じ説明をしなければいけない不満を解消し、高い顧客満足度を実現していました。このサロンでは、施術記録にコメント機能を活用しています。

また、ある設備工事会社では、担当者はいつも現場におり、かつ作業中は連絡が取りづらいという課題がありましたが、情報をTimeTreeに集約しておくことで、様々な確認の手間と人員手配の無駄がなくなり、同業他社に比べて5倍の仕事受注を実現していました。この会社も作業記録にコメント機能を活用しています。

業務利用でのコメント機能の使い方について、もし単に推測で済ませていたら、仕事利用は参加者が多いので、単純にコミュニケーションの頻度が高いに違いないとか、様々な予定を扱うため確認事項も多いに違いない、など間違った解釈を持っていた可能性もあります。

データを真に理解する為には、ユーザーの声に耳を傾けることが大切です。ユーザーの使い方を確認することで、思いがけない使い方の発見に繋がります。私たちは、こうして発見した実際のユーザー事例を「みんなの使い方」としてアプリ内やWebサイトに掲載し、新しくカレンダーの利用を始める方の手助けをすることで、ユーザー層の拡大にも繋げています。

体験設計とマーケティングコミュニケーション
── PdMの両輪となるスキルセット

プロダクトマネジメントという職務は、ただ単にプロダクトを市場に投入すること以上の深い洞察と戦略的思考を要求されます。その核となるのが、「プロダクト体験設計」と「マーケティングコミュニケーション」への理解です。これらの要素は、プロダクトの成功に直接的な影響を及ぼすため、プロダクトマネージャーにとって不可欠なスキルセットです。

「プロダクト体験設計」では、プロダクトマネージャーは顧客の課題やその背景を深く理解し、最適な解決策を設計する役割を担います。例えば、医者が患者の訴える症状だけを聞いて薬を処方するのではなく、その背後にある原因を探るように、プロダクトマネージャーも表面的な顧客の要望にとどまらず、その深層にある真のニーズを解明する必要があります。TimeTreeの開発過程では、ユーザーがどのようにしてプロダクトを使い、どの点に不満を感じているか、またどんな生活シーンで課題が発生しているかを常に調査し、それをプロダクト改善のための貴重なデータとしています。

株式会社TimeTree プロダクトマネージャー
鈴木 諒

2016年11月より株式会社TimeTreeに入社。Androidアプリ開発を約5年担当しながら、UXリサーチも兼務し、2021年末からはプロダクトマネージャーに職種を変え、TimeTreeプレミアムやTimeTreeギフトなど、新規事業の立ち上げとプロダクト責任者を担っている。

　一方で、「マーケティングコミュニケーション」では、開発したプロダクトの価値を顧客に正しく伝え、興味を引き付けることが求められます。TimeTreeをリリースした当初は、「夫婦で予定を共有して忙しい毎日をスマートに」というメッセージを発信していましたが、多くの消費者の心を掴むことに苦戦していました。しかし、ユーザーインタビューを通じて得た「言った言わないのすれ違いがなくなった」「夫婦ゲンカがなくなった」というユーザーの生の声をマーケティングメッセージに反映させたところ、プロダクトの価値が明確に伝わり、ユーザー基盤が拡大しました。

　加えて、マーケティングメッセージには、顧客がそのプロダクトを信じる理由が必要です。TimeTreeであれば、「夫婦ゲンカがなくなる」というメッセージには、「二人の予定がいつでも確認できるから」という具体的な理由付けが伴います。これにより、マーケティングメッセージは「プロダクトと紐付いた納得性の高いもの」となり、ユーザーはプロダクトの機能とその便益を直感的に理解しやすくなります。

　以上のように、たくさんの人に使われる良いプロダクトを作るには、顧客の課題を深く理解し最適なプロダクト体験を設計する力と、プロダクトの価値を的確に伝えるマーケティングコミュニケーション力の両方が求められます。両要素が密に連携することで、多くの人に愛される優れたプロダクトを生み出すことができるのです。

プロダクトマネージャーはUX・マーケティング両方の
リサーチを深めていこう

　私がUXリサーチの取り組みを始めた頃、UXリサーチのノウハウを発信されている方は少なく、菅原さんの書籍には大変助けられました。マーケとUXリサーチの話題を一度にチェックしたい方はぜひ菅原さんのリサーチハック101のニュースレターをチェックしてみてください。当時の私のようにこれからUXリサーチを始めるという方にもおすすめです。

Column 19

ブランドの解像度を高め、マーケティングを制するリサーチの考え方と磨き方

株式会社manage4 代表取締役/Marketing Director
南坊 泰司

ブランドの全体像を理解するためのリサーチの使い分け方

　マーケティング活動において、リサーチをどのように効果的に使い分ければ良いのか。その考え方として、私はn=1、n=100、n=10000、という3段階に分けて考えています。

　n=1は近年ユーザーヒアリングが見直されて叫ばれている内容そのもので、顧客1人1人に焦点をあてるということです。これがやはり、リサーチ全ての中心になってくると考えています。手法としてデプスインタビューであったり、あるいはWEBの行動履歴を詳細に追うことであったり、とにかく1人を深掘りして解像度を上げていきます。

　n=100はこうした1人1人の動きが集合となった「現象」をリサーチする考え方です。1人1人を分析していくのは大切ですが、ほとんどのビジネスは1人に向き合っているだけでは立ち行かないので解像度を意図的に下げていく必要がある。ではどのレベルまで広げるのか、これが100人規模なのです。いきなり万の単位まで広げると、折角掴んだ顧客の実像を見失ってしまいます。100人レベルの動きを観測すれば、そこは最終的にその10倍・100倍まで広げていける確かな兆しになります。これがつまり「現象」です。こうした現象は定量的な調査、あるいは事業においてビビッドに動いているデータなどを観測するのが良いでしょう。

　そして最終的に拡大していくのがn=10000の世界。10000規模で観測可能なデータは、確実に事業の中で観測が可能な数値です。逆説的に言えば、事業の中で観測できないならそれは大きな動きになっていないということ。データ分析をして掴めるレベルの傾向値を発見することが重要です。

　n=1で顧客の解像度を極限に上げて仮説立てをし、n=100で仮説を起点に個人を集団にして捉える、そしてそこで得たファインディングスをもとにn=10000の事業貢献する動き兆候を理解する。こうした考え方でぜひリサーチを使い分けてください。

マーケティングの「感性」をどうやって鍛えるのか

　プロダクトやサービス、あるいは事業のことを掘り下げていくのがマーケティングにおけるリサーチの欠かせない役目だとしたら、それをマーケティングのプランニングに昇華させるためには、マーケティングにおける感性を掛け合わせる必要があると常々思っている。

　なぜなら、商品やサービスというものは「プロダクトそのもの」と「顧客」、そして「顧客と商品が存在する世界」の3点の結節点に需要が生まれ、使われるものだから。単に自社商品のことを理解するだけではいけないので、顧客のことを知らなければいけないのはここまで記載した通りではあるが、その2つだけでも実は足りない。なぜなら、生活者は常に流動する世界に生きており、その世界の潮流や出来事に影響されて、常に意識は変容しているからだ。だからこそ、マーケティングに携わる人は私たちの生きる世界に興味を持たなければならない。

　ではどうやって世界を自分なりに観測するのか。分かりやすいやり方は、何らかのジャンルを「定点的に観測すること」だろう。コンビニの新商品でも、いつも行くドラッグストアでも、あるいは自分が好きな音楽でも、なんでも良い。重要なことはそれらをマクロな視点で、かつ定点的に興味を持ってウォッチすることである。

株式会社manage4 代表取締役/Marketing Director
南坊 泰司

電通にてストラテジックプランニング、ブランディング、独自データツールの開発などマーケティング部署を歴任。その後、メルカリに入社。マーケティング/PRチームのマネージャーとして急成長に貢献。OMO（Online merged offline）プロジェクトを立ち上げ、戦略チームマネージャーとしてメルカリのオフライン戦略を牽引。2020年独立。統合マーケティング戦略立案と事業開発の両面を横断し、事業成長を支援する。マーケティング起点での事業支援を行う株式会社manage4とクリエーティブディレクターとのユニットNORTH AND SOUTHでスタートアップから大企業まで支援する。

　例えばコンビニの飲料売り場を定点的に観測すれば、1カ月単位、あるいは1週間単位でも商品が入れ替わっていることがわかるだろう。どんな商品が消え、どんな商品が増えたのか。あるいは存在する商品が増えたり、減ったりもしている。場所が変わったりもする。こうした「変化」を見続けると、考察ができるようになる。夏になったから、こんな商品が増えたのか。この商品は大きなヒットをしているから陳列も増え、さらに関連商品も出ている、など。

　私たちは目に多くの情報を入れているが、実際はそのほとんどが脳によって取捨選択されており、注目したもの以外は捨て置かれている。そのスイッチを意識的に入れ、同じ場所、同じジャンルを見続けるのだ。基本的に資本主義において世の中のものは、誰かが「売りたい」という意思でアウトプットされたものであり、競争原理が働いて結果を残したものだけが生き残っていく。つまり局面における「正解」を見ることができるわけである。この「正解」をもとに考察を深めれば、世界でどんなことが起きているかを知ることができるのだ。

　こうした注目を持つ定点観測ポイントをいくつか持っておく。コンビニの飲料品棚、Apple musicのTOP50チャート、行きつけの本屋の平積みコーナーなど。これらはどれも別のジャンルであるが、同じ世界に展開されているので、様々な共通点を見つけることができる。例えば飲料品のパッケージの情報量が増えている一方で、近年のヒット曲の王道はイントロも無しで歌詞を詰め込むような楽曲がヒットになりやすい。本屋ではライトノベルの小説のタイトルがどんどん長くなっている、など。

　こうした3つの事象をもとに考察すると、全体的に「情報量が増加傾向にある」ことが共通点として見えてくる。単位時間あたりの情報量を増やしたいから、曲はイントロがオミットされる。パッケージでは様々な情報が増える中で差別化しなければいけないからデザインでの説明量が増える。ライトノベルはタイトルによるコミュニケーションコストを下げつつ、短い判断材料で興味を持たせる必要があるのでタイトルが長くなる、というように。

　こうした考察が自然に頭で生まれるようにすると、世界の一端を観測できているということになる。こうすれば様々な兆しを活用しながら、商品をより競争力のあるものにできるのだ。

リサーチャーの能力差は「調査設計」に表れる

　リサーチャーの能力はマーケティング従事者のそれと同じように、かなり属人的な差があると考えている。私は業務上で様々なマーケティングに関する調査を実施しており、おそらく生涯で200－300本はやっていると思うが、特に設計においてはかなりの個人差がある。

　様々な視点を盛り込みながら、かつ調査実施後に必要な分析ができるための調査設計というものが定性/定量調査の要なのだが、その設計を多角的な視点で確実にアクションしてくださるのが菅原さんである。

Column 20

プロダクトのマーケターが主導する
マーケティングリサーチの進め方

DIGGLE株式会社 マーケティングチーム

瀬川 義人

事業成長・組織拡大と両輪で顧客のリサーチに力を入れるべき理由

　マーケティングは、ビジネスのプロセスの中で将来の顧客と最初に接点を持つ組織です。だからこそ、顧客のことを誰よりも深く理解し、顧客とビジネスを橋渡しする存在であるべきだと考えています。

　組織が小さい頃は、誰もが顧客と近い立ち位置であるため、顧客の解像度は高い状態です。しかし、組織が大きくなると、どうしても距離ができてしまうことが多く、顧客がどういったことに悩んでいるかが徐々に分からなくなっていくことが多いように感じます。また様々なバックグラウンドを持つ人が増え、多様な意見が出てくることで、合意形成するにも時間が必要となってくるものです。

　そこで重要なのが、定量や定性調査により、顧客はどういった人で、どういった悩みを抱えているかを吸い上げて、社内に発信していくことです。実際、私たちの会社でも事業成長してメンバーが増える中で、人によってターゲットとなる顧客像が少しずつ異なっており、施策に一貫性がないという状況が起きていました。

　そこで社内プロジェクトを立ち上げ、リサーチを通してその顧客像を言語化して、ドキュメント化していきました。また同時に、データとして自社の認知度や顧客の悩みの大きさを可視化していきました。

　このような取り組みを通して、社内での共通言語ができたことで、施策のブレが減り、また組織間の連携も取りやすくなっていきました。また漠然と考えていたことがデータとして裏打ちされたことで、議論がスムーズに進行するようになったと感じています。

マーケティングリサーチの設計時に実感した「仮説」の重要性

　顧客の解像度を上げる具体的な取り組みとして、ペルソナおよびカスタマージャーニーマップの策定をゴールに、マーケティングリサーチを行うことにしました。きちんとファクトを押さえて実態に合ったペルソナやカスタマージャーニーマップをつくることで、マーケティングのみならず、セールスやカスタマーサクセスなど他の部署でも活用してほしいと思ったからです。

　最初に取り組んだのは、デスクリサーチ（統計データ・過去のお問い合わせ記録）と社内メンバーへのヒアリング（セールスやカスタマーサクセスの情報）でした。その調査結果をもとに、粗い仮説であるペルソナのスケルトン（骨子）を数種類作成しました。このスケルトンには、ペルソナごとの悩みが箇条書きでまとまっています。その上で、ペルソナの仮説がどの程度確からしいのかを検証し、情報を肉付けしていくために、定量調査を行いました。

　実際に、定量調査をする際は、上記のペルソナのスケルトンをベースに設問を設計していきました。例えば、ペルソナが「〜〜という悩みがある」と仮説を持っていた場合、設問には「〜〜という悩みを感じる」という質問と、尺度指標（とても当てはまる、まあまあ当てはまる、どちらとも言えない、あまり当てはまらない、全く当てはまらない）を設定するようなイメージです。

　また定量調査の中にいくつか自由回答の項目を設けて、回答者から寄せられたリアルな声を拾ってペルソナに肉付けをしていきました。実際にリサーチに取り組んでみて感じたのは、事前に仮説をきちんと持って取り組むことの大切さでした。

　もし仮説なしに定量調査をしていたら、設問や選択肢が抽象度が高い内容になってしまい、思ったような回

DIGGLE株式会社 マーケティングチーム
瀬川 義人

岐阜県生まれ・育ち。大学卒業後、フリーターをする傍らで始めたブログを通して、Web業界に興味を持つ。その後、個人事業主としてWebメディアの運営やコンテンツマーケティング支援を行う。2020年に岐阜にあるデジタルマーケティング支援会社に転職。自社のマーケティング組織の立ち上げ、大手企業のデジタルマーケティング支援に携わる。2023年に現職のDIGGLE株式会社に入社。現在は、予実管理クラウドサービスのマーケティングを担当している。

答やその回答を踏まえた洞察は得られなかったと思います。

逆に、仮説を持って設問をつくることで、その悩みを持つ人の割合を把握し、ペルソナ策定にも参考情報として役立てることができました。

このリサーチの経験を通して、インタビューといった定性調査で仮説を立てて、アンケート調査で定量的に仮説を検証するやり方を学べたのは、個人的にも大きな財産です。

チームに（外部）リサーチャーがいることの価値：品質とスピード

定量調査を行うにあたって、大きく2つの方法がありました。調査会社にまるっと外注する方法と、調査業務を内製で行う方法です。今回調査を企画するにあたっては、予算が限られており、かつ今後も継続的に調査をしたいと思っていたので、セルフリサーチサービスを活用して、基本的には内製で進めることにしました。

とはいえ、定量調査を行う上で問題となったのがノウハウの不足でした。当時のチームメンバーには、マーケティングリサーチ業務を経験した者がおらず、どのように進めて良いか具体的なイメージが持てていませんでした。

また今回のリサーチは、ペルソナやカスタマージャーニーマップの策定のほか、マーケティング戦略の検討や社外への調査レポートなどにも活用したいと考えていたため、実用性のあるデータをきちんと取ることが必要でした。さらには調査企画から実施までを1ヶ月ほどで行う必要があり、時間にも余裕がありませんでした。

上記の理由から、内製でリサーチを行いつつ、外部アドバイザーにも入ってもらい、リサーチの品質とスピードを担保することにしました。

その際、以前からの親交で「リサーチと言えば菅原さん」というイメージを持っていたため、連絡を取ってみたところ、快くお引き受けいただけたため、今回のリサーチ実施に入っていただきました。

リサーチャーの菅原さんに入っていただき良かった点は、以下の3点です。

1つ目は、目的にあった調査方法をご提案いただけたことです。今回のリサーチでは、ペルソナ仮説の検証と、カテゴリーおよびサービスの認知度調査という2つの目的がありました。それゆえ通常よりも複雑になりがちだったのですが、菅原さんとご相談したところ、スクリーニング調査と本調査をうまく組み合わせることで実現できるのではないかとご提案いただきました。実際、ご提案いただいた方法で実施することで、コストを抑えつつ、聞きたい設問をきちんと載せられました。

2つ目は、質問票の作成で、どういった聞きかたをすれば必要な答えが返ってくるか、具体的にアドバイスいただけたことです。質問票を作る際は、質問と選択肢の作りかたに気をつけないと、バイアスがかかって正しい結果を得られません。しかし、経験が少ないと、自分自身ではなかなか気づきづらいものです。その点、菅原さんがつくった質問票をレビューくださり、改善点も出してくださったので、非常に助かりました。

3つ目は、リサーチ結果のまとめ方まで一緒に考えていただけた点です。事前にリサーチ結果をどのように活用したいのか相談させていただいたので、設問を作る際も無駄のない設計ができたと思います。またアウトプットで壁打ちさせていただいたことで、あまり迷うことなく報告書にまとめ上げることができました。

このようにリサーチの専門家の方をプロジェクトに参画いただけたので、トータルとして短い時間で質の高いアウトプットができたと思っています。

Column	
21	

オウンドメディアのユーザーリーチを活かした
リサーチの好循環モデル

株式会社カインズ マーケティング本部 メディア戦略部
となりのカインズさん 二代目編集長

与那覇 一史

オウンドメディアのコンテンツ制作を支える多様なユーザーリサーチ方法

オウンドメディアにおける「コンテンツ」は読者と企業をつなぐ架け橋です。しかし、情報を列挙しただけのコンテンツでは読者の心に響かず、オウンドメディアの目的である会社や事業への貢献はできません。

どのようにしたら「ユーザーの心に響くコンテンツ」が作れるのでしょうか。その鍵を握るのがユーザーリサーチです。読者のニーズを深く理解することで、読者に寄り添ったコンテンツを提供することができるからです。

「となりのカインズさん」では、編集部員ひとりひとりが自身の興味関心に基づいて、社内やSNS、書籍、記事内のアンケートなどを活用しながら、ユーザーリサーチを行っています。

特に、記事内アンケートは、読者の生の声を直接聞くことができる貴重な機会です。記事内アンケートの項目では「印象に残った記事とその理由」から「次はどんなテーマの記事を読みたいですか」といった、読者の感情や希望を引き出すような質問を設定しています。

また、店舗観察や販促情報など、社内の情報ソースも積極的に活用しています。カインズにはたくさんのメンバー（一緒に働く仲間）がいるため、メンバーからも情報を集めることで、お客様が知りたい情報と社内から発信したい情報の接合点が見つけられます。オウンドメディアを運営する部署だけで閉じずに、社内のさまざまな部署と連携することもユーザーリサーチをする上で重要な取り組みだと考えています。

また、逆説的ですが、コンテンツを作成するためのインタビュアーや協力者を集めるためには「魅力的なコンテンツ作り」が何より大切です。面白くて役に立つ魅力的なコンテンツがあれば、こちらから強く募集をしなくても、自然とさまざまな方々が集まってきます。

SNSでは、インタビューしたい相手の投稿を観察し、コミュニケーションをとることで、信頼関係を築くことを心掛けています。一方的にインタビューを申し込むのではなく、日頃からコミュニケーションを取ることで、相手の興味関心を知ることができますし、インタビューへの協力も得やすくなります。

また、1つのテーマで複数の立場の人にインタビューすることで、多角的な視点を取り入れることも重要です。例えば「お正月飾り」の記事を作るなら、お正月飾りを扱うバイヤーをはじめ、製造メーカー様、自身でお正月飾りをDIYしている方など、さまざまな立場の人にインタビューをすることで、記事に奥行きが生まれます。

あわせて、ユーザーリサーチを通じて得られた情報を、記事企画、取材・制作、公開、振り返りのプロセスに活かしていくことで、読者のニーズに合ったコンテンツを作り上げることができます。

ただし、ここで大切なのは、一度きりのリサーチで満足しないことです。読者のニーズは常に変化しています。だからこそ、継続的にユーザーリサーチを行い、常に読者の声に耳を傾けることが重要です。そうすることで、オウンドメディアは読者の声を道標に成長することができるのです。

長く愛されるメディアであるために、PV以外に追い求めているもの

オウンドメディアの成功を測る指標として、PV数はよく用いられます。PV数が多ければ多いほど、多くの人に記事が読まれている証拠だと考えられているからです。

株式会社カインズ マーケティング本部 メディア戦略部
となりのカインズさん 二代目編集長
与那覇 一史

1990年1月生まれ。沖縄県出身。美術専門出版社の営業職を経て、株式会社キュービックでメディア運用に従事。その後、体験ギフトのソウ・エクスペリエンス株式会社でECサイトのグロースを経験。人生のテーマは観察と分析と実行。

　しかし、PV数だけを追い求めるのは、本当の意味でのメディアの成功とは言えません。「となりのカインズさん」では、PV数などのKPIは追いつつも、数字に縛られすぎず、編集部の信念に基づいた記事作りを大切にしています。読者に役立つ、良質な記事を提供することが何より大切だと考えているからです。

　例えば、PV数は低くても、編集部が良いと判断した記事をトップページに配置することもあります。PVにこだわるのではなく、遊び心を大事にしながら、失敗を恐れずチャレンジする姿勢を貫いているのです。

　また、読者アンケートで寄せられたテーマを見ると、DIYはもちろん、料理、家庭菜園、掃除、洗濯など、実に多岐にわたっています。こうした読者の多様なニーズに応えるため、大きなカテゴリーを押さえつつ、小さな声も大切にし、記事のバリエーションを増やすことを心掛けています。

　オウンドメディアの真髄は、読者との長期的な関係性の構築にあります。そのためには、読者の満足度や共感、信頼を得ることが何より重要です。具体的には、読者からのコメントやSNSでの反応をしっかりと分析することが大切です。「この記事を読んで、問題が解決できました！」「こんな情報が欲しかったんです！」といったポジティブなコメントは、記事の価値を直接的に示すものです。

　一方、「もっと詳しく知りたい」「こんな記事も読みたい」といった要望は、次の記事作りのヒントになります。また、記事がSNSで多くシェアされているなら、それは共感を呼ぶ記事であるということの表れです。こうした反応を丁寧に拾い上げ、分析することで、読者との絆を深めていくことができるのです。

　加えて、オウンドメディアの価値は、ビジネス的な成果にも表れます。例えば、記事から商品購入につながったり、来店客が増えたりといった具体的な効果があれば、それはオウンドメディアの価値を示す重要な指標と言えます。ただし、こうした効果は一朝一夕に表れるものではありません。長期的な視点を持って、読者との関係性を築いていくことが大切なのです。

　「となりのカインズさん」では、読者の皆様とのつながりを何より大切にしながら、カインズの魅力を伝える記事作りに励んでいます。今後も、読者の声に寄り添い、共感を呼ぶコンテンツを発信し続けることで、長く愛されるメディアを目指していきたいと思います。

メディア運営におけるユーザーリサーチの方法論を極めていきたい

　菅原さん、いつもリサーチの手法や考え方について、示唆に富むアドバイスをいただき、本当にありがとうございます。日々さまざまな課題に直面し、どのようにアプローチしたらよいのか、どこから手をつけたらよいのか、迷うことも少なくありません。

　そんなとき、菅原さんの発信する情報は、まさに羅針盤のような存在です。定量調査と定性調査を適切に組み合わせ、対象者の行動や意識、深層心理を探ることで、問題の本質を見抜く。その問題解決に向けて、具体的な行動に繋げられている菅原さんの思考プロセスは、リサーチの本質を突いていると感じます。

　私自身も菅原さんの教えを胸に、ユーザーの声に真摯に向き合い、よりよい解決策を導き出せるよう、精進します。

Appendix B

01 スクリーニング調査のユースケース

プロダクト利用実態の把握

プロダクトの利用実績による分類

①利用頻度（単一回答）	②利用回数（単一回答）	③利用金額（単一回答）
あなたは［○○○○］（プロダクトの名称）をどれくらいの頻度で利用していますか。あてはまるものを一つだけお選びください。 ○ 毎日 ○ 2日に1回程度 ○ 週2～3回程度 ○ 週1回程度 ○ 月2～3回程度 ○ 月1回程度 ○ 2～3ヶ月に1回程度 ○ 半年に1回程度 ○ 1年に1回程度 ○ 上記以下	あなたは［○○○○］（プロダクトの名称）を年間で何回くらい利用していますか。あてはまるものを一つだけお選びください。（直近1年間の経験を元にお答えください） ○ 1回 ○ 2回 ○ 3回 ○ 4回 ○ 5回 ○ 6回 ○ 7回 ○ 8回 ○ 9回 ○ 10回 ○ 11回 ○ 12回以上	あなたは［○○○○］（プロダクトの名称）をどれくらいの金額で利用していますか。あてはまるものを一つだけお選びください。（これまでの経験を平均してお答えください） ○ 1,000円未満 ○ 1,000円以上～2,000円未満 ○ 2,000円以上～3,000円未満 ○ 3,000円以上～4,000円未満 ○ 4,000円以上～5,000円未満 ○ 5,000円以上～6,000円未満 ○ 6,000円以上～8,000円未満 ○ 8,000円以上～10,000円未満 ○ 10,000円以上～12,000円未満 ○ 12,000円以上～15,000円未満 ○ 15,000円以上

調査票

No.	質問項目	質問方法	対象者条件	グループ
①	利用頻度	あなたは［○○○○］（プロダクトの名称）をどれくらいの頻度で利用していますか（単一回答）	毎日/2日に1回程度/週2-3回程度/週1回程度/月2-3回程度/月1回程度＝いずれかON	ヘビーユーザー（月1回以上）
			2-3ヶ月に1回程度＝ON	ミドルユーザー（2～3ヶ月に1回以上）
			半年に1回程度/1年に1回程度/上記以下＝いずれかON	ライトユーザー（上記以下）
②	利用回数	あなたは［○○○○］（プロダクトの名称）を年間で何回くらい利用していますか（単一回答）	5回/6回/7回/8回/9回/10回/11回/12回以上＝いずれかON	ヘビーユーザー（5回以上）
			3回/4回＝いずれかON	ミドルユーザー（3～4回）
			1回/2回＝いずれかON	ライトユーザー（2回以下）
③	利用金額	あなたは［○○○○］（プロダクトの名称）をどれくらいの金額で利用していますか（単一回答）	8,000円以上-10,000円未満/10,000円以上-12,000円未満/12,000円以上-15,000円未満/15,000円以上＝いずれかON	ヘビーユーザー（8,000円以上）
			3,000円以上-4,000円未満/4,000円以上-5,000円未満/5,000円以上-6,000円未満/6,000円以上-8,000円未満＝いずれかON	ミドルユーザー（3,000円以上～8,000円未満）
			1,000円未満/1,000円以上-2,000円未満/2,000円以上-3,000円未満＝いずれかON	ライトユーザー（3,000円未満）

※本表の対象者条件のグループ分けはあくまでイメージ。
（実際にはビジネスやユーザーの要件に即して基準を整えることになる）

抽出条件表

プロダクト利用実態の把握

購入カテゴリーによる分類

①大カテゴリー（複数回答）	②中カテゴリー（複数回答）	③小カテゴリー（複数回答）
あなたはこれまでに［○○○○］（プロダクトの名称）でどのような商品を購入したことがありますか。 あてはまるものをすべてお選びください。 □ 服・靴 □ バッグ・財布・腕時計・ファッション小物 □ ビューティ・コスメ □ グルメ・食品 □ スイーツ・お菓子 □ 水・ソフトドリンク・お茶 □ ビール・ワイン・お酒 □ キッチン・食器・調理器具 □ 日用品・文房具・手芸用品 □ 医薬品・ヘルスケア・介護用品 □ 家電 □ インテリア・寝具 □ 本・音楽ソフト・映像ソフト・ゲーム類 □ ペット・ペットグッズ □ スポーツ・アウトドア □ その他［　　］ □ 覚えていない	食品（飲料以外）を購入した方にお伺いします。あなたはこれまでに［○○○○］（プロダクトの名称）でどのような【食品（飲料以外）】の商品を購入したことがありますか。あてはまるものをすべてお選びください。 □ 肉・肉加工品 □ 魚介類・シーフード □ 野菜 □ 卵 □ フルーツ・果物 □ チーズ・乳製品 □ 惣菜・食材 □ 米 □ パン類 □ 洋菓子・和菓子・スナック菓子 □ 乾燥麺・パックごはん・缶詰・瓶詰 □ 冷凍食品 □ 離乳食・ベビーフード・ ‥‥‥ □ その他［　　］	フルーツ・果物を購入した方にお伺いします。あなたはこれまでに［○○○○］（プロダクトの名称）でどのような【フルーツ・果物】の商品を購入したことがありますか。あてはまるものをすべてお選びください。 □ ブドウ・マスカット □ さくらんぼ □ 桃 □ メロン □ みかん・オレンジ □ マンゴー □ 梨・洋梨 □ りんご □ スイカ □ 柿・栗・梅 □ いちご □ イチジク □ パイナップル □ キウイフルーツ ‥‥‥ □ その他［　　］

調査票

No.	質問項目	質問方法	対象者条件	グループ
①	大カテゴリー	あなたはこれまでに［○○○○］（プロダクトの名称）でどのような商品を購入したことがありますか（複数回答）	食品＝ON	食品購入者
			飲料＝ON	飲料購入者
			日用品＝ON	日用品購入者
②	中カテゴリー	あなたはこれまでに［○○○○］（プロダクトの名称）でどのような［○○○○］（調査対象カテゴリーの名称）の商品を購入したことがありますか（複数回答）	肉＝ON	肉購入者
			野菜＝ON	野菜購入者
			果物＝ON	果物購入者
③	小カテゴリー	あなたはこれまでに［○○○○］（プロダクトの名称）でどのような［○○○○］（調査対象カテゴリーの名称）の商品を購入したことがありますか（複数回答）	りんご＝ON	りんご購入者
			みかん＝ON	みかん購入者
			バナナ＝ON	バナナ購入者

※本表の対象者条件とグループにある商品は取扱商品の一部を抜粋して記載したイメージ。（実際には選択肢の個数の分だけグループが形成されることになる）

抽出条件表

プロダクト競合環境の分析

マーケティングファネルによる分類

①認知状況（単一回答）	②購入状況（単一回答）	③併用状況 （複数回答※2つまで・単一回答）
あなたは以下の［○○○○］（ビジネスカテゴリー名称）の［○○○○］（ブランド・サービス）のことをご存じですか。それぞれあてはまるものを一つずつお選びください。	あなたは以下の［○○○○］（ビジネスカテゴリー名称）の［○○○○］（ブランド・サービス）で商品を購入したことがありますか。それぞれあてはまるものを一つずつお選びください。	あなたが利用したことがある以下の［○○○○］（ビジネスカテゴリーの名称）のうち、直近1年以内で主に利用している（利用頻度が多い）サービスを【2つまで】お選びください。また、そのうちメインで利用している（最も利用頻度が多い）サービスを【1つだけ】お選びください。
〈表頭（選択肢）〉 ○ 内容まで知っている ○ 名前だけ知っている ○ 知らない 〈表側（質問軸）〉 ・プロダクトA ・プロダクトB ・プロダクトC ・プロダクトD	〈表頭（選択肢）〉 ○ 直近3ヵ月以内に購入したことがある ○ 直近半年以内に購入したことがある ○ 直近1年以内に購入したことがある ○ 購入したことはあるが、直近1年以内には購入していない ○ 購入したことはない 〈表側（質問軸）〉 ・プロダクトA ・プロダクトB ・プロダクトC ・プロダクトD	〈表頭（選択肢）〉 □ プロダクトA □ プロダクトB □ プロダクトC □ プロダクトD 〈表側（質問軸）〉 ・主に利用しているサービス（2つまで） ・メインで利用しているサービス（1つだけ）

※表頭選択肢には自社プロダクトも入れておく

調査票

No.	質問項目	質問方法	対象者条件	グループ
①	認知状況	あなたは以下の［○○○○］（ビジネスカテゴリー名称）の［○○○○］（ブランド・サービス）のことをご存じですか（単一回答）	名前だけ知っている＝ON	名称認知者
			内容まで知っている＝ON	内容認知者
			知らない＝ON	非認知者
②	購入状況	あなたは以下の［○○○○］（ビジネスカテゴリー名称）の［○○○○］（ブランド・サービス）で商品を購入したことがありますか（単一回答）	直近3ヵ月以内に購入したことがある＝ON	直近購入者
			直近半年以内に購入したことがある／直近1年以内に購入したことがある／購入したことはあるが、直近1年以内には購入していない＝いずれかON	購入経験者
			購入したことはない＝ON	非購入者
③	併用状況	あなたが利用したことがある以下の［○○○○］（ビジネスカテゴリーの名称）のうち、直近1年以内で主に利用している（利用頻度が多い）サービスを【2つまで】お選びください。（複数回答※2つまで）また、そのうちメインで利用している（最も利用頻度が多い）サービスを【1つだけ】お選びください（単一回答）	プロダクトA＝ON　かつ 自社プロダクト＝ON	競合A社併用ユーザー
			プロダクトB＝ON　かつ 自社プロダクト＝ON	競合B社併用ユーザー
			プロダクトC＝ON　かつ 自社プロダクト＝ON	競合C社併用ユーザー
			プロダクトD＝ON　かつ 自社プロダクト＝ON	競合D社併用ユーザー

抽出条件表

プロダクトアイデアの検索

生活や仕事での立場による分類

①経験年数（単一回答）	②職種（単一回答）	③役職（単一回答）
あなたが［○○○○］（調査対象となる物事）に［○○○○］（従事・関与）している経験年数をお選びください。	あなたの職種または組織の所属部門として最もあてはまるものをお選びください。 ※直近で異動や転職で変更があった方は、ご経歴の中で最も長く従事している仕事内容を選択ください。	あなたのお仕事での立場にあてはまるものをお選びください。
○ 1年未満 ○ 1〜2年程度 ○ 3〜5年程度 ○ 6〜9年程度 ○ 10年以上	○ サービス企画 ○ マーケティング ○ セールス ○ デザイン ○ エンジニアリング ○ その他 ※包括的に聴取する場合 ○ 経営 ○ 経営企画・事業企画 ○ マーケティング ○ 広報 ○ 広告・宣伝 ○ 営業・販売 ○ 営業企画・営業推進 ○ 商品企画・商品開発 ○ システム開発・エンジニアリング ○ デザイン ○ 管理部門 ○ その他	○ 経営層 ○ マネージャー ○ リーダー ○ 一般社員 ○ その他 ※包括的に聴取する場合 ○ 経営者/取締役 ○ 執行役員 ○ 部長/事業責任者 ○ 課長/マネージャー ○ 係長/リーダー ○ 一般社員 ○ 契約社員・派遣社員 ○ アルバイト ○ 外部コンサルタント・業務委託 ○ その他

調査票

No.	質問項目	質問方法	対象者条件	グループ
①	経験年数	あなたが［○○○○］（調査対象となる物事）に［○○○○］（従事・関与）している経験年数をお選びください（単一回答） ※ビジネスパーソン向け（BtoB）にフォーカスした調査の場合→前問でお選びになった業務【前問回答参照】の経験年数（通算）をお選びください（単一回答）	1年未満＝ON	1年未満
			1〜2年程度＝ON	1〜2年
			3〜5年程度＝ON	3〜5年
			6〜9年程度＝ON	6〜9年
			10年以上＝ON	10年以上
②	職種	あなたの職種または組織の所属部門として最もあてはまるものをお選びください（単一回答） ※直近で異動や転職で変更があった方は、ご経歴の中で最も長く従事している仕事内容を選択ください。	サービス企画＝ON	サービス企画
			マーケティング＝ON	マーケティング
			セールス＝ON	セールス
			デザイン＝ON	デザイン
			エンジニアリング＝ON	エンジニアリング
③	役職	あなたのお仕事での立場にあてはまるものをお選びください（単一回答）	経営層＝ON	経営層
			マネージャー＝ON	マネージャー
			リーダー＝ON	リーダー
			一般社員＝ON	一般社員

抽出条件表

プロダクト表示改善の検証

プロダクトの利用環境による分類

①加入期間（単一回答）
［○○○○］（プロダクトの名称）でご利用中のプランと加入期間の組合せについて、あなたの状況にあてはまるものをお選びください。
○【無料プラン】1年未満 ○【無料プラン】1年以上 ○【有料プラン】1年未満 ○【有料プラン】1年以上 ○ わからない

②利用機能（複数回答）
［○○○○］（プロダクトの名称）では、現在どの機能を使用していますか。あてはまるものをすべてお選びください。
□ 基本機能A □ 基本機能B □ 基本機能C □ 高度機能A □ 高度機能B □ 高度機能C □ 付帯機能A □ 付帯機能B □ 付帯機能C □ その他

※選択肢グループの意味合いは以下の通り
基本機能→ベーシックなタスクを実現する機能（総合調査向け）
高度機能→上級者向けあるいは上位プラン機能（高機能開発調査向け）
付帯機能→運営上で必要とする細かな便利機能（改善調査向け）

③閲覧環境（複数回答）
あなたは今現在、［○○○○］（プロダクトの名称）をどのような端末で（方法で）閲覧していますか。あてはまるものをすべてお選びください。
□ PC（デスクトップアプリ） □ PC（ウェブブラウザ） □ スマートフォン（アプリ） □ スマートフォン（ウェブブラウザ） □ タブレット（アプリ） □ タブレット（ウェブブラウザ） □ この中にあてはまるものはない

※あくまで対応している要件のみを選択肢に提示する

調査票

No.	質問項目	質問方法	対象者条件	グループ
①	加入期間	［○○○○］（プロダクトの名称）でご利用中のプランと加入期間の組合せについて、あなたの状況にあてはまるものをお選びください（単一回答）	【無料プラン】1年未満＝ON	無料会員1年未満
			【無料プラン】1年以上＝ON	無料会員1年以上
			【有料プラン】1年未満＝ON	有料会員1年未満
			【有料プラン】1年以上＝ON	有料会員1年以上
②	利用機能	［○○○○］（プロダクトの名称）では、現在どの機能を使用していますか。あてはまるものをすべてお選びください（複数回答）	基本機能＝ON	基本機能ユーザー
			高度機能＝ON	高度機能ユーザー
			付帯機能＝ON	付帯機能ユーザー
③	閲覧環境	あなたは今現在、［○○○○］（プロダクトの名称）をどのような端末で（方法で）閲覧していますか。あてはまるものをすべてお選びください（複数回答）	スマートフォン（アプリ）＝ON	ネイティブアプリユーザー
			スマートフォン（ウェブブラウザ）＝ON	スマホブラウザユーザー
			PC（ウェブブラウザ）＝ON	PCブラウザユーザー

※②利用機能・③閲覧環境は、グループ間で比較を行うというよりも、特定機能の利用者を選び出す（②利用機能）、ユーザーテストの前提環境を整える（③閲覧環境）、などの使い方が主になる

抽出条件表

ユーザープロファイルの分析

デモグラフィック属性による分類

a. 世帯構成（単一回答）
あなたの世帯構成に最も近いものをお選びください。
○ 単身世帯 ○ 夫婦のみ世帯 ○ 子と同居する2世代世帯（末子が小学生以下） ○ 子と同居する2世代世帯（末子が中学生以上） ○ 親と同居する2世代世帯 ○ その他の世帯

b. ライフステージ年齢（単一回答）
あなたの年齢にあてはまるものをお選びください。
○ 25歳未満 ○ 25歳〜34歳 ○ 35歳〜44歳 ○ 45歳〜54歳 ○ 55歳〜64歳 ○ 65歳以上

調査票

No.	質問項目	質問方法	対象者条件	グループ
①	世帯構成	あなたの世帯構成に最も近いものをお選びください（単一回答）	単身世帯＝ON	単身世帯
			夫婦のみ世帯＝ON	夫婦のみ世帯
			子と同居する2世代世帯（末子が小学生以下）＝ON　子と同居する2世代世帯（末子が中学生以上）＝ON ※上記のいずれかにあてはまる人	子と同居する世帯
			親と同居する2世代世帯＝ON　その他の世帯＝ON ※上記のいずれかにあてはまる人	その他の世帯
②	ライフステージ年齢	あなたの年齢にあてはまるものをお選びください（単一回答）	25歳未満＝ON	25歳未満
			25歳〜34歳＝ON	25歳〜34歳
			35歳〜44歳＝ON	35歳〜44歳
			45歳〜54歳＝ON	45歳〜54歳
			55歳〜64歳＝ON	55歳〜64歳
			65歳以上＝ON	65歳以上

抽出条件表

スクリーニング調査のユースケース

会員ステータスによる分類

a.有料会員ステータス （単一回答）	b.加入期間ステータス （単一回答）	c.アプリ保持ステータス （複数回答）	d.アカウント保持ステータス （複数回答）
［○○○○○］（サービスの名称）との関わりについて、あなたの状況にあてはまるものをお選びください。	［○○○○○］（サービスの名称）との関わりについて、あなたの状況にあてはまるものをお選びください。	以下の［○○○○］（ウェブサービス・アプリジャンルの名称）について、あなたが今現在、【アプリ】をダウンロード・保持しているものはありますか。 あてはまるものをすべてお選びください。	以下の［○○○○］（ウェブサービス・アプリジャンルの名称）について、あなたが今現在、【アカウント（会員ID）】を登録・保持しているものはありますか。 あてはまるものをすべてお選びください。
○ 現在有料会員である ○ 以前有料会員だったが、現在は退会している ○ 有料会員になったことはない ○ わからない	○【無料プラン】1年未満 ○【無料プラン】1年以上 ○【有料プラン】1年未満 ○【有料プラン】1年以上 ○ わからない	□ プロダクトA □ プロダクトB □ プロダクトC □ プロダクトD □ この中にあてはまるものはない	□ プロダクトA □ プロダクトB □ プロダクトC □ プロダクトD □ この中にあてはまるものはない

調査票

No.	質問項目	質問方法	対象者条件	グループ
a	有料会員 ステータス	［○○○○○］（サービスの名称）との関わりについて、あなたの状況にあてはまるものをお選びください（単一回答）	現在有料会員である＝ON	有料会員
			以前有料会員だったが、現在は退会している＝ON	以前有料だった会員
			有料会員になったことはない＝ON	無料会員
b	加入期間ステータス	［○○○○○］（サービスの名称）との関わりについて、あなたの状況にあてはまるものをお選びください（単一回答）	【無料プラン】1年未満＝ON	無料会員 1年未満
			【無料プラン】1年以上＝ON	無料会員 1年以上
			【有料プラン】1年未満＝ON	有料会員 1年未満
			【有料プラン】1年以上＝ON	有料会員 1年以上
c	アプリ保持ステータス	以下の［○○○○］（ウェブサービス・アプリジャンルの名称）について、あなたが今現在、【アプリ】をダウンロード・保持しているものはありますか。あてはまるものをすべてお選びください（複数回答）	自社プロダクト/保持している＝ON	アプリ保持者
			自社プロダクト/保持していない＝ON	非アプリ 保持者
d	アカウント保持ステータス	以下の［○○○○］（ウェブサービス・アプリジャンルの名称）について、あなたが今現在、【アカウント（会員ID）】を登録・保持しているものはありますか。あてはまるものをすべてお選びください（複数回答）	自社プロダクト/保持している＝ON	アカウント 保持者
			自社プロダクト/保持していない＝ON	非アカウント 保持者

抽出条件表

エリアによる分類

a.居住地域のブロック （単一回答）	b.展開地域の大都市圏 （単一回答）
あなたがお住まいのエリアをお選びください。 ※いずれか近い場所を一つ選んでください。	あなたが普段ご覧になっている［○○○○］（メディアの名称）の地域版の種別をお選びください。 ※複数の地域版をご覧になっている場合は、最も閲読回数が多いものをお答えください。
○ 北海道 ○ 東北 ○ 関東 ○ 甲信越・北陸 ○ 中部 ○ 近畿 ○ 中国・四国 ○ 九州・沖縄	○ 東京版 ○ 大阪版 ○ 名古屋版 ○ 札幌版 ○ 福岡版

調査票

No.	質問項目	質問方法	対象者条件	グループ
a	居住地域のブロック	あなたがお住まいのエリアをお選びください。（単一回答）	北海道	北海道
			青森・秋田・岩手・山形・福島・宮城	東北
			茨城・栃木・群馬・埼玉・千葉・東京・神奈川	関東
			山梨・長野・新潟・富山・石川・福井	甲信越・北陸
			静岡・愛知・岐阜・三重	中部
			滋賀・大阪・京都・兵庫・奈良・和歌山	近畿
			鳥取・島根・岡山・広島・山口・徳島・香川・愛媛・高知	中国・四国
			福岡・佐賀・長崎・熊本・大分・宮崎・鹿児島・沖縄	九州・沖縄
b	展開地域の大都市圏	あなたが普段ご覧になっている［○○○○］（メディアの名称）の地域版の種別をお選びください（単一回答）	東京版＝ON	東京
			大阪版＝ON	大阪
			名古屋版＝ON	名古屋
			札幌版＝ON	札幌
			福岡版＝ON	福岡

抽出条件表

Appendix B

02 ウェブ制作・アプリ開発の リサーチ

アプリストア画像

	質問	メモ
アプリを使うメリット	[○○○○] (ビジネスカテゴリー名称) のアプリは使っていますか。サイトではなくアプリを使うメリットはどのようなところにありますか。	・探索型調査の場合→カテゴリー一般のことを重点的に確認する ・検証型調査の場合→自社プロダクトのことを重点的に確認する
アプリストアでダウンロード時に確認すること	[○○○○] (ビジネスカテゴリー名称) のアプリをアプリストアでダウンロードする時、どのようなことを確認してダウンロードに至りますか。	※特に確認することなくダウンロードしている場合や、記憶があいまいな場合は、事業ドメインにこだわらず、一般的なアプリのダウンロード機会について尋ねる。
アプリストア画像の印象評価	こちらは[○○○○] (プロダクトの名称) のアプリストアページのデザイン案です。ご覧になった印象を何でも結構ですのでお聞かせください。	・アプリストア画像のサンプルスライドを提示 (プロダクトの全体像+数件の訴求要素から成るもの)

調査票 (定性調査)

---

①アプリの利用環境 (単一回答)

あなたが[○○○○] (プロダクトの名称) を利用する時の環境について、最も近いものをお選びください。

○サイトのみ
○サイトがメインで、たまにアプリを利用する
○サイトとアプリは同じくらいで利用している
○アプリがメインで、たまにサイトを利用する
○アプリのみ
- -
※利用端末を聴取する場合
○PCのみ
○PCがメインで、たまにスマートフォン/タブレットを利用する
○PCとスマートフォン/タブレットは同じくらいで利用している
○スマートフォン/タブレットがメインで、たまにPCを利用する
○スマートフォン/タブレットのみ

②アプリの利用頻度 (単一回答)

あなたは[○○○○] (プロダクトの名称) 【アプリ】をどれくらいの頻度で利用していますか。あてはまるものを一つだけお選びください。

○毎日
○2日に1回程度
○週2-3回程度
○週1回程度
○月2-3回程度
○月1回程度
○2-3ヶ月に1回程度
○半年に1回程度
○1年に1回程度
○上記以下

※アプリユーザー対象

③ダウンロードをしたきっかけ (複数回答)

あなたが[○○○○] (プロダクトの名称) 【アプリ】をダウンロードをしたきっかけ (後押しとなったもの) は何ですか。あてはまるものをすべてお選びください。

□○○のテーマに興味関心があったから
□○○というコンセプトが良かったから
□○○を習得/改善したかったから
□○○ブランドのアプリだから
□SNSで話題になっていたから
□家族・友人・知人に薦められたから
□アプリストアで特集していたから
□アプリストアのランキングで上位だったから
□アプリストアのレビューが高評価だったから
□その他[　　　　　　　]

※実際のサービスモデルに合わせて選択肢を再構成する
(リアルビジネスは実店舗接客がきっかけというケースが多い:ドラッグストア・ファミレス・アパレルなど)

調査票 (定量調査)

チュートリアル

	質問	メモ
①チュートリアルの 印象評価	［○○○○］（プロダクトの名称）の初回説明画面をご覧いただきました。この画面の情報からわかることを教えてください。 逆に、この情報からはわかりづらいことも教えてください。 ※ライトユーザー（またはノンユーザー）対象	・チュートリアル画面のまとめスライドを提示
②訴求要素ごとの 使用・閲覧状況	あらためてこの［○○○○］（プロダクトの名称）の特徴や使い方はご覧の通りです。このうち、あなたが実際に使用・閲覧したことがあるものを教えてください。 ※ライトユーザー対象（ノンユーザーを対象とする場合は利用意向などの尋ね方に変える）	・チュートリアル画面のまとめスライドを提示
③クリエイティブの 全体イメージ	初回説明画面をご覧いただいて、［○○○○］（プロダクトの名称）には、どのようなイメージを持たれましたか。 a.「○○な感じ」（○○感）という言葉で教えてください。 b.もし他のサービス（ジャンル）で例えると、どのようなものが近いでしょうか。	・チュートリアル画面のまとめスライドを提示

調査票（定性調査）

---

① チュートリアルの閲覧経験
（単一回答）

あなたは、以下に提示する［○○○○］（プロダクトの名称）の説明画面をご覧になったことはありますか。あなたの状況にあてはまるものを一つだけお選びください。

○ 見たことがあり、詳しい内容まで覚えている
○ 見たことはあるが、詳しい内容まで覚えていない
○ 見た記憶がない

※アプリ/サイトユーザー対象
※チュートリアル画面の画像を提示する（LPのURLを提示してクリックしてもらう方法もある）
※選択肢「見た記憶がない」について、アプリの場合は特に回答不整合となるが、ここでは回答者の意識を尊重する設計としている。

② 訴求要素ごとの認知・利用状況
（単一回答）

あなたは、先ほどの説明画面に出てきた［○○］（訴求要素：機能・特典など）を実際に利用してみましたか。以下の項目ごとに、それぞれあてはまるものを一つだけお選びください。

〈表頭（選択肢）〉
○ この［○○］（機能・特典）を見たことがあり、利用したこともある
○ この［○○］（機能・特典）を見たことはあるが、利用はしていない
○ この［○○］（機能・特典）を見たことはない

〈表側（質問軸）〉
・訴求要素A
・訴求要素B
・訴求要素C
・訴求要素D

※自社の事業展開に応じて選択肢項目を再構成する
（例示ではキャンペーン・販促展開と絡めている）

③ 訴求要素ごとのギャップ評価
（単一回答）

先ほどの説明画面に出てきた以下の要素について、実際の［○○］（内容・品質）に対してどの程度あてはまっていると思いますか。
あなたの印象として、それぞれあてはまるものを一つだけお選びください。

〈表頭（選択肢）〉
○ かなりあてはまっている
○ そこそこあてはまっている
○ どちらともいえない
○ あまりあてはまっていない
○ 全くあてはまっていない

〈表側（質問軸）〉
・訴求要素A
・訴求要素B
・訴求要素C
・訴求要素D

調査票（定量調査）

広告バナー

	質問	メモ
①トップページで見るもの	こちらは[○○○○]（プロダクトの名称）の[○○○]（サイト・アプリ）のトップページです。あなたがいつも[○○]（記事・商品）を探す時のルーティンを教えてください。	・見る場所、使う機能などに着目する
②広告枠の認知・印象評価	トップページ内にあるこのバナーの存在には気づいていましたか。また、これが広告だということはわかっていましたか。広告の印象についても教えてください。	・ストーレートな利用体験後を振り返る形で質問する ・印象→内容、見やすさ、自身に合っているか、など
③遷移後ページの印象評価	広告バナーをクリックすると、こちらの[○○]（記事・商品）ページに移ります。この[○○]（記事・商品）ページは直前のバナーで期待した内容と一致していますか。	・誘導前と誘導後の情報・イメージのギャップを知る

調査票（定性調査）

① 現行デザインの興味喚起度：絶対評価（単一回答）	② 改修デザインの興味喚起度：絶対評価（単一回答）	③ 現行・改修デザインの興味喚起度：相対評価（単一回答）
こちらは[○○○○]（メディア・EC）のサイト・アプリの[○○]（記事・商品）ページにある、広告イメージ【P案】です。 この情報を見て、あなたはどの程度この[○○]（商品・サービス・特集）に興味を持ちましたか。あてはまるものを一つだけお選びください。	前問に引き続きお伺いします。 こちらは[○○○○]（メディア・EC）のサイト・アプリの[○○]（記事・商品）ページにある、広告イメージ【Q案】です。 この情報を見て、あなたはどの程度この[○○]（商品・サービス・特集）に興味を持ちましたか。あてはまるものを一つだけお選びください。	前問までにご覧いただいた【P案】と【Q案】を比較して、あなたはどちらの広告により興味を持ちましたか。あてはまるものを一つだけお選びください。
○とても興味が湧いた ○そこそこ興味が湧いた ○どちらともいえない ○あまり興味が湧かない ○全く興味が湧かない	○とても興味が湧いた ○そこそこ興味が湧いた ○どちらともいえない ○あまり興味が湧かない ○全く興味が湧かない	○P案 ○Q案

※P案とQ案はデザインの意匠または訴求する販促内容に差がある設定

調査票（定量調査）

プッシュ通知

	質問	メモ
①プッシュ通知を許可しているサービス・ジャンル	利用しているアプリサービスの中で、アプリからの通知（プッシュ通知）を許可しているものはありますか。もしあれば、サービス名やジャンル名を教えてください。	・直接的に自社の改善や競合の理解を目的としている場合→サービス名を重点的に確認する ・広くターゲット理解を目的としている場合→ジャンル名を重点的に確認する
②プッシュ通知からアプリを起動した体験	プッシュ通知をきっかけにして実際にアプリを起動したことはありますか。もしあれば、その時の通知内容やアプリ内で取った行動について教えてください。	※回答ハードルが高いのでヘビーなアプリユーザー向け
③プッシュ通知サンプルの印象評価	こちらは[○○○○]（プロダクトの名称）から発信するプッシュ通知のデザイン案です。2つの案を比較して、どちらが好きか教えてください。	・プッシュ通知のサンプルスライドを提示（いくつかの代表的な連絡パターンから成るもの）

調査票（定性調査）

①アプリ版を使う理由 （複数回答）	②プッシュ通知の閲覧頻度 （単一回答）	③見たいと思う通知内容 （複数回答）
あなたが［○○○○］（プロダクトの名称）の利用においてアプリ版を使うのはどのような理由からですか。 あてはまるものをいくつでもお選びください。	あなたは［○○○○］（プロダクトの名称）アプリから届く通知（プッシュ通知）を、どれくらい見ていますか。 あてはまるものを一つだけお選びください。 ※直近半年間くらいの状況をめどにお答えください。	あなたは［○○○○］（プロダクトの名称）アプリから届く通知（プッシュ通知）について、どのような内容であれば見たいと思いますか。 あてはまるものをいくつでもお選びください。
□ 画面が見やすいから □ 決済手続きが簡単だから □ 通信料を抑えたいから □ アプリの機能を使いたいから □ アプリの通知を見たいから □ クーポンが欲しかったから □ その他［　　　　　　　］	○ よく見る ○ たまに見る ○ あまり見ない ○ ほどんと見ない ○ 通知を許可していない／通知のことはわからない	□ 新着商品の情報 □ 人気商品の情報 □ クーポンの情報 □ キャンペーン・セールの開催情報 □ 運営からのお知らせ（機能追加など） □ この中にあてはまるものはない

※アプリユーザー対象
※サイト・アプリの両方に対応しているプロダクトであることが質問の前提
※実際のサービスモデルに合わせて選択肢を再構成する

※ECの例（メディアの場合は商品を記事などに置き換える）

調査票（定量調査）

検索

	質問	メモ
①商品情報の認知経路	あなたは［○○○○］（事業ドメインの名称）の（商品）情報をどのようにして集めていますか。 また、実際の購入場所を探す時の方法も教えてください。	・プロダクトありきではなく外部探索状況を確認する
②商品検索時のクエリ	あなたは［○○○○］（プロダクトの名称）で［○○］（品目の名称）を購入するために商品を探しているとします。 トップページの検索窓を使って商品を探してみてください。	・スタート：トップページの検索窓→ゴール：検索結果画面 ・サイト内検索時のクエリ、及び、チューニングの出来を確認する
③使用している機能・参照している情報	あなたは［○○○○］（プロダクトの名称）で［○○］（品目の名称）を購入するために商品を探しているとします。 希望に合致するものが見つかるまで商品を探してみてください。	・スタート：トップページ→ゴール：商品詳細画面 ・画面の動きやスクロール操作を確認する

調査票（定性調査）

①検索機能のCEP（自由回答）	②商品探索方法（複数回答）	③検索充足点（複数回答）
あなたがネットショッピングサイト・アプリで［○○○○］（カテゴリーの名称）の商品を購入した時のことについてお伺いします。 サイトやアプリで目当ての商品を探したり比べたりする時に、どのような機能や表示があると選びやすいと感じますか。 検索の機能や表示が役に立った時の状況を具体的な商品の名称を交えてお書きください。	あなたがネットショッピングサイト・アプリで商品を購入する際、目当ての商品ページにたどり着くために、どのような手段を取っていますか（商品にたどり着く直前の行動は何ですか）あてはまるものをいくつでもお選びください。	あなたが利用したことがある以下の［○○○○］（事業ドメインの名称）のサイト・アプリで、【商品を検索したり比較したりするための機能や情報】が充実していると感じる点はありますか。 それぞれあてはまるものをいくつでもお選びください。
［　　　　　　　　　　　］	□ カテゴリー検索 □ ランキング検索 □ キーワード検索 □ 絞り込み機能 □ 並び替え機能 □ 類似商品の比較表 □ 関連商品の提案（他の人が買ったものなど） □ お気に入り（商品） □ お気に入り（お店） □ 購入履歴 □ その他［　　　　　　］	〈表頭（選択肢）〉 □ 検索中に入力語句を補ってくれる □ 検索結果で想像通りの商品が出てくる □ 検索結果で豊富な商品が表示される □ 検索結果の並びが妥当な順番で表示される □ 検索結果で商品同士の情報を比較しやすい □ 検索結果で関心分野の関連商品が見つかる □ 検索するための機能が多様である □ その他［　　　　　　］ □ 特にない 〈表側（質問軸）〉 ・プロダクトA ・プロダクトB ・プロダクトC ・プロダクトD

※各カテゴリー購入者対象
※ECの例（メディアの場合は質問趣旨を記事の検索に置き換える）

※すべての検索手段（探索方法）を提示すると質問趣旨に対して選択肢数が多すぎるため、見本くらいの数にまとめる。

※各プロダクトユーザー対象

調査票（定量調査）

シェアボタン

	質問	メモ
①シェアをする時に使うSNSメディア	あなたは［○○○○］（メディア・EC）サイト・アプリの［○○］（記事・商品）情報をSNSで人にシェアする時、どのメディア・方法を使用していますか。 ※SNSシェア経験者対象	・使用するSNSメディアとその方法を知る（アンケートの選択肢で組合せを参照）
②SNSでシェアをした時のエピソード	あなたが［○○○○］（メディア・EC）サイト・アプリの［○○］（記事・商品）情報をSNSで人にシェアした時のことで、最も印象的に残っているエピソードを教えてください。 ※シェアボタン使用経験者対象	・使用したサイト・アプリ名、SNSメディア名、シェアした内容、相手の反応など
③SNSでシェアされた時のエピソード	［○○○○］（メディア・EC）サイト・アプリの［○○］（記事・商品）情報を、SNSで家族・友人・知人からシェアされた時のことで、最も印象的に残っているエピソードを教えてください。 ※SNSで情報のシェアを受けた人対象	・使用したサイト・アプリ名、SNSメディア名、シェアされた内容、自身の感想など

調査票（定性調査）

① シェアボタンの認知率・使用率 （単一回答）	②シェアボタンの重視点（複数回答）	③シェア経験があるカテゴリー（複数回答）
あなたは［○○○○］（プロダクトの名称）の［○○］（記事・商品）ページの中に、（SNSを通じて情報を）「シェアする」ボタンがあるのを見たことはありますか。また、実際に使用したことはありますか。 あなたの状況にあてはまるものを一つだけお選びください。	［○○○○］（事業ドメインの名称）のサイト・アプリで（SNSを通じて情報を）「シェアする」ボタンを使用する時、あなたはどのようなことを重視していますか。 あてはまるものをいくつでもお選びください。	あなたがこれまでに［○○○○］（事業ドメインの名称）のサイト・アプリで（SNSを通じて情報を）「シェアする」ボタンを使用したことがあるのは、どのカテゴリーの［○○］（記事・商品）についてですか。 あてはまるものをすべてお選びください。
○ ボタンがあることを知っており、実際に使用したことがある ○ ボタンがあることは知っているが、実際に使用したことはない ○ ボタンがあることを知らなかった	□ 簡単な操作でシェアができること □ よく使うSNSを使ってシェアができること □ 事前の申込・登録が不要であること □ 紹介した相手が購入したらポイントをもらえること □ 紹介でポイントをもらえたことがすぐにわかること □ キャンペーン等でもらえるポイント数が上がること □ シェアをしたくなる商品がたくさんあること □ その他［　　　　　　　　　］	□ 服・靴 □ バッグ・財布・腕時計・ファッション小物 □ ビューティ・コスメ □ グルメ・食品 □ スイーツ・お菓子 □ 水・ソフトドリンク・お茶 □ ビール・ワイン・お酒 □ キッチン・食器・調理器具 □ 日用品・文房具・手芸用品 □ 医薬品・ヘルスケア・介護用品 □ 家電 □ インテリア・寝具 □ 本・音楽ソフト・映像ソフト・ゲーム類 □ ペット・ペットグッズ □ スポーツ・アウトドア □ その他［　　　　　　　　　］

※自社の事業展開に応じて選択肢項目を再構成する（例示ではキャンペーン・販促展開と絡めている）

※ECサイト・アプリの選択肢例

調査票（定量調査）

Appendix B

03　マーケティング施策のリサーチ

キャンペーン

定期型（実態把握）

①閲覧頻度（単一回答）
[○○○○○]（プロダクトの名称）をどれくらいの頻度で閲覧していますか。あてはまるものを一つだけお選びください。
○毎日 ○2日に1回程度 ○週2-3回程度 ○週1回程度 ○月2-3回程度 ○月1回程度 ○2-3ヶ月に1回程度 ○半年に1回程度 ○1年に1回程度 ○上記以下

②閲覧時間（単一回答）
[○○○○]（プロダクトの名称）をご利用いただく時、[○○]（任意の場所・階層）のページに訪れてから[○○]（任意の行動・目的）を完了するまで、1回あたりどれくらいの時間をかけていますか。下記の中から最も近いと思うものをお選びください。
○1分以内 ○5分以内 ○10分以内 ○15分以内 ○30分以内 ○1時間未満 ○1時間以上 ○わからない/覚えていない

※実際のサービスモデルに合わせて選択肢を再構成する
※ユーザーのジョブ/タスクが単一の目的に集約されるサービスモデルの場合（行動範囲が自明である時）は、シンプルに閲覧時間を尋ねる質問文にする。

③アクセス/ログインの動機（複数回答）
[○○○○]（プロダクトの名称）に[○○○○]（アクセス・ログイン）するのはどのような動機からですか。あてはまるものをいくつでもお選びください。
□ログインポイント・ログインボーナスが欲しいから □ポイントミッションを達成したいから □イベント・キャンペーン等の情報を確認したいから □新しい商品の情報収集をしたいから □新しい記事をいち早く読みたいから □他のユーザーとのコミュニケーションが楽しいから □[○○○○]（プロダクトの名称）が好きだから □[○○○○]（プロダクトの名称）が日課だから □暇つぶし・何となく □その他[　　　　　]

※実際のサービスモデルに合わせて選択肢を再構成する
　（現在の選択肢は汎用的な項目名称にしている）
※質問文で尋ねるユーザーのアクションは、オープンサービス→アクセス、会員登録サービス→ログインとする。

検証型 （効果測定）

①キャンペーン参加状況（複数回答）

［○○○○］（キャンペーンの名称）の中で、あなたはどの企画に参加（視聴・利用）しましたか。
あてはまるものすべてお選びください。

□ギフト券プレゼント
□周年記念グッズプレゼント
□初回利用クーポン
□周年記念ムービー
□YouTube特番
□ポップアップストア
□リアルイベント
□お祝いイラスト公開
□リニューアル機能(AI)
□この中にあてはまるものはない

※実際に展開している企画名称で選択肢を構成する
　（現在の選択肢は汎用的な項目名称にしている）

②キャンペーンの満足度（単一回答）

［○○○○］（キャンペーンの名称）の中であなたが参加（視聴・利用）した企画について、どの程度満足していますか。
それぞれあなたの評価にあてはまるものを一つだけお選びください。

〈表頭（選択肢）〉
○大変満足
○満足
○どちらともいえない
○不満
○大変不満
〈表側（質問軸）〉
・ギフト券プレゼント
・周年記念グッズプレゼント
・初回利用クーポン
・周年記念ムービー
・YouTube特番
・ポップアップストア
・リアルイベント
・お祝いイラスト公開
・リニューアル機能（AI）

※各企画の参加者対象

③運営に対する要望意見（自由回答）

［○○○○］（プロダクトの名称）全般についてのご意見・ご要望はありますか。
もしあれば、自由にお書きください。

[　　　　　　　　　　　　　]

探索型 （休眠分析）

①休眠経験（単一回答）

［○○○○］（プロダクトの名称）の利用をこれまでに［○○］（中止・中断・一定期間の非ログイン）されたことはありますか。
あなたの状況にあてはまるものを一つだけお選びください。

○ある
○ない

※自社で休眠またはその前兆と定義している期間（例：2週間、1ヶ月など）を質問文中に目安として提示する設計もよい。

②休眠理由（複数回答）

［○○○○］（プロダクトの名称）の利用を見合わせることにした理由は何ですか。
あてはまるものをすべてお選びください。

□情報や機能の更新が少ない
□期待していた内容と違った
□当初の利用目的が無くなった（ひと通りの目的を果たした）
□料金が高い
□操作性が良くない（説明がわかりづらい・利用方法が複雑）
□不具合があった（表示のバグや通信速度が重いなど）
□トラブルがあった（サポート体制が良くない）
□他のサイトを利用する（他のサイトで十分）
□時間が無い/生活が忙しい
□友人・家族など周囲で利用している人が減った
□その他[　　　　　　　]

※休眠ユーザー対象
※ビジネスモデルに応じて選択肢を再構成する

③再開理由（複数回答）

［○○○○］（プロダクトの名称）の利用を再び始めることにした理由は何ですか。
あてはまるものをすべてお選びください。

□アップデートのリリース内容に興味を持った
□欲しい商品があった
□見たい情報があった
□SNS・広告などを見て久しぶりに利用したくなった
□システムが改善された
□他のサービスの利用に飽きた
□時間を取れるようになった
□友人・家族など周囲の人に薦められた
□その他 [　　　　　　　]

※再開ユーザー対象
※ビジネスモデルに応じて選択肢を再構成する

マーケティング施策のリサーチ

セール

定期型（実態把握）

①セールで購入する商品：大カテゴリー（複数回答・単一回答）	②セールで購入する商品：小カテゴリー（複数回答）	③セールでの平均購入金額（単一回答）
[○○○○]（プロダクトの名称）の[○○○○]（セールの名称）では、どのようなカテゴリーの商品を購入したことがありますか。また、そのうち最もよく購入する商品のカテゴリーはどれですか。 それぞれあてはまるものをお選びください。 ※直近1年以内の状況を目安としてお答えください。	[○○○○]（プロダクトの名称）の[○○○○]（セールの名称）で直近1年以内に購入された【飲料】についてお伺いします。具体的にはどのような商品ですか。 あてはまるものをいくつでもお選びください。	あなたが普段、[○○○○]（プロダクトの名称）の[○○○○]（セールの名称）を利用する時、1回あたりどのくらい合計金額（税込）になりますか。 最も近いものをお選びください。
〈表頭（選択肢）〉 □食品（飲料以外） □飲料 □日用品 □化粧品 □家電 □ファッション・小物類 □その他[　　　　　] 〈表側（質問軸）〉 ・購入したことがあるもの（いくつでも） ・最もよく購入するもの（1つだけ）	□水 □炭酸飲料 □乳飲料・乳酸菌飲料 □野菜飲料・果汁飲料 □コーヒー・コーヒー飲料 □茶系飲料（紅茶・緑茶・烏龍茶等） □スポーツ飲料 □パウチ入りのゼリー飲料 □エナジードリンク □栄養ドリンク □チューハイ・カクテル □ビール（発泡酒・新ジャンル含む） □ノンアルコールビール □日本酒・ワイン □ハイボール □焼酎 □日本酒 □その他[　　　　　　]	○1,000円未満 ○1,000円以上～3,000円未満 ○3,000円以上～5,000円未満 ○5,000円以上～1万円未満 ○1万円以上～2万円未満 ○2万円以上～3万円未満 ○3万円以上～4万円未満 ○4万円以上～5万円未満 ○5万円以上～6万円未満 ○6万円以上～7万円未満 ○7万円以上～8万円未満 ○8万円以上～9万円未満 ○9万円以上～10万円未満 ○10万円以上

※セール購入経験者対象

検証型（情報受容）

①セールを知るきっかけの情報源（複数回答）	②事前のエントリー習慣（単一回答）	③購入商品数の事前の決定有無と最終変動（単一回答）
あなたが[○○○○]（プロダクトの名称）の[○○○○]（セールの名称）の開催を知るきっかけとなる情報源は何ですか。 あてはまるものをすべてお選びください。	あなたは普段、[○○○○]（プロダクトの名称）の[○○○○]（セールの名称）の利用にあたり、事前にキャンペーンにエントリーをしていますか。 あてはまるものを一つだけお選びください。	あなたは普段、[○○○○]（プロダクトの名称）の[○○○○]（セールの名称）で商品を買う時、事前に購入する商品数を決めていますか。またその場合、実際に購入する商品数と比べて違いはありますか。 あてはまるものを一つだけお選びください。
□Google・Yahoo!などの検索結果 □インターネット広告・バナー □テレビCM/ウェブCM（公式） □テレビCM/ウェブCM（公式以外） □メールマガジン（公式） □メールマガジン（公式以外） □SNS（X）（公式） □SNS（Instagram）（公式） □SNS（Facebook）（公式） □SNS（LINE）（公式） □SNS（公式以外） □YouTube（公式） □公式サイト（サービスサイト・ホームページ） □アプリ（アプリ内バナー・プッシュ通知） □ニュース記事・イベント情報 □家族・友人・知人からの紹介 □その他[　　　　　　] □覚えていない	○エントリーすることが多い ○エントリーはしないことが多い ○エントリーはしたことがない	○事前に購入する商品数を決めているが、実際にはそれより多くなる ○事前に購入する商品数を決めており、実際に同程度である ○事前に購入する商品数を決めているが、実際にはそれより少なくなる ○事前に購入する商品数を決めていない

※セール利用ユーザー対象

※キャンペーンへのエントリーを設けていない場合も、セールの情報登録・開催期間前のセールハッシュタグ投稿経験などを尋ねるとよい。

探索型（印象分析）

①料金・価格のイメージ評価（単一回答）

[○○○○]（プロダクトの名称）での買い物をする時、その費用にはどのような印象をお持ちですか。
あなたの印象に近いものを一つだけお選びください。

○高い
○やや高い
○ちょうどよい
○やや安い
○安い

※セールのユーザー調査として実施する場合、この質問は序盤に提示しないと結果にバイアスがかかってしまうため、質問の順序や組合せ方には注意する。

②安いイメージの寄与因子（複数回答・単一回答）

[○○○○]（プロダクトの名称）での買い物を「安い」と思うのは、どのような要素からそのように感じますか。
以下の項目の中から、あてはまるものをすべてお選びください。
また、その中でも安いと思う一番の要素を一つだけお選びください。

〈表頭（選択肢）〉
□セール
□ポイント還元
□クレジットカードとの連携
□クーポン
□商品単価
□まとめ売り
□送料
□広告
□[○○○○]（プロダクトの名称）自体のイメージ
□その他[　　　　　　]

〈表側（質問軸）〉
・[○○○○]（プロダクトの名称）を安いと思う要素（いくつでも）
・[○○○○]（プロダクトの名称）を安いと思う1番の要素（1つだけ）

※安いと思っているユーザー対象

③競合他社セールとの使い分け方（自由回答）

直近1年以内に、[○○○○]（プロダクトの名称）の[○○○○]（セールの名称）及びその他のサイト・アプリでも商品を購入したことがあるとお答えの方にお伺いします。
[○○○○]（プロダクトの名称）の[○○○○]（セールの名称）とその他のサイト・アプリのセールはどのように使い分けていますか。
購入する商品のカテゴリー、具体的な商品名、その価格帯、セール実施時期などの観点からお書きください。

○○○○（A社のセールの名称）
[　　　　　　　　　　　　　　]
○○○○（B社のセールの名称）
[　　　　　　　　　　　　　　]
○○○○（C社のセールの名称）
[　　　　　　　　　　　　　　]
○○○○（D社のセールの名称）
[　　　　　　　　　　　　　　]

※各サイトのセール購入者対象
※選択肢には自社プロダクトを入れて構成する

ポイント

定期型（実態把握）

①ポイントサービスの主利用ブランド （複数回答・単一回答）	②ポイントを使うチャネル （複数回答）	③ポイントを使って買う商品 （複数回答）
あなたはポイントサービスを利用していますか。 以下の選択肢の中から直近3ヵ月以内に利用したことがあるサービスをすべてお選びください。 また、その中からメインで利用している（最も利用回数が多い）サービスを一つだけお選びください。 ※ここで言う「利用」とは、ポイントを貯めている、もしくは支払いに使っていることを指します。 ※プライベートでの経験についてお答えください。	貯まった[○○○○]（ポイントサービスの名称）はどのような場所で使用していますか。 あてはまるものをすべてお選びください。	[○○○○]（プロダクトの名称）での買い物において、[○○○○]（ポイントサービスの名称）を使って買ったことがある商品のジャンルはどれですか。あてはまるものをすべてお選びください。
〈表頭（選択肢）〉 □／○ d ポイント □／○ Ponta ポイント □／○ ソフトバンクポイント □／○ PayPay ポイント □／○ LINE ポイント □／○ 楽天ポイント □／○ V ポイント □／○ nanaco ポイント □／○ WAON ポイント □／○ Amazon ポイント □／○ リクルートポイント □／○ JRE POINT などの交通系ポイント □／○ JAL・ANA などの航空系マイレージ □／○ その他 [　　　　　　　] □ 直近3ヵ月以内にこのポイントサービスを利用していない 〈表側（質問軸）〉 ・利用しているもの（すべて） ・メインで利用しているもの	□ [○○○○]（コンビニの名称） □ [○○○○]（スーパーの名称） □ [○○○○]（飲食店の名称） □ [○○○○]（EC サイトの名称） □ [○○○○]（ウェブメディアの名称） □ [○○○○]（サブスクサービスの名称） □ [○○○○]（生活支援サービスの名称） □ [○○○○]（金融・保険機関の名称） □ その他 [　　　　　　]	□ 服・靴 □ バッグ・財布・腕時計・ファッション小物 □ ビューティ・コスメ □ グルメ・食品 □ スイーツ・お菓子 □ 水・ソフトドリンク・お茶 □ ビール・ワイン・お酒 □ キッチン・食器・調理器具 □ 日用品・文房具・手芸用品 □ 医薬品・ヘルスケア・介護用品 □ 家電 □ インテリア・寝具 □ 本・音楽ソフト・映像ソフト・ゲーム類 □ ペット・ペットグッズ □ スポーツ・アウトドア □ その他 [　　　　　　] □ 覚えていない
※ポイントサービスは統廃合が起こりやすい業態なので、選択肢のブランド名称が最新の状態に保たれているかを毎回確認すること。	※実際に使用可能な場所（アライアンス／提携グループ）に合わせて選択肢を再構成する。 ※自社グループのみで流通しているポイントサービスの場合、使用方法を選択肢項目とする。	※物販ではなくサービス業態の場合はサービスメニューの選択肢を揃える。

検証型（効果測定）

①ポイントプログラム・ポイントミッション：利用経験（単一回答）	②ポイントプログラム・ポイントミッション：態度変容／利用意向（単一回答）	③ポイントプログラム・ポイントミッション：障害要因（複数回答）
［○○○○］（プロダクトの名称）では、［○○○○］（ログイン・情報登録・投稿活動・動画視聴など）によってポイントが貯まりやすくなる［○○○○］（ポイントプログラム・ポイントミッション）を運営しています。あなたはこのポイントサービスのことを知っていましたか。また、これまでに利用したことはありますか。あてはまるものを一つだけお選びください。	前問に引き続きお伺いします。このポイントサービスによって、［○○○○］（プロダクトの名称）の利用頻度に影響はありましたか。あてはまるものを一つだけお選びください。 ※［○○○○］（プロダクトの名称）の利用経験が無い方は、今後の利用への影響を想像でお答えください。	［○○○○］（ポイントプログラム・ポイントミッション）を利用していて、「ここを改善してはどうか」と思った経験は何かありますか。あてはまるものをすべてお選びください。
○利用したことがあり、［○○○○］（ポイントプログラム・ポイントミッション）を機に商品・サービスを購入・利用したことがある ○利用したことがあるが、［○○○○］（ポイントプログラム・ポイントミッション）を機に商品・サービスを購入・利用したことはない ○サービスを知っていたが、利用したことはない ○サービスを知らなかった	○かなり増えた（かなり増えると思う） ○少し増えた（少し増えると思う） ○あまり変わらない（あまり変わらないと思う）	□ポイントの付与数・還元率が物足りない □ポイントの種類がわかりづらい □ポイントの獲得手続きがわかりづらい □ポイントの付与ルールがわかりづらい □自分がポイントキャンペーンの対象者かどうかわかりづらい □ポイントキャンペーンがいつ行われているのかわかりづらい・見逃してしまった □その他 ［　　　　　　　］ □特にない
※ポイントユーザー対象 ※実際のポイント利用促進サービス・機能に合わせて質問文・選択肢の表記をアレンジする（例示では網羅的・汎用的な表記にしている） ※ポイントプログラム・ポイントミッションとも実施していない場合、発行するポイント種別の有効性を尋ねる質問にアレンジすることもできる（ボーナスポイント・期間限定ポイント・店舗限定ポイントなど）		※ポイント利用促進サービス・機能認知者対象 ※VOCのペインマスタ（ポイント起因）を参考に選択肢を再構成する。

探索型（価値探索）

①ポイントを使うタイミング：選択回答（単一回答）	②ポイントを使うタイミング：自由回答（自由回答）	③ポイントに対する価値観・志向性（複数回答）
あなたは［○○○○］（ポイントサービスの名称）を支払いや商品・サービスの交換に利用したことはありますか。もしあれば、「1回あたりの［○○○○］（ポイントサービスの名称）の消費ポイント数（平均）」はどれくらいですか。あてはまるものを一つだけお選びください。	［○○○○］（ポイントサービスの名称）の支払いや商品・サービスの交換について、あなたが1回あたり【消費ポイント数（前問回答参照）】を使う「タイミング」と「考え方」に何かマイルールはありますか。それぞれご自由にお書きください。	ポイントサービスについてあなたはどのような考え方や気持ちを持っていますか。あてはまるものをいくつでもお選びください。
○1〜500ポイント ○501〜1,000ポイント ○1,001〜3,000ポイント ○3,001〜5,000ポイント ○5,001〜10,000ポイント ○10,001〜30,000ポイント ○30,001〜50,000ポイント ○50,001ポイント以上 ○支払いや商品・サービスの交換に利用したことがない	ポイントを使う主なタイミング（例）○ポイント貯まった時、○円の支払いの時など ［　　　　　　　　　　　］ 使うポイント数の考え方（例）まとめて使う、こまめに使う、○％分を使うなど ［　　　　　　　　　　　］	□ポイントが貯まるのでクレジットカードを利用している □ポイントが貯まりやすいお店で意識的に買い物をしている □ポイント還元率を最重視している □ポイントが貯まることに喜びを感じる □ポイントは意識していないが、気づくとポイントが貯まっている □貯まったポイントの使い道を考えるのが好き □ポイントを活用して支払いができると得した気分になる □お金は使いたくないので、使えるポイントは何でも利用したい □ポイントのことを人に勧めたことがある □この中にあてはまるものはない
※ポイントユーザー対象	※ポイントを支払い・交換に利用したことがあるユーザー対象	

有料プラン

定期型（実態把握）

①契約理由・継続理由（複数回答）	②併用件数（単一回答）	③月間予算（単一回答）
[○○○○]（有料プランの名称）を契約するきっかけとなった特典・機能は何ですか。また同様に、継続にあたり重視している特典・機能は何ですか。それぞれあてはまるものをいくつでもお選びください。	あなたは[○○○○]（事業ドメインの名称）の有料・無料[○○○○]（サービス・アプリ・SaaS・サブスク）をいくつ利用していますか。 無料で利用しているものと有料で利用しているものに分けて、それぞれあてはまるものを一つだけお選びください。 ※直近半年以内の状況を目安にお答えください。 ※当社のサービスを含めた数をお答えください。	あなたが有料で利用している[○○○○]（事業ドメインの名称）の[○○○○]（サービス・アプリ・SaaS・サブスク）を合計すると、1ヵ月あたりいくらくらいの金額になりますか。 月の予算として最も近いものをお選びください。 ※対象サービスが年間契約の場合には、月ごとの金額に割った費用をもとにお答えください。
〈表頭（選択肢）〉 □ 会員限定情報（先行情報・限定商品） □ 会員先行予約（優先予約・優先受付・独占利用） □ 会員限定割引（優待割引・クーポン付与・還元率アップ・ボーナスポイント付与） □ 会員限定記事（特別記事・会報誌・データ） □ 会員限定機能（カスタマイズ表示・保存件数拡張） □ 会員限定グッズ（会員証・ノベルティ・カレンダー） □ 会員限定イベント（優先招待・独占企画・特別セミナー・個別相談会） □ その他[　　　　　　] 〈表側（質問軸）〉 ・契約するきっかけとなったもの ・継続にあたり重視しているもの	〈表頭（選択肢）〉 ○ 1件 ○ 2件 ○ 3件 ○ 4件 ○ 5件以上 ○ 覚えていない 〈表側（質問軸）〉 ・無料で利用しているもの ・有料で利用しているもの	○ 500円未満 ○ 500円以上-1,000円未満 ○ 1,000円以上-1,500円未満 ○ 1,500円以上-2,000円未満 ○ 2,000円以上-2,500円未満 ○ 2,500円以上-3,000円未満 ○ 3,000円以上-5,000円未満 ○ 5,000円以上 ○ わからない/覚えていない
※実装されている特典名称・機能名称を詳細に記載して選択肢を再構成する（例示の選択肢は項目イメージがわかりやすいようにあえて代表的な特典・機能をかっこ書きで記載している）	※具体的なブランド名を提示して集計により回答個数を求める質問法もある。	※業態で相場となっている料金設定のボリュームゾーンに合わせて選択肢を再構成する。

検証型（解約分析）

①解約理由（複数回答）	②適正価格：尺度評価（単一回答）	③適正価格：適正金額（単一回答）
[○○○○]（有料プランの名称）を解約する（解約した）のはどのような理由からですか。 あてはまるものをすべてお選びください。	[○○○○]（有料プランの名称）の[○○○○]（月会費・年会費）にはどのような印象をお持ちですか。 あてはまるものを一つだけお選びください。	[○○○○]（有料プランの名称）の[○○○○]（月会費・年会費）としてあなたが妥当だと思える金額はいくらくらいですか。 あなたの考えに最も近いものをお選びください。
□情報や機能の更新が少ない □期待していた内容と違った □当初の利用目的が無くなった（ひと通りの目的を果たした） □キャンペーン期間が終了した □料金が高い □操作性が良くない（説明がわかりづらい・利用方法が複雑） □不具合があった（表示のバグや通信速度が重いなど） □トラブルがあった（サポート体制が良くない） □無料プランを利用する（無料プランで十分） □他のサイトを利用する（他のサイトで十分） □その他[　　　　　　]	○高い ○やや高い ○ちょうどよい ○やや安い ○安い	○1,000円よりも下 ○1,000円程度 ○2,000円程度 ○3,000円程度 ○4,000円程度 ○5,000円程度 ○5,000円よりも上

※事業ドメインに応じて選択肢を再構成する（解約時点でこの質問をユーザーに提示する場合はMECEに構成するよりも項目が絞り込めている方が良い）

※金額の選択肢について、事業者観点では詳細な金額帯で提示した方が分析には有用だが、ここでは解約の場面設定に照らしてユーザーが選びやすい表記にしている。

探索型（価値探索）

①特典・機能のニーズ（複数回答）	②利用意向：尺度回答（単一回答）	③利用意向：自由回答（自由回答）
もし[○○○○]（プロダクトの名称）に有料でお楽しみいただけるプランがあった場合、どのような特典・機能があると魅力を感じますか。 あてはまるものをいくつでもお選びください。	前問でお選びになった特典を含む有料プランが、もし「月額○○円程度」だったとしたら、あなたは利用したいと思いますか。 あなたのお気持ちに近いものを一つだけお選びください。	前問でお尋ねした有料プランについて、前問のように（利用したい～利用する気はない）と回答された理由を詳しくお聞かせください。
□会員限定情報が届く（先行情報・限定商品） □会員先行予約ができる（優先予約・優先受付・独占利用） □会員限定割引を受けられる（優待割引・クーポン付与・還元率アップ・ボーナスポイント付与） □会員限定記事が読める（特別記事・会報誌・データ） □会員限定機能が使える（カスタマイズ表示・保存件数拡張） □会員限定グッズがもらえる（会員証・ノベルティ・カレンダー） □会員限定イベントに参加できる（優先招待・独占企画・特別セミナー・個別相談会） □その他[　　　　　　] □特にない	○ぜひ利用したい ○利用を検討してみたい ○どちらともいえない ○あまり利用する気はない ○全く利用する気はない	[　　　　　　　　　　]

※計画している特典名称・機能名称を詳細に記載して選択肢を再構成する（例示の選択肢は項目イメージがわかりやすいようにあえて代表的な特典・機能をかっこ書きで記載している）

メルマガ

定期型（実態把握）

①メルマガ一般の閲読習慣 （単一回答）	②種別の閲読頻度 （単一回答）	③種別の参照状況 （単一回答）
あなたは［○○○○］（業態の名称）の［○○○○］（運営元・店舗・媒体・企業）から届くメールマガジンをどの程度見る習慣がありますか。 あてはまるものを一つだけお選びください。 ○ほぼ毎回見ている ○内容によって見ている ○見ていない／登録しない	［○○○○］（プロダクトの名称）から配信している以下のメールマガジンを、あなたはどの程度見る習慣がありますか。 それぞれあてはまるものを一つだけお選びください。 〈表頭（選択肢）〉 ○いつも見ている ○ときどき見ている ○あまり見ていない ○全く見ていない／このメルマガのことは知らない 〈表側（質問軸）〉 ・新着メルマガ ・特集メルマガ ・クーポンメルマガ ・おすすめメルマガ	［○○○○］（プロダクトの名称）から配信している以下のメールマガジンを、［○○］（購入・利用・閲覧）にあたり、あなたはどの程度参考にしていますか。 それぞれあてはまるものを一つだけお選びください。 〈表頭（選択肢）〉 ○とても参考にしている ○少し参考にしている ○あまり参考にならない ○参考にならない／よくわからない 〈表側（質問軸）〉 ・新着メルマガ ・特集メルマガ ・クーポンメルマガ ・おすすめメルマガ
※質問文の入れ方は、例えば、「オンラインゲームの運営元から届く〜」のようになる。	※配信方法や会員管理の仕様に応じて提示選択肢が不整合にならないように注意する。	※各メルマガ閲読者対象

検証型（効果測定）

①プロダクトの情報源（複数回答）	②希望情報（複数回答）	③態度変容（複数回答）
あなたが［○○○○］（プロダクトの名称）の情報を見るきっかけとなるものはどれですか。 あてはまるものをいくつでもお選びください。 □ Google・Yahoo! などの検索結果 □インターネット広告・バナー □テレビCM/ウェブCM（公式） □テレビCM/ウェブCM（公式以外） □メールマガジン（公式） □メールマガジン（公式以外） □ SNS（X）（公式） □ SNS（Instagram）（公式） □ SNS（Facebook）（公式） □ SNS（LINE）（公式） □ SNS（公式以外） □ YouTube（公式） □公式サイト（サービスサイト・ホームページ） □アプリ（アプリ内バナー・プッシュ通知） □ニュース記事・イベント情報 □家族・友人・知人からの紹介 □その他［　　　　　　　］ □覚えていない	［○○○○］（プロダクトの名称）から配信するメルマガの内容は、どのようなものだと嬉しいですか。あてはまるものをいくつでもお選びください。 □商品の新入荷情報 □商品の発売日情報 □キャンペーン情報 □イベント開催情報 □割引クーポン情報 □テーマ特集型情報 □公式動画更新情報 □その他［　　　　　　　］	［○○○○］（プロダクトの名称）から配信するメルマガを見た後、行動面での変化は何かありましたか。 あてはまるものをいくつでもお選びください。 □［○○○○］（商品・プロダクト）について検索した □［○○○○］（商品・プロダクト）を購入・利用した □キャンペーンに応募した □イベントに申込した □公式SNSを見た／フォローした □公式サイトを見た／ブックマークした □その他［　　　　　　　］ □特にない
※実際のオウンドメディア・マーケティング展開に合わせて選択肢を再構成する。	※ビジネスモデルがメディアやコンサルの場合は、情報コンテンツの種類や提供形態を軸に選択肢を再構成する。	

探索型（要求整理）

①希望頻度（単一回答）	②希望時間帯（複数回答）	③障害要因（複数回答）
［○○○○］（メルマガの名称）の配信頻度として、あなたがちょうどよいと思うものはどれですか。あてはまるものを一つだけお選びください。	［○○○○］（メルマガの名称）の配信時間帯として、あなたがちょうどよいと思うものはどれですか。 あてはまるものをいくつでもお選びください。	［○○○○］（メルマガの名称）をあまり見ていないのはどのような理由からですか。あてはまるものをいくつでもお選びください。
○毎日 ○2日に1回程度 ○週2-3回程度 ○週1回程度 ○月2-3回程度 ○月1回程度 ○上記以下	□7時台 □8時台 □9時台 □10時台 □11時台 □12時台 □13時台-17時台 □18時台 □19時台 □20時台 □21時台以降-早朝 □特にこだわりはない	□配信頻度が多い（新着通知が増えてしまう） □配信時間帯が適切ではない（夜遅い時間帯に届く） □配信内容が物足りない・つまらない □配信内容が自分の関心に合っていない □本文の文字数が多くて読みづらい □SNSやホームページの情報で十分 □メールマガジン自体をあまり読まない □もうサービスを利用するつもりがない □この中にあてはまるものはない
※配信頻度がそこまで高くない場合、月間の配信数（受信数）を基準とする尋ね方もある（例：月に○件まで）	※時間帯の選択肢構成は業態によって適切なものにアレンジする。	※未読スルーのメルマガ登録者対象（メルマガの閲読習慣があるユーザーに不満体験として尋ねる方法もある）

ブログ

定期型（実態把握）

①記事へのアクセス方法（複数回答）	②よく読む記事ジャンル（複数回答）	③最も印象に残っている記事（自由回答）
［○○○○］（メディアの名称）をご覧になる時はどのような方法でアクセスしていますか。 あてはまるものをいくつでもお選びください。	あなたは［○○○○］（一般メディアの名称）で、また、［○○○○］（自社メディアの名称）でどのようなジャンルの記事を読みますか。 それぞれあてはまるものをいくつでもお選びください。	これまでの［○○○○］（メディアの名称）の記事の中で、最もあなたの印象に残っている記事は何ですか。 記事のタイトルとその記事を選んだ理由をお書きください。
□検索から □ブラウザのブックマークから □［○○○○］（プロダクト名称）のメールマガジンから □［○○○○］（プロダクト名称）のSNSから □［○○○○］（プロダクト名称）のウェブサイトから □一般のサイト・メディアから □同僚・知人による情報共有から（SlackやMicrosoft Teamsなど） □RSSから □その他［　　　　　　　　］ □覚えていない/わからない	〈表頭（選択肢）〉 □映画/音楽 □読書 □漫画/アニメ □ゲーム □芸能/アイドル □スポーツ □ファッション □暮らし/住まい □旅行/温泉 □料理/お酒 □美容/健康 □育児 □ペット □時事/社会 □IT/SNS □投資/資格 □エッセイ □その他［　　　　　　　］ □特にない 〈表側（質問軸）〉 ・［○○○○］（一般メディアの名称）でよく読むもの ・［○○○○］（自社メディアの名称）でよく読むもの	［　　　　　　　　　　　　］
	※業態・事業ドメインに応じて取り扱う記事テーマの選択肢を再構成する。	

検証型（効果測定）

①期待する情報・機能（複数回答）

[○○○○]（メディアの名称）にはどのような情報・機能を期待していますか。
あてはまるものをいくつでもお選びください。

□ニュース・トレンド情報が読める
□特集記事が読める
□連載記事が読める
□インタビュー記事が読める
□写真・画像を見れる
□面白いネタを見れる
□海外情報がわかる
□地域情報がわかる
□メッセージが届く
□投票企画に参加できる
□その他[　　　　　　]
□特にない

※メディアで取り扱っている実際の情報・機能に応じて選択肢を再構成する。

②態度変容（単一回答）

[○○○○]（メディアの名称）を見たことをきっかけにして、[○○]（認知・閲覧・実行・購入・訪問）したことはありますか。
あてはまるものを一つだけお選びください。

○よくある
○ときどきある
○あまりない
○全くない

※業態・サービスモデルに合わせて質問文をピンポイントの尋ね方にアレンジする（例：メーカーの場合→新たに知った自社の商品があるか、メディアの場合→新たに知ったテーマ・お店・ビジネススキルがあるか）

③共感を集めた体験談（自由回答）

[○○○○]（メディアの名称）を見たことをきっかけにしてあなたが取った行動について、友人・家族・パートナーなど親しい人から「いいね！」と言われた経験はありますか。
もしあれば、その体験談をお書きください。
（どなたからどのような言葉をもらったか記入いただけると助かります）

[　　　　　　　　　　　　]

※態度変容ユーザー対象

探索型（価値探索）

①メディアの使い分け状況（自由回答）

[○○]（仕事・趣味・家事・学習）を行う上で、[○○○○]（メディアの名称）ではなく他のウェブメディアや関連するSNSでチェックしている情報はありますか。
もしあれば、どのように使い分けているか、自由にお書きください。

[○○○○]（メディアの名称）でチェックする情報 [　　　　　]
他のウェブメディアや関連するSNSでチェックしている情報
[　　　　　　　　　　　]

②インフルエンサー情報（自由回答）

[○○○○]（事業ドメインの名称）の分野で情報発信を行っているインフルエンサー（タレント・クリエイター・専門家）で、あなたが注目している/参考にしている人はいますか。
以下に示すウェブプラットフォームごとに、インフルエンサーの名前/アカウント名と注目している/参考にしている理由をそれぞれお書きください
（回答はあてはまる人物がいるメディアだけで結構です）

note [　　　　　　　　　]
Instagram [　　　　　　　]
YouTube [　　　　　　　　]

※回答負荷が高いため、任意回答設定にしたうえで提示するウェブプラットフォームも絞り込む（アンケート回答者のトレンド感度が高くない場合は、観点だけ示してまとめて回答してもらう設計にアレンジする）

③読者企画ニーズ（複数回答）

[○○○○]（メディアの名称）読者を対象にした以下の企画の中で興味のあるものはありますか。
あてはまるものをいくつでもお選びください。

□読者アンケート
□座談会
□先行体験会
□セミナー
□展示会
□読者会
□プレゼント企画
□その他[　　　　　　]
□特にない

SNS

定期型（実態把握）

①プロダクトの認知情報源 （複数回答）	②ユーザーが利用しているSNS （複数回答）	③フォロー中の公式アカウント （複数回答）
当社が運営する[○○○○]（プロダクトの名称）を初めて知るきっかけとなった情報源はどれですか。あてはまるものをいくつでもお選びください。	あなたが現在アクティブに利用中のSNSはどれですか。あてはまるものをいくつでもお選びください。	当社が運営する以下の公式SNSアカウントのうち、いま現在フォローしているものはありますか。あてはまるものをすべてお選びください。
□ Google・Yahoo!などの検索結果 □ インターネット広告・バナー □ テレビCM/ウェブCM（公式） □ テレビCM/ウェブCM（公式以外） □ メールマガジン（公式） □ メールマガジン（公式以外） □ SNS（X）（公式） □ SNS（Instagram）（公式） □ SNS（Facebook）（公式） □ SNS（LINE）（公式） □ SNS（公式以外） □ YouTube（公式） □ 公式サイト（サービスサイト・ホームページ） □ アプリ（アプリ内バナー・プッシュ通知） □ ニュース記事・イベント情報 □ 家族・友人・知人からの紹介 □ その他[　　　　　　] □ 覚えていない	□ X □ Instagram □ Facebook □ LINE □ YouTube □ TikTok □ その他[　　　　] □ 特にない	□ ブランドサービスA（公式X） □ ブランドサービスA（公式Instagram） □ ブランドサービスB（公式X） □ ブランドサービスB（公式Instagram） □ ブランドサービスC（公式X） □ ブランドサービスC（公式Instagram） □ 企業公式PRアカウント（公式X） □ フォローしているアカウントはない
※サービスモデルやプロモーション活動に照らして選択肢を再構成する（サービスサイト、コーポレートサイト、記事メディア、動画サイト、実店舗などの観点から充実させる）	※ターゲット世代・属性、事業ドメインを考慮して選択肢を再構成する。	※運営しているアカウント数が多い場合はSNSの種類ごとに質問を分ける（例：Instagramで1問とする） ※SNSの種類によって力の入れ方に差がある場合、注力している特定のSNSに質問を絞る（例：Instagramのみについて尋ねる）

検証型（効果測定）

①初めにフォローしたアカウント （単一回答）	②態度変容：行動面 （複数回答）	③態度変容：意識面 （複数回答）
当社が運営するSNSの公式アカウントのうち、あなたが初めてフォローしたものはどれですか。あてはまるものを一つだけお選びください。	当社の公式[○○]（SNSの名称）の投稿を見た後、行動面での変化は何かありましたか。あてはまるものをいくつでもお選びください。	当社の公式[○○]（SNSの名称）の投稿を見た後、意識面での変化は何かありましたか。あてはまるものをいくつでもお選びください。
○ X ○ Instagram ○ Facebook ○ LINE ○ YouTube ○ TikTok ○ 覚えていない	□ [○○○○]（商品・プロダクト）について検索した □ [○○○○]（商品・プロダクト）を購入・利用した □ キャンペーンに応募した □ イベントに申込みをした □ 公式SNSをフォローした □ ハッシュタグをつけて関連する投稿をした □ 投稿をブックマークした/保存した □ 公式サイトを見た □ その他[　　　　　] □ 特にない	□ [○○○○]（商品・プロダクト）のことを身近に感じるようになった □ [○○○○]（商品・プロダクト）のことを好きになった □ [○○○○]（商品・プロダクト）のことを応援したくなった □ [○○○○]（商品・プロダクト）のことを信頼できるようになった □ [○○○○]（商品・プロダクト）のことを友人・知人に薦めたくなった □ [○○○○]（商品・プロダクト）の購入・利用意欲が増した □ その他[　　　　　] □ 特にない
※フォロワー対象	※SaaSモデルではデモ画面視聴、トライアル利用なども有力な選択肢候補となる。	

探索型（価値探索）

①フォローしている理由 （複数回答）	②印象に残ったキャンペーン （複数回答）	③印象に残った投稿 （自由回答）
あなたが当社の公式[○○]（SNSの名称）をフォローしているのはどのような理由からですか。 あてはまるものをいくつでもお選びください。	当社の公式[○○]（SNSの名称）で過去に行ったキャンペーンのうち、あなたの印象に残っているものはありますか。 あてはまるものをいくつでもお選びください。	当社の公式[○○]（SNSの名称）で過去に投稿した内容のうち、あなたの印象に残っているものはありますか。 思いついたものを自由にお書きください。
□[○○○○]（プロダクト）のニュース・更新情報がわかる □キャンペーン情報がわかる □新発売・新入荷商品の情報がわかる □投稿内容が面白い □投稿内容が役立つ □投稿されている画像や動画が好き □広告に出演しているタレントが好き □自分がリアクションを取りやすい（いいね・リポストなど） □公式からリアクションをもらえる（返信・リポストなど） □その他[　　　　　] □特にない	□新春プレゼントキャンペーン □○○○○コラボキャンペーン □5周年記念キャンペーン □X：フォロー&リポストキャンペーン □Instagram：フォロー&いいねキャンペーン □YouTube：アカウント開設記念キャンペーン □新ブランドビジュアル公開キャンペーン □エピソード投稿キャンペーン □その他[　　　　　] □特にない	[　　　　　　　　　]

※業態・事業ドメインに合わせて選択肢を再構成する

動画

定期型（実態把握）

①視聴時間帯（複数回答）	②視聴生活シーン（複数回答）	③視聴目的（複数回答）
あなたは[○○○○]（メディアの名称）を1日のうち何時頃に視聴していますか。 あてはまるものをすべてお選びください。	あなたは[○○○○]（メディアの名称）を1日のうちのどのようなシーンで視聴していますか。 あてはまるものをすべてお選びください。	あなたが[○○○○]（メディアの名称）を見る目的は何ですか。 あてはまるものをいくつでもお選びください。
□6時-8時 □8時-10時 □10時-12時 □12時-18時 □18時-20時 □20時-22時 □22時-0時 □0時-6時 □わからない/覚えていない	□朝の通勤/通学中 □昼の休憩時 □日中の移動時 □日中の在宅時 □夕食中 □就寝前 □新着通知が届いた時 □暇になった時 □この中にあてはまるものはない	□テーマに関心がある □出演者が好き □コメント/チャット欄を通じたコミュニケーションが楽しい □先行情報をいち早く知りたい □秘話・裏話を聞きたい □情報収集のため □スキルアップのため □暇つぶし・何となく □その他[　　　　　]

※事業ドメインに応じて選択肢構成をチューニングする（エンタメ系統か、ビジネス系統かにより重点要素が変わる）

検証型（効果測定）

①イメージキャラクター：認知（単一回答）

［○○○○］（メディアの名称）で［○○○○］（出演者の名称）がイメージキャラクターを務めていることをご存知でしたか。
あてはまるものを一つだけお選びください。

○この出演者が出ていることを知っていて、動画も見ている／見たことがある
○この出演者が出ていることを知っているが、動画は見たことがない
○この出演者が出ていることを知らないし、動画も見たことがない

②イメージキャラクター：印象（自由回答）

この動画で［○○○○］（出演者の名称）が［○○○○］（メディアの名称）のイメージキャラクターを務めることについて、どのような印象を持ちましたか。
自由にお書きください。

［　　　　　　　　　　　　］

③イメージキャラクター：効果（複数回答）

この動画で［○○○○］（出演者の名称）が［○○○○］（メディアの名称）のイメージキャラクターを務めたことで、［○○○○］（プロダクトの名称）に対してどのような印象を持ちましたか。
あてはまるものをいくつでもお選びください。

□［○○○○］（プロダクト）のことを身近に感じるようになった
□［○○○○］（プロダクト）のことを好きになった
□［○○○○］（プロダクト）のことを応援したくなった
□［○○○○］（プロダクト）のことを信頼できるようになった
□［○○○○］（プロダクト）のことを友人・知人に薦めたくなった
□［○○○○］（プロダクト）の購入・利用意欲が増した
□その他［　　　　　　　　］
□特にない

探索型（要求整理）

①希望頻度（単一回答）

［○○○○］（メディアの名称）の配信（更新・実施）頻度として、あなたがちょうどよいと思うものはどれですか。
あてはまるものを一つだけお選びください。

○月4回以上
○月2-3回
○月1回
○上記以下

※ユーザー要求を聴取する設計にしつつも、制作体制を前提に上限の選択肢を決定する。

②希望時間（単一回答）

［○○○○］（メディアの名称）の視聴（配信・再生）時間として、あなたがちょうどよいと思うものはどれですか。
あてはまるものを一つだけお選びください。

○60分以上
○45分程度
○30分程度
○15分程度
○10分程度
○5分程度
○上記以下

※動画のコンテンツタイプによって選択肢を再構成する（配信イベントは長尺の選択肢を増やし、ショート動画は短尺の選択肢を増やす）

③希望時間帯（単一回答）

［○○○○］（メディアの名称）の配信（公開・実施）時間帯として、あなたがちょうどよいと思うものはどれですか。
あてはまるものを一つだけお選びください。

○18時台
○19時台
○20時台
○21時台
○その他［　　　　　　　　］

※動画コンテンツの内容、運営元としての営業時間、ターゲットユーザーの生活時間、この3つのバランスを考慮して選択肢を再構成する。

おわりに

企画・募集・実査・分析・報告を網羅していること
業務や課題からリサーチの手順を逆引きできること
調査のドキュメント成果物を多数収録していること

　本書の内容は、私が「いつかリサーチの本を書きたい」と思い始めた当初にあった構想ほぼそのままのものです。大好きなリサーチの思考や技能を伝える語り部になりたいという想いから個人の活動をスタートして6年が経ちました。

　しかし、ごく普通の会社員である自分にはリサーチの価値を伝えることはとても難易度が高く、世はインサイトブームやデザインリサーチで盛り上がる中で、逆に自分の発信力の無さの方が目立ち、現実に日々打ちのめされていました。
　そんな時に得た、かけがえのない出会いー「そんなところで留まっていてはいけない。菅原さんが考えるリサーチの素晴らしさをもっと届けて欲しい」と、講演・寄稿・研修・監修などの形で依頼や相談がぽつぽつと入っていきました。
　それからというもの、工房に籠って作品制作に没頭する美術家のように、リサーチの一つ一つの技能や領域と向き合う日々が始まりました。それぞれの調査手法の魅力を余すことなく伝えるべく、作る・書く・話すことに集中する日々。
　この間にお仕事をくださったクライアントの皆さまには感謝してもしきれません。その過程で新旧のリサーチ手法の魅力に感化され続け、あらためてリサーチを好きでいることができました。そしてその繰り返しがこの本になりました。

　本書の趣旨通り今やリサーチは単独では存在せず、デザイン・マーケティング・経営をはじめ各分野と手を取り合いながら成長していく分野です。いかに組織や事業の成長エンジンになっているかは本の中でご覧いただいてきた通りです。
　このことはコラムを寄稿いただいている有識者・実践者の方々の顔ぶれからも明らかでしょう。私がファミリーと慕っている寄稿者の皆さんの活躍の原点には、良い意味でリサーチを手段として組織や社会とつながる力強さを感じます。
　リサーチの仕事は伝統芸能に例えられるように職人気質で孤独な一面を持ちます。しかし、身につけた知識や技能はその希少さゆえに確かなつながりをもたらしてくれます。私が一人ではなかったように、皆さんも一人ではありません。

リサーチは伝統と革新の双方を必要とする分野でもあります。実践者である皆さんにはぜひ組織や社会の中でリサーチの担い手となっていただき、その傍らに本書が寄り添うことができていたら著者としてこれ以上の喜びはありません。

　最後に、「知ることの楽しさ」「学び続ける大切さ」を教えてくれた家族の皆に感謝します。生まれ育った家の中にあった生活・文化・家風—そのすべてを共に分け合った日々は、今も自分の心の中で宝物のように輝きを放っています。
　幼稚園の頃、園舎の冷たいタイルの床に座り、ひとりスケッチブックに向かって絵を描くことが好きだった自分の夢はここにつながっていたよ。今、その手は調査票を書くことで大切な人たちと未来の社会を作ることに生かされています。

2024年9月
菅原 大介

索引

数字

3C分析 242

アルファベット

A/Bテスト 163
AS-IS 082, 223
Core 258
FA 130
HCDサイクル 060
HMW 281
KA法 208
KJ法 208
LTV 213
MA 129
MECE 133
MROC 155
MVP 236, 281
N1分析 161
NPS 153
PMF 124
ResearchOps 013
RFM 134
SA 129
SC 128
SFA/POSデータ分析 160
SNSリサーチ 164
TO-BE 082, 223
TOP2BOX 271
UI/UX調査 146
VOC 167, 193, 211
What 258
Why 258

あ行

アクセス解析 161
アクティブユーザー 124
アプリレビュー 169
アンケート調査 152
アンケート調査票 112
インサイト 058

インタビューガイド 057, 090, 109
インタビュー実施要項 098
インタビュー対象者一覧表 104
インタビュー調査 140
運営マニュアル 103
エキスパートレビュー 150
エスノグラフィ 170
オンボーディングシナリオ 159

か行

回顧プロービング 149
回答者指定 135
外部パネル 124, 126
カスタマーサクセス 016
カスタマージャーニーマップ 222
カスタマープロフィール 214
仮説 054
仮説思考 055
課題・仮説リスト 075
価値マップ 208
カテゴリー 187, 200
カテゴリーエントリーポイント 265
画面分岐 136
キーインサイト一覧表 305
機縁法 122
競合調査 259
グループインタビュー 143
グループ・ダイナミクス 144
経営企画 017
ケイパビリティ 045
ゲイン 214
検証期 038
兼務型 004
行動データ 158
購買データ 158
広報 017
顧客の声分析 164
コミュニケーションツール 032
コンシェルジュ型インタビュー 149
コンセプトテスト 271

さ行

座談会 144

散布図	209	定性調査	121, 272, 294
自社パネル	123	定量調査	121, 272
市場調査	178	デザイナー	014
質問間のクロス集計	287	デザインカウンシル	039, 059
質問数	114, 128	デスクリサーチ	176, 287
自由回答	130	デプスインタビュー	062, 091, 143
集権型	007	デブリーフィング	144
重視点×満足点	187	特定質問の自由回答	287
純粋想起	115	トップラインレポート	303
上位下位分析	211		
審査	130	**な行**	
心理的ロイヤルティ	211	ニーズ	058
スキルセット	011	日記調査	172
スクリーニング	121	人間中心設計	060
スクリーニング調査	118, 128		
スケルトン	301	**は行**	
スケルトンデータ	199	排他	135
スコープ	056	バリュープロポジションキャンバス	214
ステークホルダー	018, 061, 064, 114	バリューマップ	214
ステークホルダーマップ	018	販売管理システム	160
ステートメント	210	ファイルパス	089
ストーリーボード	230	ファクト	058
スポットコンサルティングサービス	179	ファクトシート	294
成熟期	009	ファクトベース	150
成長期	007	ファネル分析	182
セッション数	140	フィールドワーク	174
専門家インタビュー	179	複数回答	129
草創期	004	ブレスト	312
ソーシャルリスニング	168	フローチャート	209
		プロダクトマネージャー	012
た行		プロダクトリサーチ	118
ターゲットボリューム	121	分権型	009
ダブルダイヤモンドモデル	039, 059	ペイン	081
単一回答	129	ペルソナ	200
探求マップ	278	報告会アジェンダ	308
探索期	038	報告会参加者アンケート	313
チャットアンケート	155	訪問調査	173
調査会社の比較表	045	ポジネガ判定	155
調査概要	067		
調査企画	056	**ま行**	
調査結果ページ	326	マーケター	015
調査目的	038, 056, 061	マイルール	294
強い仮説	058		

や行

ユーザーアンケート	154
ユーザーゲイン	187
ユーザーストーリーマップ	236
ユーザーテスト	091, 239
ユーザーフィードバック	156
ユーザープロファイル	195
ユーザーペイン	191
ユーザビリティテスト	148
弱い仮説	058

ら行

ランダマイズ機能	135
リーンキャンバス	247
リクルーティング	118
リサーチバックログ	032, 324
リサーチプロセス	038
リサーチポートフォリオ	026
リサーチリポジトリ	320
リサーチワークフロー	084, 110
リスト	210
レアターゲット	120
ロジック	135

わ行

割付軸のクロス集計	287
割付	121

著者紹介

菅原 大介 (すがわら だいすけ)

リサーチャー。上智大学文学部新聞学科卒業。新卒で出版社の学研を経て、株式会社マクロミルで月次500問以上を運用する定量調査ディレクター業務に従事。現在は国内有数規模の総合ECサイト・アプリを運営する企業でプロダクト戦略・リサーチ全般を担当する。デザインとマーケティングを横断するリサーチのトレンドウォッチャーとしてニュースレターの発行を行い、定量・定性の調査実務に精通したリサーチのメンターとして各種リサーチプロジェクトの監修も行う。著書に『ウェブ担当者のためのサイトユーザー図鑑』(マイナビ出版)、『売れるしくみをつくる マーケットリサーチ大全』(明日香出版社) がある。

X | https://twitter.com/diisuket
note | https://note.com/diisuket
ニュースレター | https://diisuket.theletter.jp

STAFF

ブックデザイン：霜崎 綾子
DTP：中嶋 かをり
編集担当：角竹 輝紀、藤島 璃奈

ユーザーリサーチのすべて

2024年10月22日　初版第1刷発行

著者　　菅原 大介
発行者　角竹 輝紀
発行所　株式会社マイナビ出版
　　　　〒101-0003　東京都千代田区一ツ橋2-6-3 一ツ橋ビル 2F
　　　　TEL：0480-38-6872（注文専用ダイヤル）
　　　　TEL：03-3556-2731（販売）
　　　　TEL：03-3556-2736（編集）
　　　　編集問い合わせ先：pc-books@mynavi.jp
　　　　URL：https://book.mynavi.jp

印刷・製本　シナノ印刷株式会社

©2024 菅原 大介, Printed in Japan
ISBN978-4-8399-8555-4

- 定価はカバーに記載してあります。
- 乱丁・落丁についてのお問い合わせは、TEL：0480-38-6872（注文専用ダイヤル）、電子メール：sas@mynavi.jp までお願いいたします。
- 本書掲載内容の無断転載を禁じます。
- 本書は著作権法上の保護を受けています。本書の無断複写・複製（コピー、スキャン、デジタル化等）は、著作権法上の例外を除き、禁じられています。
- 本書についてご質問等ございましたら、マイナビ出版の下記URLよりお問い合わせください。お電話でのご質問は受け付けておりません。また、本書の内容以外のご質問についてもご対応できません。
  https://book.mynavi.jp/inquiry_list/